MUJU MOKUAIHUA JI CHUANGXIN SHEJI

模具模块化及创新设计

王　昌　吕亮国　汪建新　编著

U0261492

化学工业出版社
·北京·

本书是在总结多年科研和教学实践的基础上编写的，系统介绍了模具模块化设计的技术原理和方法，重点介绍了典型模具如注塑模具和汽车覆盖件冲压模具的模块化及创新设计，力求反映现阶段模具模块化及创新设计的发展成果，使之有益于培养读者的创造性思维，提高对模具装备制造业的创新能力。

　　本书内容主要包括模块化及创新设计方法、模具广义模块化设计原理和方法（基于模块的模具产品族派生原理、基于产品平台的模具广义模块化设计原理、产品平台构建方法研究）、模具模块化设计技术（模具产品工艺流程、功能分解、模块划分技术）、基于产品平台的注塑模具广义模块结构及其定制技术（模具广义模块设计、模具广义模块参数化几何建模、基于产品平台的注塑模具产品定制技术、模块接口设计）、基于CBR技术的注塑模具模块划分（CBR技术用于注塑模具模块划分的可行性分析、基于CBR模具范例检索自动匹配算法、基于CBR技术的注塑模具模块划分方法、基于CBR技术的注塑模具模块划分实体模型、基于CBR技术的注塑模具模块划分实例）、注塑模具柔性模块化编码技术（注塑成型原理与制造工艺、注塑模具模块化原理及功能模块创建、模块的编码、注塑模具模块化设计举例）、面向广义模块化设计的模具产品数据建模（基于产品平台的模具产品族信息构成、基于UML的模具产品数据模型创建）、TRIZ智能支持若干方法研究及在注塑模具设计中的应用实例、基于TRIZ的汽车覆盖件模具模块化设计应用实例等。

　　本书可作为机械设计、模具的设计和研究的技术人员的参考书，也可供高等工科院校机械类专业（机械设计制造及其自动化、材料成型及控制工程、工业设计、模具设计等）本科生或硕士生的基本参考读物，也可作为对机械工程与模具模块化及创新设计知识内容有兴趣的读者的自学和参考用书。

图书在版编目（CIP）数据

模具模块化及创新设计/王昌，吕亮国，汪建新编著．—北京：化学工业出版社，2019.2
ISBN 978-7-122-33444-2

Ⅰ．①模… Ⅱ．①王…②吕…③汪… Ⅲ．①模具-模块化-设计 Ⅳ．①TG76

中国版本图书馆CIP数据核字（2018）第273928号

责任编辑：张兴辉　　　　　　　　　　文字编辑：陈　喆
责任校对：刘　颖　　　　　　　　　　装帧设计：王晓宇

出版发行：化学工业出版社（北京市东城区青年湖南街13号　邮政编码100011）
印　　装：高教社（天津）印务有限公司
787mm×1092mm　1/16　印张18¾　字数424千字　2019年8月北京第1版第1次印刷

购书咨询：010-64518888　　　　　　　售后服务：010-64518899
网　　址：http://www.cip.com.cn
凡购买本书，如有缺损质量问题，本社销售中心负责调换。

定　　价：98.00元

本书是为了响应国家的"中国制造2025"战略之科技创新需求，在总结我们多年的研究生科研教学实践的基础上编写的，系统介绍了模具模块化设计的技术原理和方法，重点介绍了典型模具（如注塑模具和汽车覆盖件冲压模具）的模块化及创新设计，力求反映现阶段模具模块化及创新设计的发展成果，使之有益于培养读者的创造性思维，提高对模具装备制造业的创新能力。

本书有以下特点：

（1）充分考虑近几年典型模具模块化及创新设计的发展成果，使之有益于培养读者的创造性思维，提高他们对模具装备制造业的创新能力。

（2）在知识体系上力求首先给读者一个模块化设计和创新设计方法的总概念，然后再分述，有利于提高学习效果及掌握知识的系统性，且留有足够的内容供因缺少学时而又有学习兴趣的学生和读者选学参考。

（3）全书内容以模具模块化设计技术为重点，针对模具的某个功能模块如注塑模具浇注系统模块和温度调节系统模块等，应用TRIZ理论进行了某些功能结构方面的创新设计阐述。

（4）全书力求贯彻创新可持续发展的观点，运用系统工程理论方法进行内容的编排，有利于提高读者分析问题和解决问题的能力。

本书由内蒙古科技大学王昌、吕亮国、汪建新编写。其中，第1章和第2章由汪建新编写；第3章至第6章由吕亮国编写；第7章至第9章由王昌编写。

本书由TRIZ理论实践专家汪建新教授主审。在编写过程中得到大连理工大学模具研究所的赵丹阳教授、天津大学的黄银国与宫虎教授、江苏科技大学的张浩与刘川教授等兄弟院校有关专家教授和相关同志的热情鼓励、支持和帮助，研究生魏闯、王久旺、胡修鑫、多超参与部分内容的编辑整理工作，在此对各位专家、老师、同志以及所有相关参考文献资料的作者表示深深的敬意和感谢。 同时，本书得到了内蒙古自然基金项目（批准号2018LH05028）的资助。

由于编者的水平与经验所限，书中难免存在不足之处，殷切希望广大读者提出宝贵意见，以便我们在今后的再版中不断改进和完善。

编著者

目录

第 1 章
模块化及创新
设计概述

1 ——

第 2 章
模具广义模块化
设计原理和方法

59 ——

第 3 章
模具模块化
设计技术

83 ——

第4章

基于产品平台的注塑模具广义模块结构及其定制技术研究

110 ——

第5章

基于CBR技术的注塑模具模块划分

153 ——

第 **6** 章
注塑模具柔性模块化编码技术研究

第 **7** 章
面向广义模块化设计的模具产品数据建模

第 **8** 章
TRIZ 智能支持若干方法研究及在注塑模具设计中的应用

第 **9** 章
基于TRIZ的
汽车覆盖件模
具模块化设计

250

参考文献

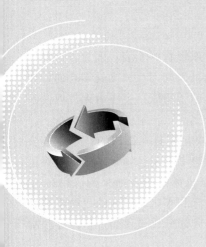

第**1**章
模块化及创新设计概述

1.1 模块化设计的概念、意义

1.1.1 模块化设计概念、形成及发展

模块化设计方法在很多国家已经被广泛采用，我国不少企业也进行了有效的尝试并取得了良好的成果。但到目前为止还没有为大家所公认的权威性的模块化设计的定义。人们对传统的模块化设计概念有一个基本的认识是：对一定范围内不同功能或相同功能不同性能、不同规格的产品在功能分析的基础上，划分并设计出一系列功能和结构模块，使这些模块系列化和通用化，并具有标准的模块接口；通过模块的选择、组合构成不同产品，以满足市场的不同需求的设计方法。

实施模块化设计的重要前提是"三化"：

① 产品系列化。产品品种系列化的目的在于用有限的品种和规格的产品来最大限度且较经济合理地满足市场对该类产品的需求。

② 模块的通用化。通用化是在新产品设计中，通过借用原有产品的成熟零部件来缩短设计周期、降低成本、提高产品的质量可靠性，在模块化设计中，同一种功能的单元不是一种单一的部件，而是若干可互换的模块，从而使所组成的产品在结构上和性能上更为协调。在模块化设计中，同一功能的模块可在基型、变型甚至跨系列、跨类的产品中使用，所以它具有在较大范围内通用化的特征。

③ 模块的标准化。标准化是更大范围内的通用化，可以是跨品种、跨厂家甚至是跨行业的通用化。这种高度的通用化，使得这种标准件可以由工厂的单独部门或专门的工厂去单独进行专业化制造，从而降低成本、节省材料。在模块化设计中，为了经济地适应多品种小批量的生产模式，尽量将功能单元设计成较小型的标准模块，并使其和与其相关的模块之间的连接形式及结构要素一致，或使其标准化，以便于装配和互换。

目前，注塑模具的模架部分就有专门模具工厂在生产，它已经逐步走向通用化和标准化。

模块化和模块化设计是现代设计中的一个热门术语，它的思想和概念自古就有，如300

年前的欧洲城砖通过长、宽和高的不同组合可以构成各种尺寸或形状的城墙，因此，这种城砖就是一种构成城墙的基本模块。模块性在物质世界是客观的且无处不在、无处不有的，如分子由原子构成，原子由原子核及电子构成，原子核由质子及中子构成；宇宙由无数规模不同的星系构成；国家由省、市、县、乡镇及行政村构成等等。

产品的模块化设计始于20世纪初，首先在欧洲出现了模块化家具，德国的一个家具公司于1900年用模块化原理设计出所谓的"理想书架"，这种理想书架是已知最早的按模块化原理设计的产品之一。此后，这种原理逐渐为其他行业特别是机床制造业所采用。1920年左右，欧洲特别是德国的一些厂家首先把模块化原理应用于铣床和车床等机床的机械系统设计中，如德国的弗里公此尔纳公司设计的铣床，就是按功能将其划分成模块而进行设计和制造的，这些模块可供用户选择以便组合成所需的铣床。

20世纪50年代，欧美一些国家正式提出所谓"模块化设计"的概念，自此以后，模块化设计愈来愈受到重视。机械制造行业所使用的组合夹具是使用较早也较成熟的模块化系统，用已有的夹具模块可组成所需的夹具，而不必单独设计与制造，用后再拆开，以便另行组合。瑞士肖布林（SCHAUBLUN）公司在不断积累设计和制造经验的基础上，在20世纪50年代就已对仪表机床进行了模块化设计，从而使其产品具有精度高、功能多及互换性好等优点，具有很强的竞争能力。

由于在机床行业中的广泛应用和成功经验，模块化设计愈来愈多地扩展到其他行业，如电器、电子、计算机、家电及家具等，成为产品设计的一种趋势。

1.1.2 模块化设计的技术、经济意义

模块化设计的目的是提高产品设计效率，缩短产品开发周期，降低生产成本，并使设计经验能够得以传承，以利于进一步提高设计和生产水平，使企业在市场竞争中获得主动权。它强调以功能分析为基础，以市场预测为导向，把功能不同或者功能相同而性能不同的模块进行组合和互换，产生多元化的产品以满足客户个性化定制的需求。要保证模块化组合产品的柔性和多样性，就必须提高模块的通用性和互换性，达到使用尽可能少的模块组合出尽可能多的变型产品的目的。而采用系列化、标准化的模块接口是提高这一目标的重要途径。

模块就是系统中结构独立、彼此之间存在定义好的标准接口，且具有一些功能的零件、组件或部件。按照模块实现具体功能的特点，可分为基本模块（实现必不可少的功能的模块）、辅助模块（把各种基本模块连接起来使系统可以正常工作的模块）及可选模块（根据客户或功能的需要而特别增加的模块），各个模块包含能够行使相同功能不同性能的若干实例。模块化系列产品即是由一组特定的模块，在一定范围内组成多种不同功能或相同功能不同性能的产品。

模块化设计方法不同于传统设计方法，主要表现在：
① 模块化设计面向整个产品系列，而传统设计针对某一专项任务；
② 模块化设计是标准化设计，而传统设计是专用性的特定设计；
③ 模块化设计程序是由上而下，而传统设计程序是由下而上；
④ 模块化设计是组合化设计，而传统设计是整体化设计；
⑤ 模块化设计需要系统的新理论支撑，而传统设计主要依靠经验；
⑥ 模块化设计的产物既可是产品也可是模块，而传统设计的产物就是产品。

发展模块化的机械产品，在技术上和经济上都具有明显的优越性，其意义主要体现在如下几个方面：

（1）有利于发展产品新品种和引进新技术，增加企业对市场的快速应变能力，取得市场竞争的主动权

个性化、多样化是时代的趋势，产品向多品种小批量发展已成为市场竞争的重要环节。传统的整体式产品，改变一个局部环节，常导致整体结构的全面变动，不仅设计周期长，而且影响产品的可靠性、交货期和价格。模块化设计使其从传统的以零组件为基本单元过渡到由模块作为基本单元。当过时的产品被淘汰之后，其大部分模块单元还可以被继续使用，从而在很大程度上提高了模块的可重用性。模块化产品是组合式结构，以模块作为其构成单元。形成新品种的发展方式为：

① 现有通用模块的不同组合；

② 产品中某个（或几个）模块改型；

③ 增加具有新功能或新性能的模块；

④ 改变与产品外观有关模块的外观结构或附加装饰要素。

由这些品种发展方式可看出，各种新产品均以通用模块为基础，以客户订单需求为核心，只需改变少量模块及组合关系就可形成具有新功能的模块化新品种，因而可大大加快新产品开发进度，增强企业对市场变化的快速响应能力。

在动态多变的市场中，企业必须要不断推出新产品才能满足客户多元化和个性化的需求，产品的模块化使新产品的开发变成了模块的开发。模块化结构有利于在产品中及时引入新技术，以新技术来改造相应模块或设计出性能更加优越的模块，取代那些在技术上或结构上已陈旧的模块，在不变更其他模块的基础上，变成先进的新产品，使产品不断保持先进性，取得市场竞争的主导权。

（2）缩短产品的设计和制造周期，从而显著缩短供货周期，有利于争取客户

缩短产品的设计周期体现在两个方面：一是在模块化设计中，因为已有一个现成的模块体系，产品设计的主要任务是选用模块，进行组装设计，只有当现有模块的组合不能满足新产品需要时，才需对某些模块进行改型或设计一些新模块，尽可能利用已有的模块库，因此可极大地减少设计工作量；二是模块化设计有利于由若干人平行地开展协同设计，在总设计师的规划之下，各模块可由不同的设计师同时进行设计，从而缩短设计周期。

在满足客户个性化需求的同时，模块化设计技术有效地统一、简化和规范了零组件的类型和规格，达到了降低零组件多元化和增加产品多元化的目的。模块化生产企业以模块作为生产单元，按照模块来组织生产和管理，这有利于组织专业化生产和社会化协作。许多模块交由专业厂生产，在专业厂中，模块成为系列化的商品，有确定的工艺流程和工艺装备，生产效率高，制造周期短。不同的模块交给不同的专业厂平行作业生产，这样就大大缩短了产品的交货周期。可以适当储存一些制造周期长、技术难度高的模块以缩短生产准备时间和供货周期，如德国 Schiess 公司，其机床产品采用模块化设计后，从订货到供货一般只需 4 个月时间。企业通过应用模块化设计技术还可控制生产过程中的复杂性，避免设计和制造的冗余工作量，降低产品的成本。

（3）有利于提高产品质量和可靠性

模块是一种精心设计的技术比较先进、结构比较合理的相对独立的单元，对其重复组合使用便于总结经验、优化设计、提高质量。其在用作通用模块之前，一般均经过试用和考

模具模块化及创新设计

核，经过反复修改和优化，并做过各种测试和试验，是集体智慧的结晶。因而模块的质量和可靠性一般比较高。虽然产品的质量不是各模块质量的简单总和，但优质的模块部件无疑是优质产品的基础。从可靠性角度出发，由于整机可靠性是各单元可靠性的乘积，因而可以认为，模块化结构大大提高了整机的可靠性。对传统设计方法而言，可靠性需要进行总体性能考核和稳定性测试；而应用模块化设计方法，产品采用的定型模块，其可靠性已经得到全面验证，一般只需验证改进或新型模块的可靠性。

（4）便于实现标准化和通用化

传统设计的标准化概念是建立在零件级基础之上，而模块化设计的标准化则是根据不同产品建立在模块级上，是一种趋向于宏观的标准化。它具有两个特点：一是面向功能的，而不是具体的几何形状、结构或制造过程的标准化；二是注重模块之间接口的标准化，从而把标准化管理部分地从烦琐的细节中解脱出来。采用模块化设计可以有效地提高系列化产品的标准化、通用化程度，因而能使模块化生产企业在小批量多品种的大规模定制过程中获得最佳的经济效益。

（5）具备良好的可维修性

由于模块化产品是由功能相对独立的模块组成的，模块的互换性很强，便于拆卸、维修和搬运。在产品使用出现问题的时候可以很容易地找到有故障的模块，从而显著减少故障诊断的时间。维修可以以模块为单位进行，不受工具、测试设备、操作空间等限制，大大改善维修条件，简化维修工作，加快维修进度，提高维修质量，并且降低对维修人员经验和技术水平的要求。如果损坏的模块一时无法修复，还可及时更换新的备用模块，不致造成整体的失效，以免影响正常使用。

（6）具有良好的效费比

在价值工程中，价值（V）、功能（F）、成本（C）三者的关系，可用一个简单公式表达：$V=F/C$。所谓价值工程就是一个通过系统效果（功能）和使用经费（成本）的结果分析，对系统价值进行评价的过程。模块化的价值是显而易见的。对同一功能的产品，由于模块化设计可缩短设计制造周期、简化管理，从而降低成本；对于同一种新产品，由于模块化可提高产品的质量、可靠性和可维修性，延长产品的寿命周期，即大大提高产品的使用性（功能），从而提高产品的价值。

（7）有利于减少设计人员低水平的重复劳动，推动科技进步和实现科技成果产业化

采用模块化设计，产品以已有定型的模块组合为主，设计师的主要精力可放在模块创新上。所以，模块化设计对设计师来说是某种意义上的解放，从而可将更多的聪明才智应用于创造性设计。

模块化还是科技成果转化为生产力的最佳途径。把科技成果按模块化原则进行改造，使其转化为一种具有通用接口的独立单元（模块），可以为多个领域中的各种产品直接运用。

1.2　模块化设计的研究与应用综述

模块化设计不仅是一种先进的设计方法，同时，它也是其他一些面向生产、制造等先进设计技术的基础使能技术。

例如大规模定制，所谓大规模定制是指企业采用技术和管理手段实现对每个顾客的个性化定制，而时间和成本同大批量生产产品相一致的一种生产模式，其面临的最大挑战是提高速度和降低成本。而诸多文献都指出：大规模定制要通过扩大产品中标准零件、模块以及容易定制零件的比例来提高速度，并降低成本。

因此，对于机械产品而言，采用模块化设计，可以大批量生产的成本实现产品的多品种、小批量、个性化生产。此外，快速设计、虚拟设计等都是以模块化设计为基础和前提的。

随着模块化设计应用需求的增加和应用范围的不断扩展，人们主要在模块规划、划分及组合、计算机辅助模块化设计及广义模块化设计等方面进行了研究，并提出了许多观点、理论和方法。

1.2.1 模块化设计的研究内容及其研究现状

（1）基于功能分析的模块划分和组合

模块划分是模块化设计的前提与基础，模块划分的结果直接影响模块化设计系统的功能、性能和成本，一般的模块划分都是从产品的功能分析入手。

如 Ulrich 认为模块划分与设计中的两个特点紧密相关：

① 设计中功能域与物理结构域之间的对应程度影响模块划分的程度；

② 产品物理结构间相互影响程度的最小化。

这两点从设计学角度指出了影响模块划分的基本因素，首先是在系统分析规划时，采用适当的方法对设计过程中各个部分，尤其是产品的功能域、结构域以及二者之间映射关系的合理分析，是模块化设计技术的关键影响因素；其次，要保证模块的功能、结构的相对独立性，即将模块之间相互影响的因素尽量减小。

Pahl 和 Beitz 认为模块划分首先是完成从功能需求域到模块功能域的映射，然后在考虑模块属性（如尺寸、重量等）的基础上完成从模块功能域到模块结构域的映射，即模块的划分。

这三种域的映射关系如图 1-1 所示，将模块功能域的功能分为基本功能 BF、附加功能 AF、适应性功能 AdF、专用功能 CF、用户定制功能 SF 五类，相应地将模块结构定义为基本模块 BM、附加模块 AM、适应性模块 AdM、专用模块 CM、用户定制模块 SM。

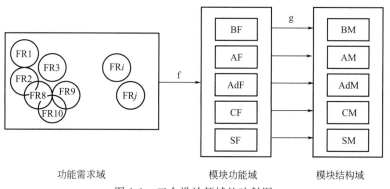

功能需求域　　　　模块功能域　　　　模块结构域

图 1-1　三个设计领域的映射图

Suh 从功能-设计参数映射的角度定义模块化设计：模块化设计是一种分析结果的产生，这种结果以产品、过程和系统的形式表现，并满足预定的需求，其方法是选择适当的设计参数（DPs）完成从功能需求域（FRs space）到设计参数域（DPs space）的映射，即 [FR] =

[A][DP]，[A] 是设计矩阵。

Erixon G. 则是研究了面向产品全生命周期的模块划分：首先确定产品全生命周期中模块化的影响因素，建立模块识别矩阵（MIM），在该矩阵中，确定各功能载体对各因素的影响程度，据此对各功能载体进行聚类，从而实现产品的功能模块的划分。

Pimmler T. U. 和 Kusiak A. 等人研究了基于相关程度分析的模块划分方法：通过分析组成产品的各零部件（功能）在材料、能量、信息、空间等各方面的相互作用程度，确定模块的划分。

Kusiak 提出通过交互影响矩阵来完成模块划分任务，通过分析产品零件间某种交互作用的频率来确定模块的划分。这类方法着重研究影响模块划分的客观技术方面的因素。

Chun-Che Huang 和 Andrew Kusiak 开发了一种针对机械、电子及机电一体化产品进行模块划分的方法。该方法按照产品中模块之间的关系不同，把模块化分为共享模块化、交换模块化和总线模块化三种类型，并对这三种类型模块化的模块划分方法进行了分析，首先用矩阵的方法表达了不同的产品模块化问题，在此基础上用分解的方法对各产品进行模块划分。

Kusiak 等人研究了一种综合考虑产品成本和性能两项指标的模块划分方法。Gu 等提出了一种面向产品生命周期的多目标（易于回收性、可升级性、可复用性、重构性等）的模块划分方法。

模块化产品的多样化是通过模块组合来实现的。因此，模块组合是产品模块化设计研究的重要内容。

苏联学者证明在模块组合时，对所有可能组合的每个方案进行简单枚举是不可行的。他们使用有向图来表示机床的布局结构，用图的顶点表示模块，顶点之间的连接边表示模块之间的装配关系；把机床划分为动力部分和安装部分，分别用两个子图表示，通过对子图上始点与终点间路径的分析来确定可能的组合。

陈敏贤等提出了基于模块编码的计算机辅助模块组合方法。

He、David W. 研究了模块化产品的装配设计问题，也即模块化产品的组合，针对模块化产品的特点，提出了系统组合的方法。

O'Grady 研究了分布协同的网络设计环境下模块的组合方法，通过一个面向对象的模块化产品设计环境，可以将不同地区、不同模块制造商提供的模块快速组合成满足用户需求的模块化产品。

模块组合的依据是模块的接口，接口的设计与规划对模块化的实施有直接的影响。

P. Gu 和 M. Slevinsky 等人对产品族中产品平台及与其连接的其他专用模块之间的接口问题进行了研究。受到计算机总线技术的启发，其研究中提出了机械总线的概念，即机械产品的产品平台和专用模块之间的专用接口，如图 1-2 所示，并说明了机械总线的设计过程，开发了相应的软件执行这一过程。此外，还指出了进行结构设计时机械总线应该具备的关键特征。

当模块化产品及模块都设计完成之后，为了使各个模块不发生混乱，需要对设计完成的模块按功能、品种、规格以及层次等特性进行分类编码，同时对这些编好码的模块要建立适当的管理系统。

Y. Ito 和 Y. Saito 研究了机床模块化设计的编码，他们把机床的基型设计、结构内部的力流、成组技术等因素作为机床编码的依据。

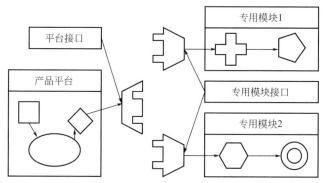

图 1-2　产品族中机械总线示意图

赵阳研究了模块的广义编码系统，利用成组技术进行分类编码，通过模块的设计编码进行模块的信息描述，实现计算机辅助模块化设计中各环节的信息传递。

（2）模块化设计技术的应用

随着计算机技术的发展，越来越多的人开始研究计算机辅助下的模块化设计。

姜慧提出了计算机辅助模块化设计的一般过程，并对辅助设计系统中相关问题进行了研究，开发了计算机辅助机床模块化设计原型系统。

P. Gu 和 M. Slevinsky 研究了面向产品族的计算机辅助接口设计，即机械总线设计的系统模型，如图 1-3 所示。在产品建模的过程中为了有效地组织产品模型中的各种设计信息可以建立一些独立的数据库，包括产品类、部件类、实体类和属性类，并设计统一的数据结构用于产品、部件及实体之间的通信。由于产品平台和机械总线设计中都涉及要在多个产品中寻找共用部分的问题，所以可使用一定的算法进行计算，计算结果为产品平台、拓展模块及机械总线提供设计依据。最后用专用的 CAD 软件完成机械总线的详细设计。

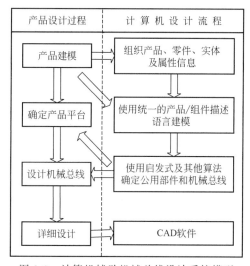

图 1-3　计算机辅助机械总线设计系统模型

Shan 应用面向对象技术提出了一个分布式模块化设计信息框架，已应用在企业中进行模块化产品成组的规划和变量配置工作；顾新建等从满足 MC 生产需求的角度出发，对包括模块化制造系统在内的几种制造系统进行了比较，并对模块化制造系统的特点、设计方法和在中国的应用前景进行了分析；徐燕申等开发了基于实例推理的数控加工中心模块概念设计系统，提出了按照模块实例类型和实例参数来描述模块实例的方法，论述了数控加工中心机床模块实例的分级描述、编码方案和评价方法。

（3）广义模块化设计

为了解决一般以单件、小批量方式设计、制造的大型机械产品，如液压机、水力发电机、汽车覆盖件模具等的模块化设计问题，徐燕申的课题组在分析产品特点、研究其设计过程的基础上提出了广义模块化设计理论和方法。

广义模块化设计的基本思想是：以传统模块化设计基本理论为基础，通过对一系列产品进行功能分析并结合其在设计、制造、维护中的特点，划分并构造具有更大适应性的广义模块，广义模块包括参数化的柔性模块、功能独立但结构不独立的虚拟模块以及参数化的虚拟柔性模块等。通过广义模块的组合实现产品的快速设计。广义模块化设计中的研究重点是柔性模块的创建原理、方法等相关内容。柔性模块模型是多个模块经过抽象、归纳后形成的参数化结构，在一定范围内其结构可以变化，从而形成新的模块模型。

郑辉、徐丽萍、齐尔麦对机械产品广义模块化设计理论、方法进行了研究，提出了包括柔性模块、虚拟模块、虚拟柔性模块等概念的广义模块用于产品结构设计，形成了一套较为完整的广义模块化设计理论和方法体系，并结合液压机、汽车覆盖件模具等产品对广义模块化设计理论进行了实践，取得了良好的效果。

齐尔麦基于上述的广义模块化设计理论和方法开发了用于机械产品快速设计的工具集，用计算机辅助进行机械产品的广义模块化设计。

（4）产品模块化设计所涉及的模块创建和模块配置两个基本过程

模块创建是依据某种标准把产品创建成以模块为基本构成单元的过程，是模块化设计的前提和基础，对其处理是否合理直接影响产品的功能、性能和成本；而模块配置是在综合分析客户需求的基础上，在产品设计约束的调控下，通过对不同功能、性能的模块组合的可能性以及合理性进行评价，进而配置出满足客户个性化需求产品的过程。

① 模块创建过程　目前有相当多的学者着重于解决模块创建问题，但现有方法大多以启发式或聚类分析的方法来进行分析与设计，缺乏利用其他数学方法来搜寻较佳的模块创建方案，且大多为处理单一产品的模块化设计。其中，Stone 等所提出的启发式模块创建法，根据产品的能量流、物料流、信号流以及力等，再依据三种判断准则——支配性流（dominant flow）、分支流（branching flow）以及转换-传输流（conversion-transmission flow）来进行模块的规划，但问题在于仅仅衡量能量、物料、信号以及力的处理过程，以功能实现方式探讨模块形成，没有能够体现出设计需求约束问题；Tsai 通过考虑制造和装配过程中功能设计的复杂性得出模块形成的最优方式，并且对模块的设计、制造顺序进行了排列；Kusiak 提出了一种启发式的图解法来分析产品模块化结构，以辨别组件互换型模块化、总线型模块化与组件共享型模块化，同样仅着重于零部件的关系探讨；Salhieh 把模块化设计分解成四个阶段，并且通过考虑零件之间特征指标的关联度以矩阵的方法分析零部件之间的相似程度，再通过 p-中位模型来进行零部件的聚类分析工作，这种方法也是仅考虑零组件的关系并且计算复杂；Ericsson 给出了一种模块功能配置（modular function deployment）方法，通过分析产品全生命周期的属性归纳出了模块驱动因素（module drivers），并利用质量屋（house of quality，HOQ）来分析客户需求与产品工程设计特征的关系，进而规划模块型式与装配设计，但是缺乏考虑零部件间的交互关系；Gu 从影响产品的模块化设计因素出发探讨零部件的交互关系，经过归一化处理之后得到了最终的模块创建方案，但是由于其优化数学模型仅仅追求零部件相似的最大限度，而没有考虑其共用性，因而导致模块生成结果疏松。

潘双夏等在模糊聚类以及信息熵理论的基础上，综合考虑了客户需求、产品的装配、成本和维修等相关因素对产品进行了模块创建，并且给出了模块形成方案的量化评价方法；刘志峰将绿色设计思想与模块化设计方法结合起来，提出了绿色模块化设计方法。利用功能准则和绿色准则对零部件进行聚合以达到模块创建的目的，同时保证了产品的功能属性和环境属性。

关于面向产品成组的模块化设计方法，Gonzalez-Zugasti 等以互动协商的方式，用电子表格来考虑成本与性能的平衡，通过决策树分析不确定因素，以处理产品平台的选择问题，同样缺乏对零部件的实体功能关系的探讨，并且其基本假设为产品模块化已事先规划完成；Dahmus 沿用 Stone 所提出的启发式模块创建方法，来处理产品成组变型设计中的模块创建，但是这种方法除了受限于模块创建法外，仅针对现有相关联的产品进行整合；Siddique 基于配置推理规则和图论的表示方法得到了产品成组中共用模块的最佳布局，证实了以核心平台为基础进行模块化产品配置设计可以有效地提高设计效率、节约成本以及满足不同的市场段需求；王海军的面向 MC 的产品模块化设计综合分析了客户需求，并衡量了零部件之间在全生命周期中的交互关系，得出利于产品配置的模块创建方案。

目前对产品模块化设计的理论和方法研究落后于其实际应用，解决方案也大多停留在概念性探讨阶段。

② 模块配置过程　关于产品的模块配置研究方面，Dobrescu 给出了一套造型文法规则（shape grammar）来调整零部件的几何性与功能性的映射关系，以对模块化产品成组进行重新配置设计，但仅局限于对模块化产品的几何特征描述；Fujita 研究了产品全生命周期的生产成本构成，并采用 0-1 整数规划方法来描述模块组合过程中的匹配特性，以系统运行的总成本为优化目标，运用模拟退火对成本数学模型求解，得到了在客户需求驱动下的模块化产品最优配置方案；Chakravarty 以企业利润的最大化和产品多元化为平衡目标处理了模块的组合优化问题，重点研究了如何在供应链成员对生产企业提供模块的不确定情况下建立数学优化模型；O'Grady 应用了面向对象的模块组合方法，以解决分布式协同网络环境下模块化产品的远程设计问题；Chen 研究了模块化机器人的设计问题，采用了基于图论的装配关联矩阵表示方法来描述模块组合过程中的功能、接口耦合情况；Huang 和 Kusiak 对模块化产品的装配设计问题进行了重点探讨，并且针对模块化产品的特点提出了装配系统的设计方法；Huang 还从并行工程的角度，给出一种以因特网为平台进行模块组合的产品设计方法，并寻求模块组合的协同化和最佳化，但其基本上认定模块需事先规划完成。

徐燕申等详细地总结和回顾了国内外关于产品模块化的基本概念及其工业应用现状，对目前模块的创建、组合研究工作进行了分析和评述，并对模块化设计的研究热点和发展趋势进行了展望。

侯亮等介绍了模块化的基本概念，在分析模块化产品设计推理过程的基础上，提出了一种面向对象的知识库建模方法，将模块视为对象，并以功能模块、实例模块为基础构成对象层次体系，以对象框架语言描述模块的相关设计知识，组成知识单元；论述了基于实例和框架的知识推理过程，并给出了液压机产品知识库系统的框架结构。结果表明，该系统的研究和开发可有效支持液压机等大型机械产品的快速响应设计。

1.2.2　模块化设计技术的应用

模块化系列产品设计是工业发达国家近 20 年来一直采用的一种先进的机械产品设计方法。

国外，早期的如德国的 SCHARMANN 公司生产的镗铣床，具有横系列和跨系列模块化设计的特点，它的模块主要有四组：数控系统、刀库和换刀装置、工作台、立柱滑座。通过交换或增加数控系统、刀库和换刀装置、工作台等模块可得到数控镗铣床和各种型式的镗铣加工中心等横系列产品，而选用不同的立柱滑座和相应的工作台模块则可得到立式镗铣床和落地（卧式）镗铣床这两类跨系列产品。

法国的 HURON 公司生产的模块化铣床由五组模块组成：不同性能和传动功率的滑枕式铣头、不同功率和进给特性的进给箱、不同长度和宽度的工作台、与工作台尺寸相应的床身和升降台、增加铣头高度的滑座垫块。通过这五组模块可以组成数百种规格的产品，提高了对用户的适应性。

近期，如德国的 Bremer Vulran 集团的 Dorries Scharmann 中型卧式加工中心的模块化设计，在一定的条件下，它可以与其他公司共享机床模块。该公司的一种新型高速卧式加工中心，可以把 Droop&Rein 的高速主轴和 NC 回转头与 Scharmann 的工作台和 Wero 刀库结合起来使用，而它的床身、立柱和导向系统则来自 Aschersleben。

美国的 Index 公司开发了一种模块化车削中心，他们在 Rationa 系列的车削中心中采用了模块化设计，需要哪些功能由用户来决定，可除去基本机型上的一些不需要的标准功能。

国内，如天津第一机床厂从 1992 年 5 月开始，先后完成了 56 个部件的模块化设计，配套了 3 种数控系统，他们开发的模块化加工中心既体现了加工中心机床加工精度高、工序广义性好的特点，同时又具有组合机床效率高及模块组合的优势。

武汉重型机床厂引进了德国 SCHIESS-FRORIEP 公司的重型机床模块化设计技术，设计了 FB 系列落地铣镗床。其基型品种有 4 种规格，即镗轴直径分别为 180mm、225mm、260mm 和 320mm；其变型品种也有 4 种，即镗轴直径分别为 160mm、200mm、240mm 和 280mm；另外，每种基型产品的立柱有 2 个模块，形成了 FB 系列落地铣镗床 16 种产品以供市场选择，大大提高了产品的适应程度。

此外，模块化设计在汽车覆盖件模具、减速箱、工业汽轮机、微机、通信设备、控制仪表、武器方舱、雷达、航空电子设备、船舶、建筑等工业设备及许多行业中得到广泛应用，并取得了显著的效益。因此，模块化设计的研究也得到学术界和工业界的广泛关注。

1.2.3 模块化设计的发展趋势

虽然模块化概念由来已久，在许多产品开发与生产活动中这种方法也被自觉或不自觉地应用，但如何系统、科学地开发模块化产品直接影响设计的有效性和最优性，而这些理论和方法的研究则落后于模块化的实际应用。作为模块化设计的基础方法和理论，模块化表达方法与模块识别等一直是研究的热点。信息技术、先进制造技术等的不断发展，给产品模块化设计理论和实践应用研究提出了更多新的课题，融合、利用其他现代设计方法、制造和管理技术成为现代模块化设计的特点。

(1) 知识管理与集成设计

产品结构、设计过程的模块化重组需要建立新的模型以管理产品知识和信息。为完全确定标准化模块及其接口，需要描述模块以及其间相互关系的知识。模块化设计中的知识管理包括：产品、模块和接口的数据表达和组织方法及其数据搜索策略（尤其在分布式系统中）。知识管理对于实现知识重用和提高模块化设计效率具有重要作用。

集成化设计是当今设计的一个热点。模块及其组合产品的设计、分析、制造等过程间的信息共享与交流，影响着模块设计、选择与组合的质量和速度。以模块为核心，研究模块化产品的 CAX 集成技术正成为现代模块化设计的一个新方向，如针对大型机械产品提出基于知识和参数化、变量化集成构建的模块化设计方法。此外，PDM 技术的发展为模块化产品的知识管理和 CAX 集成提供了一种有效的工具。

（2）模块化产品的网络协同设计

随着网络技术的快速发展，基于 Internet 的协同设计技术成为可能。模块化产品的分布式协同设计为快速响应市场提供了一种更为有效的途径。分布式环境下，模块设计、管理与使用可不受地域、时间的限制，使模块的共享性、通用性得到了进一步发挥。

关于协同设计的概念、结构、特点及其实施环境等，国内外学者已进行了较为广泛的研究。但对于模块化产品的协同设计则处于起步阶段，其主要问题在于：不同供应商提供可能几何分离或在不同平台上设计的模块，如何在此模块基础上进行设计以满足不同客户的需求？

（3）模块化设计对先进制造技术和制造系统的影响

模块化设计与制造系统的关系也是近年来的研究热点。以模块化作为主要支撑技术的可重组柔性生产线、模块化制造系统、可重组制造系统等成为现代制造系统的发展趋势。制造系统的模块化、可重组有效解决了生产率与柔性的矛盾，并缩短制造系统重组所需的周期，迅速达到规定的产量和质量，使得充分利用已有的资源、减少重组制造系统所需的费用成为可能。

将模块化制造系统与虚拟制造相结合，在虚拟环境下构造制造系统，产品、制造装备及制造系统的设计均采用模块化方法，使产品和制造系统有机地统一起来，这种最优集成系统的研究将是今后的一个研究重点。

1.3 主要的创新设计方法

由于创造性设计的思维过程复杂，有时发明者本人也说不清是用哪种方法获得成功的。但通过不断的实践和对理论的总结，大致可总结出几种方法。

（1）群智集中法

这是一种发挥集体智慧的方法，又称头脑风暴法，于 1938 年由美国人提出来，后逐步扩展到世界各国。这种方法是先把具体创新条件告知每个人，经过一定的准备后，大家可不受任何约束地提出自己的新概念、新方法、新思路、新设想，各抒己见，在较短的时间内可获得大量的设想与方案，经分析讨论，去伪存真，由粗到细，进而找出创新的方法与实施方案，最后由主持人负责完成总结。这种方法的讨论原则是：①进行随心所欲，设想新颖，但有的放矢、不空谈地自由发言；②不批评别人的设想；③不提倡少数服从多数；④不过早下结论；⑤总结各种设想，下次再议。该方法要求主持人有较强的业务能力、工作能力和较大的凝聚力。我国的很多大型发明创造都使用了这种方法，并获得了很大的成功。

（2）仿生创新法

通过对自然界生物机能的观察、分析和类比，创新设计新产品。这也是一种最常用的创造性设计方法。仿人机械手、仿爬行动物的海底机器人、仿动物的四足机器人及多足机器人，就是仿生设计的产物。由于仿生法的迅速发展，目前已形成了仿生工程学这一新的学科。使用该方法时，要注意切莫仿真，否则会走入误区。众所周知，飞机的发明源于对鸟的仿生研究。仿生创新法是利用生物运动的原理创新设计的一种好方法。有人在研究小蚂蚁为什么能拖动比它身体重 700 倍的物体，还有人在研究跳蚤为什么能跳那么高。蝙蝠发出的超

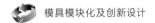

声波、信鸽的定位和定向功能等大自然许许多多的奇妙生物现象，正在引起世界科学家的极大兴趣。仿生创新法将会得到更加广泛的应用。

（3）反求设计创新法

反求设计是指在引入别国先进产品的基础上，加以分析、改进、提高，最终创新设计出新产品的过程。日本、韩国经济的迅速发展都与大量使用反求设计创新法有关。我国自从1990年召开第一届反求工程研讨会后，反求设计创新法得到了迅速的发展。

（4）类比求优创新设计法

类比求优是指把同类产品相对比较，研究同类产品的优点，然后集其优点、去其缺点，设计出同类产品中的最优良品种。日本本田摩托车就是集世界上几十种摩托车的优点而设计成功的性能最好、成本最低的品种。但这种方法的前期资金投入过大。

（5）功能设计创新法

功能设计创新法是传统的设计方法，可称为正向设计法。根据设计要求，确定功能目标后，再拟订实施技术方案，从中择优设计。如设计任务是设计夹紧装置，功能目标可以是机械夹紧、液压夹紧、气动夹紧、电磁夹紧，不同的功能目标可设计出功能相同，外形、构造、原理完全不同的夹紧装置。再从制造工艺、使用方便、成本、消费者的心理、可靠性、完全性、维修、社会经济效益等多方面综合考虑，选择出理想的产品。当把功能目标选择为机械夹紧后，可按照机械设计的常识进行设计。如利用连杆机构的死点装置、利用凸轮机构与自锁的原理、利用自锁螺旋、利用具有自锁性能的斜面机构或组合机构，都可设计出夹紧装置。再按技术原理进行具体的设计，可设计出机械夹紧装置。这种设计法是典型的正向思维方式，故又称为正向设计法。

（6）移置技术创新设计法

移置技术创新设计法是指把一个领域内的先进技术移置到另一个领域，或把一种产品内的先进技术应用到另一种产品中，从而获得新产品。这类创新方法的应用很成功。把军用激光技术应用到民用产品开发，产生了激光切割机、激光测距仪、激光手术刀、舞台灯光仪等许多激光制品。把模糊控制技术移置到各种家用电器中也得到了用户的认可。

1.4 发明问题解决理论（TRIZ）

1.4.1 TRIZ 的定义及发展

国际著名的 TRIZ 专家 Savransky 给 TRIZ 定义如下：TRIZ 是基于知识、面向人的发明问题解决系统化方法学。

首先，TRIZ 是基于知识的方法。①TRIZ 是发明问题解决启发式方法的知识，这些知识是从全世界范围内的 250 万件专利中抽象出来的，而且 TRIZ 采用为数不多的基于产品进化趋势的客观启发式方法；②TRIZ 大量采用自然科学及工程中的效应知识；③TRIZ 利用出现问题领域的知识，这些知识包括技术本身、相似或相反的技术，或过程、环境、发展及进化。

其次，TRIZ 是面向人的方法。TRIZ 中的启发式方法是面向设计者的，而不是面向机器的。该理论本身是基于将系统分解为子系统，以及有害功能和有用功能的区分等等。这些都取决于问题和环境，本身就具有主观性和随机性。计算机软件仅仅起支持作用，根本不能完全代替设计者，只需要对处理这些随机性问题的设计者们提供方法与工具。

然后，TRIZ 是系统化的方法。运用 TRIZ 解决问题的过程就是一个系统化的、能方便应用已有知识的过程。

最后，TRIZ 是发明问题解决理论。TRIZ 研究人类进行发明创造、解决技术难题过程中所遵循的科学原理和法则，并将这些原理和法则用于解决设计中遇见的问题。

TRIZ 的发展经历了 3 个阶段。第 1 个阶段称为古典时期（1946—1980），在这个时期，建立了 TRIZ 的概念基础，虽开发了许多概念和方法，但没有集成；虽积累了大量的工程知识，但由于这些知识用描述的方式表达，因此只适合手工使用 TRIZ。第 2 个阶段起源于 Boris Zlotin 和 Alla Zusman 在 Kishinev 创办的一所 TRIZ 技术学校，称为 Kishinev 时期。这所学校的目标是集成 TRIZ 的方法、工具和积累的知识，并用计算机化的方法表示 TRIZ。第 3 个阶段开始于 1992 年，由于 Ideation 公司要调整和开发 TRIZ 使之应用于美国工程研究，故称为 Ideation 时期。这项技术已从分析发明创造问题发展到开发基于 IT 的知识驱动方法，现已将进入发明工程阶段。可以预见这种发明工程将增强解决问题的技能和提供集成的系统分析方法，直至模拟创造。

迄今为止，对 TRIZ 的研究可概括为三个过程，下面详细进行介绍：

（1）Genrich S. Altshuller 与 TRIZ

1946 年，一位年轻的苏联海军专利调查员 Genrich S. Altshuller（1926—1998）在阅读了大量专利后，开始注意到这些独立的专利中存在一些解决问题的通用模式，进而认为："一旦我们对大量好的专利进行分析，提取它们的问题解决模式，人们就能学习这些模式从而获得创造性解决问题的能力。"

随后，他把他的想法作为建议写信告诉斯大林，但得到的答复却是作为反社会主义分子被逮捕送入了集中营。在恶劣的集中营中，幸运的是他遇到了许多技术研究人员的帮助，在与他们的沟通中，Altshuller 越加对自己的想法充满了信心。1954 年被释放后，他写出了关于 TRIZ 的第一篇论文和一系列著作，逐渐形成了 TRIZ 方法论，其一生共写了 14 本专著，还与学生合著了几本，但其中只有《发明者的突然出现》（［美］Lev Shulyak 译，技术创新中心出版，1994）和《创造性科学》（Anthony Williams 译，ASI 出版，1988）两本被翻译成英文。

1970 年，Altshuller 在 Baku 开设了一所 TRIZ 学校并招收了几十名学生继续传授和研究 TRIZ。这些学生分布于苏联各地，一些优秀的学生后来成为他的助手，如现在就职于 Ideation 国际公司的 TRIZ 专家 Boris Zlotin 和 Alla Zusman 等，但是 TRIZ 理论始终没有得到当时权威们的认可，这所 TRIZ 学校也一直是民办形式。当时，学校为自愿来学习的工业界工程师和大学学生开设了两种形式的学习班：为期 2 月的学术讲座和为期 2 年的长期学习班。为了纪念这段历史，1974 年 Altshuller 亲自把当时开班和讲授的情况录制了一部 30 分钟的电视录像，在 1999 年 3 月的一次会议上进行了播放，他精辟而又深有见地的讲授深深打动所有与会者。由于政治体制、语言交流和商业环境等障碍，在苏联解体前，TRIZ 仍然集中在苏联范围内进行相对独立而封闭的研究。

（2）TRIZ 在世界范围内的传播

冷战结束后，一批 TRIZ 专家分别移民进入了欧洲和美国，西方国家开始得以学习 TRIZ。1991 年，美国第一篇关于 TRIZ 的文章正式发表，意味着 TRIZ 在美国落户。1992 年，美国一些公司开始了 TRIZ 的咨询和软件开发工作，如 Ideation International Inc.（III）、

RenaissanceLeadership Institute（PLI）等。

1997 年左右，TRIZ 被正式引入日本，东京大学专门成立了 TRIZ 研究团体。1998 年，Osaka Gakuin 大学在 Toru Nakagawa 带领下建立了"TRIZ Home in Japan"网站。网站先是使用日文，但为了方便国际交流，Toru Nakagawa 开始将日文文章逐渐翻译成英文，该网站由此提供英日两种版本。自 1997 年起，作为美国 IMC 在日本的主要代理机构，日本著名的思想库——三菱研究院开始向日本和亚太地区的企业提供 TRIZ 培训和软件产品，目前它已拥有一百多个公司用户，数以千计的工程师和研究人员接受了它提供的方法培训。三洋管理研究所也成立了 TRIZ 小组，专门负责向制造企业、大学和研究机构开办学术讲座、TRIZ 培训和咨询。

2000 年 10 月，欧洲 TRIZ 协会（ETRIZA）成立，旨在推进 TRIZ 在欧洲的研究和发展。除了美国、日本和欧洲外，韩国、保加利亚、印度等十余个国家也相继有科学家或团体对 TRIZ 开展了研究。

TRIZ 理论在我国已开始得到学术界的重视。1999 年中国机械工程杂志发表了第一篇介绍 TRIZ 的文章《发明创造的科学方法论 TRIZ》；浙江大学的潘云鹤院士也相继对 TRIZ 理论作了研究，并把它用于产品设计和开发中；河北工业大学的檀润华教授也申请了河北省自然基金资助项目对此进行研究。

(3) 现代 TRIZ 的研究进程

传统的 TRIZ 是一种复杂的问题解决工具，其现代化最重要的问题是开发一个容易应用 Altshuller 提出的各种方法的过程。事实上，在苏联赫鲁晓夫执政期间，就有人提出 TRIZ 现代化问题，而真正的 TRIZ 现代化的历程是从 1985 年开始的。目前，其结果主要集中在 4 个 TRIZ 模式上。

① III（Ideation International Inc.）模式　该公司的主要核心研究力量是来自于苏联 Kishinev 的 TRIZ 学校的一群专家。他们认为，Altshuller 发展的 TRIZ 的许多方法分支太多，也过于复杂，因此必须提供一些方法和过程作为分析这些问题方法的统一入口。

首先，问题分析人员要求根据有害和有用影响的区分手工绘出问题中各部分因果关系网络图，然后利用软件工具对图中每一个节点能够自动列出问题的看法或者解决方法意见。每一个看法为使用者推荐了合适的传统 TRIZ 工具。III 模式的主要不足是得出的看法通常是节点的 3~4 倍，对于复杂问题有时会显得非常冗长。

由于问题首先通过因果关系进行了分析，III 模式不仅仅局限于技术领域的问题处理，其应用范围可以扩展到服务和商业管理等"软件问题"。为此需要正确理解和在更广泛意义上诠释 40 个创新原则等工具。为了识别欲研究工程系统的操作环境、资源要求、主要有用功能、有害影响和理想结果，III 模式还开发了"创新环境调查问卷（inventive situation questionnaire，ISQ）"以及两个新分析工具——预期失效判定（anticipatory failure determination，AFD）和演变指导（directed evolution，DE）。

② IMC（Inventive Machine Corp.）模式　IMC 公司是由苏联人工智能和 TRIZ 专家 Tsourikov 博士移民到美国后创建的。为了解决具有技术和物理矛盾的"困难"工程问题，IMC 努力将解决矛盾的创新原则、分隔原则、效果库等知识库工具集成为一个有用而方便的软件 TechOptimizerTM。由于引入了相应的现代软件开发和人工智能技术，该软件具有容易使用与界面友好的特点。该软件分为 2 个集合，包括 5 个模块：①集合 1：原则模块、预测模块、效果模块；②集合 2：TechOptimizer 模块、特征转换模块。

原则模块负责从知识（专利）库给出类似的例子消除矛盾，效果模块允许从专利数据库获取类似的物理、化学和地理成果，而预测模块则是参照其演化趋势数据库中的 22 个演化趋势和 200 多个分模式对问题得出未来的解决方法。集合 2 的模块则负责对问题进行分析，使问题清晰化。

③ SIT/USIT 模式　SIT（systematic inventive thinking）模式由移民到以色列的 TRIZ 专家 Filkosky 在 1980 年左右创立，目的是简化 TRIZ 以便使其被更多人接受。1995 年福特公司的 Sickafus 博士将 SIT 模式进行结构化形成 USIT（unified structured inventive thinking）模式，该模式能帮助公司工程师短时间（3 天培训期）内接受和掌握 TRIZ，为实际问题在概念产生阶段快速地产生多种解决方法。USIT 将 TRIZ 设计过程分为 3 个阶段：问题定义、问题分析和概念产生。它将解决方法概念的产生简化为只有 4 种技术（属性维度化、对象复数化、功能分布法和功能变换法），而不需要采用知识库或计算机软件。但 USIT 解决问题的好坏依赖于问题解决人员知识的广度和深度。

④ RLI（renaissance leadership institute）模式　该模式是由 RLI 公司的分支机构 Leonado da Vinci 研究院的一些专家开发的，RLI 模式对 TRIZ 的贡献主要体现在：①针对 TRIZ 的复杂性，开发了 8 个解决问题的算法；②针对物-场分析工具存在的缺陷，提出运用三元代替物-场的三元分析法（triad analysis），并将其结合到所开发的 8 个发明算法中。

1.4.2　TRIZ 的主要方法、工具与发展方向

目前，TRIZ 技术包括分析工具和基于知识的概念开发工具。其中，分析工具提供了辨认和形式化问题的方法和计算机工具，其包括物-场分析、发明问题的解决算法（ARIZ）。物-场分析是一种对具体问题进行定义并将问题模型化的方法，而发明问题解决算法则是根据物-场分析定义的问题模型来导出解决问题的具体方法。概念开发工具包括克服系统对立问题的典型技法、发明问题标准解决方法、物理化学几何效果工学应用知识库等，其中，克服系统对立问题的典型技法是利用 40 个发明原理指明解决问题的关键和解决对策的探索方向，而发明问题的标准解决方法则是首先将发明问题按其物-场模型进行分类，然后再将各类相似问题的解决方法标准化、体系化。在探索具体问题的解决对策时，实现某些功能所需的物理、化学、几何学等具体原理，则由物理、化学、几何学、效果工学应用知识库提供。下面首先简要讨论 TRIZ 的主要方法与工具。

（1）分析问题

分析是解决问题的一个重要手段。分析是 TRIZ 的工具之一，包括分析理想解（IFR）、功能特性分析和裁剪、确定问题的冲突区域和可用资源分析。

理想解是采用与技术及实现无关的语言对需要创新的原因进行描述，创新的重要进展往往是在该阶段对问题深入的理解后所取得的。确认那些使系统不能处于理想化状态的元件是使创新成功的关键。设计过程中从一起点向理想解过渡的过程称为理想化过程。功能分析的目的是从完成功能的角度，而不是从技术的角度分析系统、子系统和部件。该过程包括裁剪，即研究每一个功能是否必需，如果必需，系统中的其他元件是否可完成其功能。设计中的重要突破、成本或复杂程度的显著降低，往往是功能分析及裁剪的结果。冲突区域的确定是要理解出现冲突的区域。区域既可指时间，又可指空间。假如在分析阶段问题的解已经找到，可以移到实现阶段。假如问题的解没有找到，而该问题的解需要最大限度的创新，则基于知识的三种工具——原理、预测和效应等都可采用。

（2）冲突解决原理

在产品创新过程中，冲突是最难解决的一类问题。TRIZ 提供一套基于知识的技术来解决该类问题，应用 TRIZ 可在消除冲突的过程中自然地产生新的概念。TRIZ 主要研究技术冲突与物理冲突两种冲突。技术冲突是指系统一个方面得到改进时，削弱了另一方面的期望。创新就是消除技术冲突，消除技术冲突的过程既改善冲突的一个方面，同时又不降低另一方面的希望。TRIZ 理论提供了 39 个标准工程参数来确定冲突，有 39×39 条标准冲突和 40 条发明原理可供应用。而物理冲突是指系统同时具有矛盾或相反要求的两种状态，TRIZ 所提供的物理冲突的解决原理是：时间分离原理、空间分离原理、整体与部分的分离原理和基于条件的分离原理。

（3）物-场分析与 76 种标准解决方法

物-场分析是 TRIZ 对与现有技术系统相关问题建立模式的重要工具，技术系统中最小的单元是功能，功能由两个元素以及两个元素间传递的能量组成，Altshuller 把功能定义为两个物质（元素）与作用在它们中的场（能量）之间的相互作用，也即是物质 S_2 通过能量 F 作用于物质 S_1，产生的输出即功能。其中物质 S_1、S_2 可以是任何复杂程度的对象。为了快速构造物-场模型并解决基于技术系统演化模式的标准问题，TRIZ 提供了 76 种标准建模和解决方法，并将这些方法分为以下 5 类：①不改变或仅仅少量改变已有系统，有 13 种标准解；②开发物-场模型，有 23 种标准解；③从基础系统向高级系统或微观等级转变，有 6 种标准解；④度量或检测技术系统内的一切元素，有 17 种标准解；⑤描述如何在技术系统引入物质或场，有 17 种标准解。发明者首先要根据物-场模型识别问题的类型，然后选择相应的标准方法集。在目前的 TRIZ 软件中，标准解决方法已经超过了 200 个，而且每个方法都有来自不同领域的技术和专利举例。

（4）科学和技术成果数据库

成果库可能是 TRIZ 最容易应用的工具。该库集中了包括物理、化学、地理和几何学等方面的专利和技术成果，研究人员如果需要实现某个特定功能，该知识库可以提供多个可供选择的方法。在传统的专利库中，成果是按照题目或发明者名字进行组织的，那些需要实现特定功能的发明者不得不根据与类似技术相联系的人名从其他领域（如物理、化学等）寻求解决方法。由于发明者可能除了自身领域外，对其他领域可能一无所知，因此搜索就比较困难。1965～1970 年，Altshuller 与同事们开始以"从技术目标到实现方法"组织成果库，这样，发明者可以首先根据物-场模型决定需要实现的基本功能（技术目标），然后能够很容易地选择所需要的实现方法。

（5）发明问题解决算法（ARIZ）

ARIZ（algorithm for inventive-problem solving）称为发明问题解决算法。TRIZ 认为，一个问题解决的困难程度取决于对该问题的描述或程式化方法，描述得越清楚，问题的解就越容易找到。发明问题的求解过程就是对问题的不断描述、不断程式化的过程。经过这一过程，初始问题最根本的冲突被清楚地暴露出来，能否求解已经很清楚了，如果已有的知识能用于该问题则有解；如果已有的知识不能用于该问题则无解，需要等待自然科学或技术的进一步发展。这个过程就是靠 ARIZ 算法来实现的。

ARIZ 是 TRIZ 的一种主要工具，是解决发明问题的完整算法。该算法采用一套逻辑过程逐步将初始问题程式化。它特别强调冲突与理想解的程式化，一方面技术系统向着理想解的方向进化；另一方面如果一个技术问题存在冲突需要克服，该问题就变成了一个创新的问题。

ARIZ 中，冲突的消除有强大的效应知识库的支持。作为一种规则，经过分析与效应的应用后问题仍无解，则认为初始问题定义有误，需要对问题进行更一般化的定义。应用 ARIZ 取得成功的关键在于：没有理解问题的本质前，要不断地对问题进行细化，一直到确定了冲突。该过程及冲突的求解已有软件支持。随着时间的推移，ARIZ 出现了多个版本，主要有 1977 年、1985 年和 1991 年三种版本。

（6）技术系统演化理论

TRIZ 提供了基于思想方法的演化和系统的知识，它不仅发现和描述了发现技术的一般规律和演化模式，而且描述了技术演化的规律和趋势。通过运用 TRIZ 对技术系统的分析可以得出：技术系统的演化是有规律的而不是随机的，技术通过解决冲突而演化，发明则为消除潜在的冲突参数间冲突的结果。

根据 TRIZ，所有技术系统都由以下四部分组成：能源装置、传动部件、控制装置、执行机构。能源装置是系统的能量之源，为了执行功能，所有技术系统都需要能源；传动部件是用于连接能源和工作部件（或系统元件）系统的一部分；执行机构是执行功能的主要工作部件，所有的功能基本上都是通过它来实现的；控制装置用于协调控制各个部件以实现特定的功能。技术系统通常是按照幼年期、快速发展期、成熟期和老年期四个阶段来演化的，技术系统所处的演化阶段可以为企业产品规划提供具体和科学的支持。

（7）TRIZ 的发展方向

TRIZ 虽然对于西方国家比较新，但它已经是一个欠发展且应用了 50 多年的旧系统，处在 S 曲线的成熟位置，应该有一个新的突破性的方法来取代 TRIZ 方法的部分或全部。从 TRIZ 的发展历史来看，它是在苏联计划经济体制的社会环境下形成的，计划经济下企业间很难存在竞争，但是对于今天的企业，随着经济的全球化和新经济的崛起，企业不得不面临更为残酷激烈的竞争。传统 TRIZ 对于那些急于学习创新性方法并展开应用的企业工程师来说，显得过于庞杂。另外，传统 TRIZ 还存在一些没有完全解决的问题或者缺陷，如目前 TRIZ 知识库中还没有当前十分风行的信息技术和生物技术的成果。因此，为了适应现代产品设计的需要，TRIZ 不得不面临自身现代化的建设问题，这是当前国际上 TRIZ 研究的重点之一。

① TRIZ 自身的完善　以专业的观点来看，TRIZ 的完善有 4 个明确的发展方向：

a.技术起源和技术演化理论；

b.克服心理惯性的技术；

c.分析、明确描述和解决发明问题的技术；

d.指导建立技术功能和特定设计方法、技术和自然知识之间的关系。

TRIZ 的这些方向不是独立地演化的，因为 TRIZ 产生于对技术和专利信息的广泛研究，之后发展成为改进工程创新的方法学，而不是一门科学。

② TRIZ 与其他方法的集成　TRIZ 主要是解决设计中如何做的问题，对设计中做什么的问题未能给出合适的工具。大量的工程实例表明：TRIZ 的出发点是借助于经验发现设计中的冲突，冲突发现的过程也是通过对问题的定性描述来实现的。因此，如何将 TRIZ 与其他设计方法相结合，以弥补 TRIZ 的不足，已经成为设计领域的重要研究方向。

如对工程质量学而言，TRIZ 被引入美国后，迅速引起了一些质量工程学家的关注。Kowalick 指出，如果说田口方法是 20 世纪整个 80 年代及 90 年代前期的研究热点，那么

TRIZ 理论与方法将成为 90 年代后期的研究重点，而且这一趋势将继续保持下去。质量工程界把田口方法、QFD、TRIZ 并称为三大设计方法，它们的相互比较和结合是目前研究的重点，其研究主要集中在两方面：

a. 结合框架和模型的构建。三大设计方法在整个设计过程的不同方面有不同的贡献，如果将三者结合起来将是产品设计强有力的工具。

b. 相互补充和完善。由于三大设计方法都不同程度地存在不足和设计难点，因此需要应用其他方法来完善自身缺点。

1.4.3　应用 TRIZ 解决问题的体系结构

有多种方法可用于 TRIZ 工具及方法的描述，流程图是可用方法之一，如图 1-4 所示。该图不仅描述了各种工具之间的关系，也描述了产品创新中的问题。应用 TRIZ 的第一步是对给定的问题进行分析：如果发现存在冲突，则应用原理去解决；如果问题明确，但不知道如何解决，则应用效应去解决；还有一种选择是对待创新的技术系统进行进化过程的预测。第二步是评价。第三步是实现。该过程可采用传统手工方法实现，也可采用计算机软件辅助实现。

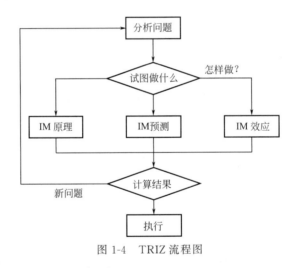

图 1-4　TRIZ 流程图

(1) 分析问题

功能分析的目的是从完成功能的角度，而不是从技术的角度分析系统、子系统与部件。该过程包括裁剪，即研究每一个功能是否必需。如果该功能必需，系统中的其他元件是否可完成其功能？设计中的重要突破——成本或复杂程度的显著降低，往往是功能分析及裁剪的结果。图 1-4 中的"分析问题"这个方框描述了以下几个方面：

① 分析理想解（IFR）　发明创造的理想状态是理想解的实现，尽可能使企业的产品接近于其理想解是产品创新的指导思想。确定所设计产品的理想解是设计人员综合素质的体现。为了获得特定的结果或改进结果，传统的工程应用是牺牲某种功能或用额外的花费。例如，芯片工作时产生太多的热量，就不得不增加可以释放所产生的热量的额外的物质；为了完成这项工作，需要更大的空间容纳物质，同时还要增加其重量；而且如果添加的物质不能起作用，还需要一个小风扇来冷却芯片等等。这些都是传统的思维模式。理想解的思想认为：芯片产生的热量是不需要的，产生的热量应理想地放掉，让它自生自灭。有时，一个多

余的作用还可以这样消除：和其他多余的作用合并，或变有害作用为有益作用。

理想解作为设计者的目标和向导，可防止设计道路的偏离。偏离了理想解的解决区域就意味着接受了次优解。理想解优越于其他任何解。通过把理想解作为目标，设计者可以一直走在解决方法的最可能的道路上。正确形成理想解可以一个元素为任务，从该元素的一对冲突中去掉有害（无用的或不需要的或多余的）功能的影响，同时保留执行基本功能的能力。理想化的产品（或方法）就是物质的理想解，因此，理想化对于理想解的定义起了十分重要的作用。为了对技术系统的正反两方面作用进行评价，采用理想化水平来进行评价，理想化水平的定义由如下方程描述：

$$Ideality = \frac{\sum UF}{\sum HF} \tag{1-1}$$

式中　$Ideality$——理想化水平；

$\sum UF$——有用功能之和；

$\sum HF$——有害功能之和。

公式(1-1)的意义为：技术系统的理想化水平与有用功能之和成正比，与有害功能之和成反比。当系统改进后，如果公式中的分子增加，分母减少，则系统的理想化水平提高，产品的竞争能力增强。

为使分析方便，将公式(1-1)中的有害功能分解为成本总和及危害总和之和来代替，如下面的公式(1-2)所示。

$$Ideality = \frac{\sum Benefits}{\sum Costs + \sum Harm} \tag{1-2}$$

式中　$Ideality$——理想化水平；

$\sum Benefits$——所有利益总和；

$\sum Costs$——成本总和；

$\sum Harm$——危害总和。

公式(1-2)的意义为：技术系统的理想化水平与所有利益总和成正比，与成本总和及危害总和之和成反比。当系统改进后，如果公式中的分子增加，分母减少，则系统的理想化水平提高。不断地增加产品理想化水平是产品创新的目标。成本总和包括原料的成本、系统所占用的空间、所消耗的能量及所产生的噪声等。危害总和包括废弃物及污染等。

理想化水平的演化方向是朝着系统利益增加、花费减少、损害减少的方向，即朝着理想解的方向；演化的极值就是理想解，即原问题获得最大利益，没有损害并且没有花费。理想解描述的技术问题解决方案与原问题的机构和约束没有关系；理想系统不占空间，没有重量，不需要劳力和维护；理想系统瞄准利益而没有损害。理想解有如下四个特征：

a.消除原始系统的不足之处；

b.保留原始系统的优势；

c.不使系统变得更为复杂（使用空闲资源或可用资源）；

d.不引入新的不利因素。

② 功能特性分析和裁剪　功能分析是问题分析的第二步。有经验的 TRIZ 研究人员运用物-场分析作为 ARIZ 算法的一部分来理解系统的元素，理解元素间的相互作用和相互作用产生的问题。对于初学者来说，功能分析就更为重要，因为他们可以通过功能分析来确定问题。

按照物-场分析方法，要进行功能分析，就必须建立待设计系统的模型。一个系统往往包含许多功能，建立每个功能的模型都是需要的。TRIZ中将这些功能分为以下四类：

第一类：有效完整功能。该功能的三个元件都存在，而且都有效，是设计者追求的效应，其模型如图1-5(a)所示。

第二类：不完整功能。组成功能的三元件中部分元件不存在，需要增加元件来实现有效完整功能，或用一种新功能代替。

第三类：非有效完整功能。功能中的三元件都存在，但设计者所追求的效应未能完全实现。如产生的力不足够大、温度不足够高等，需要改进以达到要求，其模型如图1-5(b)所示。

第四类：有害功能。功能中的三元件都存在，但产生与设计者所追求效应相冲突的效应。有害功能模型如图1-5(c)所示。

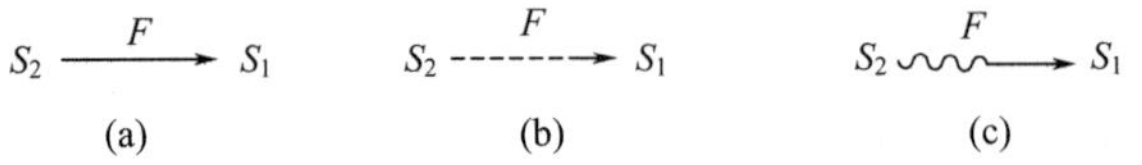

图 1-5 功能模型图

一个产品或系统往往是多个支持功能的实现，如果用图1-5所示的符号系统来表示这些支持功能时，如果图1-5所示的模型存在，则可判断系统或产品存在技术冲突。

工程技术人员运用下面的工具来分析功能：

a. 功能成本分析；

b. 评价分析；

c. 失效模式和结果分析；

d. 故障树分析；

e. 材料单。

如果设计者运用这些工具，就能鉴别问题的系统、物质和单元水平以及它们间的相互作用。功能分析的具体实施如表1-1所示。

表 1-1 功能分析表

功能描述			分析	裁减
A	作用于	B	有用或有害	功能必需吗？	B 可以执行此功能吗？怎么执行？

例如，分析的系统是剪草机，其功能叙述和分析如下所述：

a. 用于剪草的刀片（有用）；

b. 转动刀片的马达（有用）；

c. 汽油驱动马达（有用）；

d. 汽油污染空气（有害）；

e. 刀片碰到石块（有害）；

f. 草和石块使刀片变钝（有害）等等。

在改善功能之前，要检查该功能是否必要。如果该功能必不可少，它可以被系统的其他单元所替代吗？分析剪草机的功能时，就会发现"刀片剪草"功能是有用的。根据功能分析与裁剪，就可以提出以下问题：

a. 草能自己剪断吗？

b. 能用其他部件剪草吗？

这就引导你思考：草应具有智能化，以便只长到合适高度就不长了。对于技术问题解决方法，子系统和单元功能分析的用处也许会更大。如果问题是改进马达的燃料效率，功能分析就应当列出所有功能，区别出有用的和有害的，然后提高有用功能的利用效率而消除有害功能。例如：

a. 有用性：马达转动刀片；马达驱动轮子。

b. 有害性：马达振动机架；马达需要燃料。

消除振动将通过减少浪费而改进燃料的利用效率，并且可以降低噪声。在这种情形下，TRIZ 初学者将根据直觉和商业需求分析的总和来确定优先改进的时机。

③ 确定问题的冲突区域　确定问题的冲突区域就是出现冲突的区域。区域既可指时间，又可指空间。确定问题的冲突区域是 ARIZ 算法的重要步骤。它包括许多技术，用于帮助 TRIZ 研究人员局部化所要解决的问题。对于初学者，可以从 5W 和 1H 的运用中获得简化方法。即可以对研究问题提出下列问题：

谁有问题？是什么问题？什么时候发生？一直发生吗？在哪种情形下？在哪儿发生？为什么发生？怎样发生？这一连串的"谁、什么、时间、地点、为什么、怎样"（5W 和 1H）将引导问题解决者确定原问题的冲突作用区域。有些问题通过运用 5W 和 1H 就可以得到符合要求的解决方案。

（2）解决方法

如果通过分析问题没有找到原问题的解决方案，而该问题的解需要最大限度的创新，就要运用基于知识的三种工具——原理、预测和效应来获得符合要求的解决方案。在很多的 TRIZ 应用实例中，三种工具要同时采用。图 1-4 表明了采用三种工具的条件。

原理是获得冲突解所应遵循的一般规律。工程冲突有技术冲突与物理冲突两种。技术冲突是指传统设计中所说的折中，即由于系统本身某一部分的影响，所需要的状态不能达到。物理冲突指一个物体有相反的需求。TRIZ 引导设计者挑选能解决特定冲突的原理，其前提是要按标准参数确定冲突。对于技术冲突，有 39 条标准冲突和 40 条原理可供应用。对于物理冲突，有 4 条分离原理可供选择。具体讨论详见 1.4.4 节。

预测又称为技术预报。当模式确定后，系统、子系统及部件的设计应向高一级的方向发展。TRIZ 确定了 8 种技术系统进化的模式。

效应指应用本领域、特别是其他领域的有关定律解决设计中的问题。如采用数学、化学、生物及电子等领域中的原理，解决机械设计中的创新问题。

（3）评价

评价阶段将所求出的解与理想解进行比较，确信所做的改进不仅满足了用户需求，而且推进了产品创新。TRIZ 中的特性传递（feature transfer）法可用于将多个解进行组合，以改进系统的品质。

1.4.4　发明问题解决算法（ARIZ）

发明问题解决算法（ARIZ）是 TRIZ 用于解决冲突的主要方法。它基于对产品和过程的演化，是由一套明确的原理组成的方法，用于克服物理惯性，是物理冲突消除的数据库。ARIZ 算法的逻辑性引导你理解问题的理想解，也就是意味着系统必须不惜代价改进，而且不产生不期望得到的结果。ARIZ 算法的逻辑性基于对由物理冲突引起的冲突或工程矛盾的理解，物理冲突中的相同参数必须有相应的要求。ARIZ 算法引导你定义物理冲突，该物理冲突妨碍了问题的理性解的获得。基于对 15000 项发明的分析，ARIZ 算法提供了物理冲突分离的数据库。ARIZ 算法框架如图 1-6 所示。

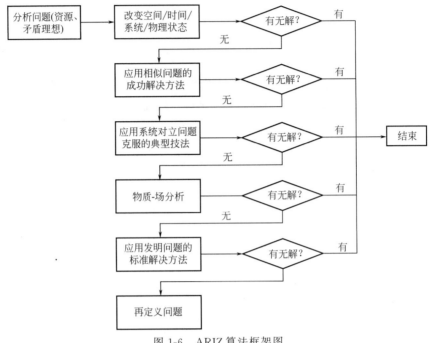

图 1-6　ARIZ 算法框架图

ARIZ 算法的基本步骤包括：

① 分析系统有助于定义系统的基本功能和值得解决的基本冲突。

② 建立问题模型，包括分析所选冲突的正反两方面，选择实现系统基本功能最好的一方面，建立消除所选冲突的不利因素的问题模型。

③ 分析系统资源，包括分析所选冲突发生的地带、发生的时期、系统拥有的物质和能量。分析的目的是物理冲突的分离和系统资源的利用。

④ 物理冲突的定义，包括对同一参数相反冲突需求的定义，该参数引起了冲突。

⑤ 定义最大利用资源的理想解，这一步要最大限度地缩小问题领域。

⑥ 分离物理冲突，运用 6 条原理中的一条来分离冲突需求。

⑦ 利用资源使得对系统的改变最小和花费最小。

⑧ 创新概念的演化和发展。

ARIZ 是 TRIZ 的一种主要工具，是解决发明问题的完整算法，该算法采用一套逻辑过程逐步将初始问题程式化。该算法特别强调冲突与理想解的程式化，一方面技术系统向着理想解的方向进化；另一方面，如果一个技术问题存在冲突需要克服，该问题就变成了一个创新问题。ARIZ 有多个版本，ARIZ-85C 是一有代表性的版本，现对其介绍如下。ARIZ-85C 宏观上可分为 9 步，每一步又由一些微观步骤组成。宏观上的 9 步可描述如下：

① 将初始问题转换为意义清楚的"小问题"。

② 对冲突区域进行描述。

③ 确定理想解（IFR）：IFR 的描述会揭示与系统中的关键部件相反的特性，即物理冲突。如果对于一些问题，前 3 步已得到其解，则转至第 7 步；反之，继续。

④ 利用外部可用物质或场资源。

⑤ 利用知识库消除物理冲突。

⑥ 如果问题已有解，则转至第 7 步；反之，转至第 1 步，重新定义"小问题"。

⑦ 分析物理冲突的解决过程。

⑧ 将所求出的原理解具体化或工程化。

⑨ 对全过程合理性地分析。

在 ARIZ 中，冲突的消除有强大的效应知识库的支持。效应知识库包含物理的、化学的、几何的等效应。作为一种规则，经过分析与效应的应用后问题仍无解，则认为初始问题定义有误，需对问题进行更一般化的定义。

应用 ARIZ 取得成功的关键在于没有理解问题的本质前，要不断地对问题进行细化，一直到确定了物理冲突。该过程及物理冲突的求解已有软件支持。

1.4.5　技术冲突及解决原理

（1）技术冲突的定义

技术冲突是指系统一个方面得到改进时，削弱了另一方面。如增加飞机发动机的功率，一般就可能增加发动机的质量，而原机翼强度不一定足够，实际上等于削弱了机翼的强度。创新就是消除技术冲突。消除技术冲突的过程既改善冲突的一个方面，同时又不降低另一方面。

Altshuller 通过对冲突的深入研究已发现了 39 个标准参数，任何一个技术冲突都可用其中的一对参数来描述。同时他还发现，由其中一对参数描述的任一技术冲突都有创新解，求该创新解的方法是可确定的。这些方法或称原理被归纳出 40 条。Altshuller 还发明了一种冲突矩阵，该矩阵的首行与首列元素都由 39 个标准参数组成，其他矩阵元素给出了解决相应技术冲突可用原理在 40 条中的序号。

当针对具体问题确认了一个技术冲突后，要用该问题所处技术领域中的特定术语描述该冲突。之后，要将冲突的描述翻译成一般术语，由这些一般术语选择标准冲突描述参数。标准参数决定的是一般问题，并可选择可用解决原理。一旦某一原理被选定后，必须根据特定的问题应用该原理以产生一个特定的解。对于复杂的问题，一条原理是不够的，原理的作用是使原系统向着改进的方向发展。在改进的过程中，对问题的深入思考、经验都是需要的。

（2）技术冲突的标准特征

发明问题是那些基于冲突的问题，所有的冲突都可用"冲突的一般语言"重述。在 1946 年到 20 世纪 70 年代时期，苏联的 TRIZ 专家们一直在几个方面上检查全球的专利集，其中之一是试图用一般化的工程参数和特征语言描述系统的重要特征，最后找到了 39 个标准特征。工程师或科学家也许会用不同的语言描述某一特定的技术冲突，并且所有描述都可能是完全正确的。于是，Altshuller 就提出了下面的问题：所有技术冲突都可以浓缩成少数几个普通的技术冲突吗？换言之，世界上所有技术冲突都属于有限数量的普遍冲突吗，并可以用一般的参数来描述吗？

Altshuller 和他的合作者们认为可以。他们完成了这一巨大的任务，建立了最少数量的标准工程特征，该特征组适合所有类别的工程参数，称作 39 个标准参数，下面给出 39 个标准工程参数的名称及意义：

① 运动物体的重量：在重力场中运动物体所受到的重力，如运动物体作用于其支撑或悬挂装置上的力。

② 静止物体的重量：在重力场中静止物体所受到的重力，如静止物体作用于其支撑或悬挂装置上的力。

③ 运动物体的长度：运动物体的任意线性尺寸，不一定是最长的，都认为是其长度。

④ 静止物体的长度：静止物体的任意线性尺寸，不一定是最长的，都认为是其长度。

⑤ 运动物体的面积：运动物体内部或外部所具有的表面或部分表面的面积。

⑥ 静止物体的面积：静止物体内部或外部所具有的表面或部分表面的面积。

⑦ 运动物体的体积：运动物体所占有的空间体积。

⑧ 静止物体的体积：静止物体所占有的空间体积。

⑨ 速度：物体的运动速度、过程或活动与时间之比。

⑩ 力：力是两个系统之间的相互作用，对于牛顿力学，力等于质量与加速度之积；在TRIZ中，力是试图改变物体状态的任何作用。

⑪ 压力或张力：单位面积上的力。

⑫ 外形：物体外部轮廓，或系统的外貌。

⑬ 结构的稳定性：系统的完整性及系统组成部分之间的关系，摩擦、化学分解及拆卸都降低稳定性。

⑭ 强度：强度是指物体抵抗外力作用使之变化的能力。

⑮ 运动物体作用时间：物体完成规定动作的时间、服务期，两次误动作之间的时间也是作用时间的一种度量。

⑯ 静止物体作用时间：物体完成规定动作的时间、服务期，两次误动作之间的时间也是作用时间的一种度量。

⑰ 温度：物体或系统所处的热状态，包括其他热参数，如影响温度变化速度的热容量。

⑱ 亮度：单位面积上的光通量，系统的光照特性。

⑲ 运动物体的能量：它是运动物体做功的一种度量，在经典力学中，能量等于力与距离的乘积，能量包括电能、热能和核能等。

⑳ 静止物体的能量：它是静止物体做功的一种度量，在经典力学中，能量等于力与距离的乘积，能量包括电能、热能和核能等。

㉑ 功率：单位时间内所做的功，即利用能量的速度。

㉒ 能量损失：做无用功的能量，为了减少能量损失，需要用不同技术来改善能量利用。

㉓ 物质损失：部分或全部、永久或临时的材料、部件或子系统等物质的损失。

㉔ 信息丢失：部分或全部、永久或临时的信息损失。

㉕ 时间的浪费：时间是指一项活动所延续的时间间隔，改进时间的损失指减少一项活动所花费的时间。

㉖ 物质的数量：材料、部件及子系统等的数量，它们可以被部分或全部、临时或永久地被改变。

㉗ 可靠性：系统在规定的方法及状态下完成规定功能的能力。

㉘ 度量精度：系统特征的实测值与实际值之间的误差，减少误差将提高度量精度。

㉙ 制造精度：系统或物体的实际性能与所需性能之间的误差。

㉚ 物体外部因素作用的敏感性：物体对受外部或环境中的有害因素作用的敏感程度。

㉛ 物体产生的有害因素：有害因素将降低物体或系统的效率，或完成功能的质量，这些有害因素是由物体或系统操作的一部分产生的。

㉜ 工艺性：物体或系统制造过程中简单、方便的程度。

㉝ 使用的舒适性：要完成的操作应需要较少的操作者、较少的步骤及使用尽可能简单的工具，一个操作的产出要尽可能地多。

㉞ 维修的舒适性：对于系统可能出现的失误所进行的维修要时间短、方便和简单。

㉟ 适应性：物体或系统响应外部变化的能力，或应用于不同条件下的能力。

㊱ 系统的复杂性：系统中元件数目及多样性，如果用户也是系统中的元素，则将增加系统的复杂性，掌握系统的难易程度是其复杂性的一种度量。

㊲ 监控与测试的复杂性：如果一个系统复杂、成本高、需要较长的时间建造及使用，或部件与部件之间关系复杂，都使得系统的监控与测试困难，测试精度高、增加了测试的成本也是测试困难的一种标志。

㊳ 自动化程度：系统在无人操作的情况下完成任务的能力。自动化程度最低的级别是完全人工操作。自动化程度最高的级别是机器能自动感知所需的操作、自动编程和对操作自动监控。自动化程度中等的级别需要人工编程、人工观察正在进行的操作、改变正在进行的操作及重新编程。

㊴ 生产率：指单位时间内所完成的功能或操作数。

尽管每个特征都有不同的定义，但描述所有可能的工程或技术冲突的标准技术冲突是有限的，共 1482 种。标准技术冲突的重要性是：任意一种标准冲突可以表示上十种甚至上百种普通工程冲突，而且普通冲突有几个有益于设计者的共同特征。学好这 39 个标准参数对工程师、设计者或发明家的概念设计是很有益的，并可将普通参数按标准参数分类。

（3）技术系统的发明原理

在对全世界专利分析的基础上，Altshuller 与合作者们提出了用于解决技术冲突的 40 条发明原理。当应用于技术系统的重要元件或物体时，这些原理可解决复杂的问题，并可获得好的新设计。实践证明这些原理对于指导设计人员的发明创造具有非常重要的作用。现将这 40 条发明原理详细讨论如下。

① 分割

a. 将一个问题分解成相互独立的部分。

- 用多台个人计算机替代大型机。
- 用一辆卡车和拖车替代大卡车。
- 对于大型工程细分其结构。

b. 使得问题易于分解。

- 模型设备是由多个零件拼装而成的。
- 快速分离接头可以将软管连接成所需的长度。

c. 增加分裂或分割的程度。

- 用百叶窗代替整体窗帘。
- 用粉状焊接材料替代焊条以使焊缝有好的渗透性能。

② 提取　从一个物体中分离一个妨碍的部件或单独提取出物体的关键部件。

- 在要使用压缩空气的地方，将嘈杂的压缩机放在屋外。
- 在需要光的地方，运用光纤学或光管分离热光源。
- 运用狗叫的声音而不是狗作为报警铃。

③ 局部性质

a. 将物体的结构由统一变成不统一，将外部环境从统一变成不统一。如运用温度、密度或压力的梯度而不是温度、密度或压力的常数。

b. 使得组成物体功能的每一部件最大限度地发挥作用。如为了分别冷热食物和汤，午餐盒应有不同的空间，每个空间具有不同的功能。

c. 使物体的每一部件实现不同的有用功能。

- 带有橡皮的铅笔。
- 可以拔钉子的榔头。
- 老虎钳、剥线钳、扁平螺丝刀（螺钉旋具）、十字螺丝刀、修指甲刀等。

④ 不对称性

a. 将物体的形状由对称变为不对称。

- 利用不对称混合容器或对称容器的不对称叶片以改善混合性能（水泥卡车、蛋糕搅拌器、搅拌机）
- 在圆柱轴上加工小平面以安全安装手柄。

b. 如果物体是不对称的，增加其不对称程度。

- 将 O 形环断面圆形的改为其他形状，以改善其密封性能。
- 用散光学混合颜色。

⑤ 合并

a. 将同一或相似目标放在一起，并组装执行平行操作。

- 网络中的个人计算机。
- 平行处理器计算机的上千个微处理器。
- 通风系统的叶片。
- 安装在电路板和组件上的电子芯片。

b. 使操作相邻或平行，并及时将其放置在一起。

- 将板条垂直或水平地放置在一起。
- 医疗诊断仪器同时分析血液中的多个参数。
- 具有保护草的根部的剪草机。

⑥ 普遍性　使一个部件或目标实现多个功能，消除对其他部件的需求。

- 带有牙膏的牙刷手柄。
- 能用作婴儿车的安全座椅。
- 具有保护草的根部的剪草机（证明了原理5——合并和原理6——普遍性）。
- 组长担任记录员和记时员。
- 表面安装有微镜头的电荷耦合装置（CCD）。

⑦ 套装

a. 按照次序将一个物体放在另一个内。

- 量杯或勺子。
- 俄罗斯洋娃娃。

- 便携式听音系统。

b. 让一个元件穿过另一个元件内。

- 可伸展的收音机天线。
- 可伸展的指示器。
- 变焦透镜。
- 安全带固定机构。
- 装在可回收航天器机身里的着陆传动装置（也证明了原理 15——动态性）。

⑧ 重量补偿

a. 为了补偿一个物体的重量，和其他物体混合以便能提升。

- 将一捆圆木中注入泡沫单元，使其能更好地漂浮。
- 运用氦气球提升广告条幅。

b. 为了补偿物体的重量，让它和环境相互作用（例如空气动力、水力、浮力或其他力）。

- 航行器的机翼形状，减小机翼上面的空气密度，而增加机翼下面的空气密度，以产生举升力（同时证明了原理 4——不对称性）。
- 涡流条提高航空器机翼的举升力。
- 轮船在航行过程中船身浮出水面，以减小阻力。

⑨ 预备的反操作

a. 如果一个操作必定产生有害作用，应施加反操作以控制有害作用的影响。

- 缓冲器能吸收能量，减少冲击带来的负面影响。

b. 在以后要产生拉力的部位，预先在物体上产生压力。

- 在灌注水泥前预压钢筋。
- 在有害性暴露前用东西覆盖。用含铅的围裙套住身体，通过避免身体暴露在 X 射线下，使得身体免受损害。用罩子保护物体没有着色的一部分。

⑩ 预备操作

a. 在操作开始前完成物体的全部或部分改变。

- 预先涂上胶的壁纸。
- 在外科手术进行时，必须对所有仪器消毒，并使用密封的盘，以防止感染。

b. 预先排列物体，以便在最方便的地方进入操作，而不浪费递送的时间。

- 灌装生产线中，所有瓶口都朝一个方向，以增加灌装效率。
- 柔韧的制造单元。

⑪ 预补偿　采用预先准备好的应急补偿物体相对低的可靠性。

- 照相胶卷上的磁条引导补偿不足曝光。
- 飞机上预备的降落伞。
- 飞行器的空气交替系统。

⑫ 同可能性　在潜在的领域里限制其位置改变。改变工作条件，使物体不需要被升高或降低。

- 工厂里装有弹簧元件的传递系统。
- 与冲床工作台高度相同的工件输送带，将冲好的零件输送到另一工位。

⑬ 相反性

a. 将一个问题中所规定的操作改为相反操作（例如加热而不是冷却物体）。如为了拆卸处于紧密配合的两个零件，采用冷却内部元件的方法而不是加热外部元件的方法。

b. 使物体中的运动部分静止，静止部分运动。

- 使工件旋转部件，而让刀具静止。
- 扶梯运动，而乘客相对于扶梯却是静止的。

c. 将物体（或过程）颠倒。

- 为了安装紧固件（特别是安装螺栓），装配时将部件或物体倒立。
- 将容器倒立过来，以倒空容器里的细粒。

⑭ 圆度或曲率

a. 不运用直线或平面部件，而运用曲线或曲面代替。将平面变成球面，将立方体变为球形结构。如建筑学中运用拱形和圆屋顶，以增加建筑结构的强度。

b. 运用滚筒、球或螺旋结构。

- 斜齿轮提供均匀的承载能力。
- 为了墨水分布均匀，将笔尖做成球形。

c. 利用离心力将线性运动变成旋转运动。

- 用鼠标滚轮使光标产生直线运动。
- 洗衣机旋转湿衣服，以除掉湿衣服上的水分。
- 使用球形轮脚代替柱形轮脚，使得可以任意方向移动家具。

⑮ 动态性能

a. 允许将物体、外部环境或过程的性质改变到最优或最佳操作条件。如可调整的后背支撑椅子或可调整的反光镜子。

b. 将物体分离成相互间能相对运动的元件。如"蝴蝶"形计算机键盘（也证明了原理7——套装）

c. 如果物体（或过程）是刚性的或不柔韧的，使其可移动或可改变。

- 检测发动机用柔性光学内孔表面检查仪。
- 医学上的可弯曲 S 状结肠镜。

⑯ 未达到或超过作用　　如果运用给定解法很难实现物体的全部功能，那么通过同样的方法"增加一点"或"减少一点"，也许能获得相对来说较为容易的解法。如油漆时可将物体浸泡在盛漆的容器中完成，但取出物体后外壁粘漆太多，通过快速旋转可以甩掉多余的漆。

⑰ 维数变化

a. 在二维或三维空间移动物体。

- 红外线计算机鼠标在三维空间运动，而不是在平面移动。
- 五轴机床的刀具可被定位到任意所需的位置。

b. 对物体运用多种排列而不是单一排列。

- 用能装 6CD 的音响，以便增加连续播放音乐的时间和种类。
- 印制好的电路板上两端的电子芯片的排列。

c. 将物体一边平放使其倾斜或改变其方向。如自动卸货卡车。

d. 用给定区域的反面。如用堆栈微电子混合电路以改进密度。

⑱ 机械振动

a. 让一个物体振动。如带振动刀片的电子雕刻刀。

b. 增加振动频率（甚至达到超音速）。如用振动分选粉末。

c. 运用物体的共振频率。如用超声波共振碎结石。

d. 运用压电振动器而不是机械振动器。如用石英水晶摆动使时钟走时精确。

e. 运用超声波和电磁振动。如在感应电炉里混合合金。

⑲ 周期运动

a. 运用周期运动而不是连续运动。

- 用铁锤反复敲击物体。

- 用脉动报警声代替连续报警声。

b. 如果已经是周期运动，则改变其运动频率。

- 用频率调制传送信息，而不是用摩尔斯电码传送信息。

- 用变化的振幅和频率的报警声代替连续报警声。

c. 在两个无脉动的运动之间增加脉动。如医用呼吸器系统，每 5 次压迫胸腔后，呼吸 1 次。

⑳ 有益运动的连续性

a. 连续进展工作，使得物体的所有元件同时满负荷工作。如在车辆停止时，液压储能器储备能量，以便马达可以在优化的能量下运行。

b. 消除所有空闲或间歇。如针式打印机的双向打印。

㉑ 紧急行动　在高速下操作某一过程或状态（例如：易破坏的、有害的或危险的操作）。

- 为了避免牙组织升温，牙科医生在修理牙齿时高速转孔。

- 为了避免塑料变形，切削塑料的速度比切削金属要快。

㉒ 变有害为有用。

a. 运用有害因素，特别是对环境或外界有害的因素，以获得有益效果。

- 用浪费的热量发电。

- 将一个过程的废料，变成另一过程的原料。

b. 通过加另一个有害行为以消除预先的有害行为来解决问题。

- 对于腐蚀的解决方法是加缓蚀剂材料。

- 用氦-氧混合用于潜水，消除空气中氮的氧化物引起的中毒昏迷。

c. 将有害因素增大到不再有害的程度。如运用逆火扑灭森林大火。

㉓ 反馈

a. 引入反馈以改进操作或行为。

- 音频电路的自动音量控制。

- 来自旋转罗盘的信号用于简单的飞行器的自动驾驶仪。

- 加工中心自动检测装置。

b. 如果已经有反馈了，就改变反馈控制信号的大小或灵敏度。

- 飞机在离机场 5km 范围内，改变自动驾驶仪的灵敏度。

- 因为冷却时能量利用效率低，当冷却时改变自动调温器的灵敏度，以便与加热时的灵敏度一致。

㉔ 媒介

a.运用媒介传递某一物体或某一中间过程。如机械传动中的惰轮。

b.将一个物体暂时与另一个物体合并（该物体很容易分开）。如用机械手抓取重物，移动到所需的地方，并放下重物。

㉕ 自我服务

a.通过执行有用的辅助功能让物体自我服务。

- 用作饮料兴奋剂的苏打泵，在二氧化碳的压力作用下运行，保证了饮料不乏味。
- 卤素灯的灯丝蒸发后能沉积，延长了卤素灯的使用寿命。

b.使用浪费的资源、能量或物质。

- 钢铁厂余热发电装置。
- 将动物的排泄物作为肥料。
- 用浪费的食物和草产生混合肥料。

㉖ 复制

a.用简单和便宜的复制件，而不用不易获得的、昂贵的、易碎的或不易操作的物体。

- 使用经由计算机设计的虚拟产品，而不是昂贵的实体。
- 听研讨会的录音而不是出席研讨会。

b.用光学复印件代替物体或过程。

- 用太空拍摄的照片测量，而不是地面实测。
- 通过测量相片来测量物体。
- 用声谱记录检查胎儿健康状况，而不是冒险直接检查。

c.如果已有光学复印件，改用红外线或紫外线复印件。如用红外线图片探测热源，例如探测庄稼的疾病或安全系统的入侵者。

㉗ 廉化替代品　用多个包含某种特定质量的低成本物体代替一个昂贵的物体。如一次性纸杯、旅馆的塑料杯、尿不湿等。

㉘ 机械系统替代品

a.用感官手段（光学、声学、味觉或嗅觉）代替机械手段。

- 将围狗或猫的栅栏变成声学的栅栏，当动物碰到栅栏时就能发出声音信号。
- 用带臭味的天然气以警惕用户天然气的泄漏，而不是用机械或电子感应器检测天然气的泄漏。

b.用电场、磁场和电磁场作用于物体。如为了让两种粉末混合，将其中一种静电感应成带正电荷，而另一个带负电荷。

c.变静场为动场，变无组织场为有组织场。如使用全方向广播的早期通信，而现在使用有发射模式结构的天线。

d.运用可以被场激活的微粒（如铁磁体）。如用不同的磁场加热包含有铁磁体材料的物体，当温度超过居里温度时，材料变成顺磁性，而不再吸收热量。

㉙ 气压或液压结构　用气体或液体元件代替固体元件（充满液体的气垫）。

- 充满胶体的舒适鞋垫。
- 在水力系统中，将车辆减速的能量储藏起来用于以后的加速。

㉚ 柔性壳体或薄膜

a.使用柔性壳体或薄膜，而不是三维结构。如冬天用薄膜覆盖网球场。

b.用柔性壳体或薄膜将物体与外界隔绝。如将具有两极材料的薄膜漂浮在水库的水面上，一面具有亲水性能，一面具有疏水性能，以避免水蒸发。

㉛ 多孔材料

a. 使得物体多孔渗水或加入多孔渗水材料。如在一个结构上钻孔以减轻重量。

b. 如果物体已经有孔，则在有用物质上开细孔。

- 用多孔金属网清除焊接头的过剩焊料。
- 用海绵的孔储藏液态氢，比直接储藏氢气更为安全。

㉜ 改变颜色

a. 改变物体或外部环境的颜色。如在洗底片的暗室里用安全灯。

b. 改变物体或其外界环境的透明度。如在半导体处理过程中，用照相平板将透明材料变成不透明。同样，在丝绸屏风制造过程中，将材料由透明变成不透明。

㉝ 同质性　让相似和相同材料的物体发生相互作用。

- 让容器和所盛的物质的材料相同，以减少化学反应。
- 用金刚石制作金刚石切割刀具。

㉞ 抛弃或修复

a. 通过溶解或蒸发抛弃物体中已经实现了其功能的一部分元件。

- 医药上运用可溶性胶囊作为药面的包装。
- 可降解餐具。

b. 操作中修复物体中所损耗的部分。

- 剪草机的刀刃自动磨锐刀片。
- 在行驶中汽车引擎自动调节。

㉟ 参数变化

a. 改变物体的物理状态，即物体在气态、液态或固态之间变化。如以液体的形式运输氧气、氮气或天然气，而不是以气体的形式，以减小体积，方便运输。

b. 改变浓度或密度。如在使用洗手的香皂时，液体香皂比固体的更浓缩和更具有黏性，当几个人使用时，液体的更容易分配而且更卫生。

c. 改变物体的柔度。

- 通过限制容器壁的运动，运用可调节气阀减少元件掉入容器里的噪声。
- 硬化橡皮以改变其弹性和使用耐久性。

d. 改变温度。

- 使物体温度升高到居里点温度上，将铁磁性物质改成顺磁性物质。
- 烹调时升高食物的温度，以改变食物味道。
- 降低医学标本的温度，以便保存和方便以后分析。

㊱ 相变　在相变期间运用现象的改变，例如：体积改变、热量损失或吸收等。

- 在古罗马时，Hannibal 就运用水凝固时体积膨胀的特性行军。大石块阻塞了阿尔卑斯山的通道，他将水灌在石头上，晚上水凝固，凝固后体积膨胀，大石块被劈开成为许多可以搬动的小石块。
- 热能泵运用一个封闭的热力循环系统汽化和浓缩的热能来做有用功。

㊲ 热膨胀

a. 利用材料的热膨胀或热收缩性质。如为了产生过盈配合的两个零件，冷却内部元件以收缩，加热外部元件以膨胀，装配在一起并置于常温中，冷却后就形成了过盈配合。

b.如果已经运用了热膨胀，就使用不同的热膨胀系数的多种材料。如双金属片弹簧自动调温器（将 2 片不同膨胀系数的金属相连，以便加热或凝固时向反方向弯曲）

㊳ 强氧化

a.用富氧空气代替普通空气。如为了潜水更长时间，水中呼吸器用氮或非空气混合气体。

b.用纯氧气取代富氧空气。

• 用氧-炔焰高温切割。

• 用高压氧气治疗伤口，以杀死厌氧细菌和帮助治疗。

c.暴露在空气或氧气下，以便离子辐射。

d.利用氧离子。如空气净化器电离空气，以吸附污染物质。

e.用臭氧代替氧离子。如在使用前通过电离气体加速化学反应。

㊴ 惰性环境

a.用惰性环境代替普通环境。

• 通过往灯泡内充入氢气，以防止热细灯丝的失效。

b.添加中性元件或惰性元件。

• 通过加入惰性成分以增加粉末清洁剂的体积，使得用传统工具容易测量。

㊵ 复合材料　将单一材料变成复合材料。

• 合成环氧树脂纤维的高尔夫球棒比金属的更轻、更结实、更柔韧。飞机部件大部分都是合成材料制造而成的，以满足不同的性能要求。

• 玻璃纤维冲浪板比木制的更轻、更易操纵和更易制成不同的形状。

(4) 冲突矩阵

在设计过程中如何选用发明原理作为产生新概念的指导是一个具有现实意义的问题。通过多年的研究、比较与分析，Altshuller 提出了冲突矩阵，该矩阵将描述技术冲突的 39 个标准参数与 40 条发明原理建立了对应关系，很好地解决了设计过程中发明原理的难题。

对于每个标准冲突，都存在用于解决此标准冲突的一条或几条发明原理。根据发明原理所获得的最终结果就是高水平的发明。在 1482 种（39×38）标准冲突和 40 条发明原理之间存在发明关系，这种关系以矩阵表的形式描述，即冲突矩阵表。冲突矩阵为 40 行 40 列的一个矩阵，其中第 1 行或第 1 列为按顺序排列的 39 个描述冲突的工程参数序号。除第 1 行与第 1 列外，其余 39 行与 39 列形成一个矩阵。在矩阵的元素中或空或有几个数字。这些数字表示 40 条发明原理中的推荐采用原理序号。表 1-2 为冲突矩阵简表（详细的冲突矩阵表请参阅相关 TRIZ 理论书籍）。矩阵中的行所描述的工程参数为冲突中恶化的参数，列所代表的工程参数是改善的参数。

表 1-2　冲突矩阵简表

项目	No. 1	No. 2	No. 3	No. 4	……	No. 39
No. 1			15,8,29,34			35,3,24,37
No. 2				10,1,29,35		1,28,15,35
No. 3	8,15,29,34					14,4,28,29

续表

项目	No. 1	No. 2	No. 3	No. 4	……	No. 39
No. 4		35,28,40,29				
……						
No. 39	35,26,24,37	28,27,15,3	18,4,28,38	30,7,14,26		

应用该矩阵的过程：首先在 39 个标准工程参数中，确定使产品某一方面质量降低（恶化）及提高（改善）的工程参数 B 及 A 的序号，之后将参数 B 及 A 的序号从第 1 行及第 1 列中选取所对应的序号，最后在两序号对应行与列的交叉处确定一特定矩阵元素，该元素所给出的数字为推荐采用的发明原理序号。如希望质量提高与降低的工程参数序号分别为 No.2 及 No.4，在矩阵中，第 3 列与第 5 行交叉处所对应的矩阵元素如表 1-2 所示，该元素中的数字 35、28、40 及 29 为推荐的发明原理序号。

冲突矩阵表是最早的 TRIZ 用于消除冲突的方法，该表格的使用是很容易学会的。但对于某些技术系统，它还是有其局限性的。冲突矩阵表的局限是冲突矩阵表的 39 个冲突参数没有完全包括所有的工程参数，例如没有包括电阻这个参数，也没有包括如今十分流行的生物工程与信息技术相关的工程参数。如果增加冲突矩阵中的冲突参数，那么冲突矩阵将会发生怎样的变化，同时发明原理是否会做相应的变化？这是 TRIZ 研究者们正在研究的课题之一。

（5）实例分析

实例 1：波音 737 飞机发动机引擎罩的创新设计。

下面介绍一个冲突的例子。当波音公司在开发波音 737 的改进型飞机时，为了提高飞机的飞行速度，就必须要用功率更强大的引擎来代替现有的发动机。而引擎的功率越大，就需要有越多的空气，于是飞机引擎罩的直径就必须越大，但是增大的引擎罩离地面的距离也就越近了，由此就产生了冲突。该结构简图参见图 1-7。

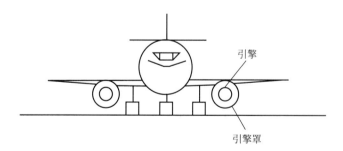

图 1-7　离地面距离近的引擎罩

在此，需要改进的参数是参数 9——速度，对应于冲突矩阵表中是就是第 10 列。同时发生恶化的参数是参数 4——静止物体的长度，对应于冲突矩阵表中是就是第 5 行。根据冲突矩阵表推荐的发明原理为原理 29、原理 4、原理 38 和原理 34。根据发明原理 4——不对称性提出了如下解决方法。

① 改变引擎罩的形状，或者将对称改为不对称。

② 增加引擎罩不对称的程度。

该问题的最终解决方案是增加引擎罩的直径，并且将其底部改成平面，而使引擎罩远离地面。

实例 2：工具的磨损。

大型工具比如凿岩锤的尖端或铁铲的前端牙齿，在使用过程中会严重磨损。一种解决办法是用盖子包住牙齿，让盖子磨损而不会磨损工具牙齿。这种解决办法增加了技术系统的花费和复杂性（这就是恶化的特征）。该冲突是：当通过增加磨损盖子解决工具牙齿的磨损问题时，使系统更为复杂，花费更大。接着将改善的特征和恶化的特征转变成标准特征。当增加了磨损盖子以后，就直接地改变了工具前端和岩石或泥土的接触面积。在加盖子以前，牙齿暴露面积大，引起的磨损就大；加了盖子后，牙齿就不再暴露了，因为盖子和其他物体接触而磨损。根据这个特殊设计，牙齿既可认为是活动件，也可认为是固定件。标准的改进特征参数将是参数 5（运动物体的面积）或参数 6（静止物体的面积），对应于冲突矩阵表中就是第 6 列或第 7 列。标准的恶化特征参数是参数 36（系统的复杂性），对应于冲突矩阵表中就是第 37 行。所以冲突矩阵中对应的发明原理就是矩阵中第 6 列第 37 行和第 7 列第 37 行中对应的原理序号。

冲突矩阵表给出了工具牙齿磨损解决办法的发明原理：原理 1——分割；原理 13——相反性；原理 14——圆度或曲率；原理 18——机械振动；原理 36——相变。每个发明原理都必须用于系统功能的主要物体。就本实例而言，有两个物体：工具牙齿和泥土（或石头）。不希望的功能是泥土（或石头）对工具牙齿的磨损，目的是减少这一功能。应当分析引用的发明原理以确定如何用于减少磨损。

将所有发明原理用于该问题要花好几个小时或更长的时间。下面列出了一些立即可以得出的解法。

① 如果牙齿是铁铲的单独一个元件，就可以将其和铁铲分离，以便磨损坏时，可以替换磨损的牙齿，而不是整个铁铲。

② 一个单独的牙齿还可分离成为几个牙齿的组合，以减小摩擦力。

③ 可以让另一个物体运动，在此运用相反性原理。不是让牙齿运动而渗透泥土或岩石，而是让泥土或岩石本身向牙齿运动。这就使得牙齿更柔韧和刚性更小，就不易磨损。

④ 牙齿按照所作用的泥土或岩石的共振频率振动，将大大地减少磨损。还有其他的解决办法，在此不再讨论。用于某一特殊问题的原理越多，解的级别就越高。

1.4.6 物理冲突及其解决原理

(1) 物理冲突的定义

在产品设计中，某一部分同时表现出的两种相反状态称为物理冲突。物理冲突的一个经典例子是当增加一个零件的强度时，往往该零件的质量或尺寸增加，而设计者不希望增加零件的尺寸或质量，因此出现了物理冲突。该冲突的解决既要增加零件的强度，又不增加其质量或尺寸。

(2) 物理冲突的类型

物理冲突的一般描述方法为：关键子系统应当具有或已有某"有用"功能（useful function，UF），以便能满足"第一条要求"；同时，该子系统不应当具有某"有害"功能（harmful function，HF），以便能满足"第二条要求"。

Savransky 等人在 1982 年提出了如下的物理冲突描述方法：

① 关键子系统 A 必须存在，但 A 不能存在；

② 关键子系统 A 具有性能 B，同时应具有性能 $-B$，B 与 $-B$ 应当具有相反的性能；

③ 关键子系统 A 必须处于状态 C 及状态 $-C$，C 与 $-C$ 是不同的状态；

④ 关键子系统 A 不能随时间变化，但 A 又不得不随时间变化。

1998 年，Terninko 等人基于需要的或有害的效应，将物理冲突描述为以下的三种：

① 为了实现特定功能，子系统要具有一有用功能 UF，但为了避免出现某一有害功能 HF，子系统又不能具有上述有用功能；

② 关键子系统的特性必须是某一大值，以便能取得有用功能 UF，但又必须是一小值，以避免出现有害功能 HF；

③ 关键子系统必须出现，以便取得某一有用功能，但又不能出现，以避免出现有害功能。

物理冲突的表达方式很多，设计者可以根据特定的问题，采取自己容易理解的物理冲突表达方式。物理冲突有几何类、功能类和材料与能量类等等，常见的物理冲突列于表 1-3 中。

表 1-3　常见的物理冲突表

几何类	功能类	材料与能量类
长与短	推与拉	多与少
厚与薄	冷与热	密度大与密度小
圆与非圆	快与慢	温度高与温度低
直线与曲线	运动与静止	功率大与功率小
窄与宽	软与硬	速度快与速度慢
水平与垂直	强与弱	黏度高与黏度低
对称与不对称	放松与夹紧	热导率高与热导率低

（3）物理冲突解决方法

物理冲突解决方法一直是 TRIZ 研究的重要内容，Altshuller 在 20 世纪 70 年代提出了 11 种解决方法；20 世纪 80 年代 Glazunov 提出了 30 种解决方法；20 世纪 90 年代 Savransky 提出了 14 种解决方法。本书主要讨论 Altshuller 提出的 11 种解决方法。

① 冲突特性的空间分离。如采矿的过程中为了减少粉尘，需要微小水滴，但微小水滴却产生了水雾，影响工作，于是就建议在微小水滴周围分布锥形大水滴，这样就不会产生水雾了。

② 冲突特性的时间分离。如电焊时，根据焊缝宽度的不同，改变电极的宽度。

③ 将不同系统或元件与某一超系统相连接。如为使钢板端部保持同一温度，传输带上的钢板应首尾相连。

④ 将系统改变为反系统，或将系统与反系统相结合。如为防止伤口流血，在伤口处缠上绷带。

⑤ 系统作为一个整体具有特性 B，而其子系统具有特性 $-B$。如链条与链轮组成的传动系统是柔性的，但每一个链节却是刚性的。

⑥ 微观操作作为核心的系统。如用微波炉代替电炉等加热食品。

⑦ 系统中一部分物质的状态交替变化。如液化气罐在运输时，天然气处于液态，而在使用时却处于气态。

⑧ 由于工作条件的变化而使系统从一种状态向另一种状态过渡。如形状记忆合金钢管接头，在低温下管接头很容易安装，在常温下却不会松开。

⑨ 利用状态变化所伴随的现象。如一种输送冷冻物品的装置的支撑部件是由冰棒制成的，在冷冻物品熔化过程中，能最大限度地减小摩擦力。

⑩ 用两相物质代替单相物质。如抛光液由一种液体和一种粒子组成。

⑪ 通过物理作用及化学反应使物质从一种状态过渡到另一种状态。为了增加木材的可塑性，木材被注入含有盐的氨水，木材分解后，可塑性增强。

（4）物理冲突解决原理

TRIZ 在总结解决物理冲突的各种研究方法的基础上，提出了如下四条分离原理解决物理冲突的方法：

①从时间上分离相反的特性：在一时间段内物体表现为一种特性，在另一时间段内物体表现为另一种特性，即时间分离原理。

所谓时间分离原理是将冲突双方在不同的时间段分离，以降低解决问题的难度。当关键子系统冲突双方在某一时间段只出现一方时，时间分离就是可能的。应用该原理时，首先要考虑回答如下问题：是否冲突一方在整个时间段中"正向"或"负向"变化？在时间段中冲突的一方是否可不按一个方向变化？如果冲突一方可不按一个方向变化，则利用时间分离原理是可能的。

实例 1：折叠式自行车在行走时体积较大，在停放时因已经折叠体积较小。行走与停放发生在不同的时间段，这就采用了时间分离原理。

实例 2：建筑的地基是地面以下 8ft（1ft＝0.3048m）的矩形孔地基。地基的功能是支撑一件重达几吨的装备，临时很难找到将装备吊起并放入孔中的起重机，但如果有在地面上水平移动重装备的工具，该怎么做呢？

用矛盾描述这个问题就是：孔应当是空的，以便用于容纳地基支撑的重装备；孔还应当是实心的，以便能将装备移到孔上，而不会掉进孔里摔坏装备。这个问题的空间分离就是：一个地方的孔是实心的，以便地基可以支撑设备；而另一个地方的孔是空心的，以使装备可以放入孔中。对该问题运用时间上的分离原理是：在一段时间里，孔是实心的，以便装备可以放在地基上；而另一段时间里，孔是空心的，以使装备可以放入孔中。在此可以运用时间分隔原理，因为：将设备移动到孔上与放入孔里不是同时发生的。

当将设备移动到孔上时，孔里必须塞一个物体；而当将设备放入孔里时，应去掉孔中的物体，或者物体会逐渐消失。这个物体应该是什么呢？它应当是这样一种物质：当出现时有足够强度，消失时应逐渐变软。这样的物质有许多。可以是任何可以在固态和液态之间变化的固体：固态氨、固体甲醇、干冰（固态 CO_2）、冰或者他们的混合物。例如，几乎在任何环境下都容易将干冰从固态变成液态。干冰也许太昂贵，而且相变化需要太长的时间。这时，普通的冰（即冰块）可满足这个要求。普通的水在其固态形式时很坚硬，可以承受重设备；而熔化时逐步变软，自动地将装备放入孔里（可能要在上面做侧向调整）。如果需要，熔化过程还可通过外部加热而加速。比如，通过灌注热水到冰和孔壁之间来加速熔化过程。时间分离原理在花费相对低的情况下解决了这个问题。

②从空间上分离相反的特性：物体的一部分表现为一种特性，另一部分表现为另一种

特性，即空间分离原理。

所谓空间分离原理是将冲突双方在不同的空间分离，以降低解决问题的难度。当关键子系统冲突双方在某一空间只出现一方时，空间分离就是可能的。应用该原理时，首先要考虑回答如下问题：是否冲突一方在整个空间中"正向"或"负向"变化？在空间中的某一处冲突的一方是否可不按一个方向变化？如果冲突一方可不按一个方向变化，则利用空间分离原理是可能的。

实例 3：自行车采用链轮与链条传动是一个采用空间分离原理的例子。在链条与链轮发明之前，自行车存在两个物理冲突，其一：为了高速行走需要一个直径大的车轮，为了乘坐舒适，需要一个小的车轮，车轮既要大又要小，就形成了物理冲突；其二：骑车人既要快蹬脚蹬，以提高速度，又要慢蹬以感觉舒适。链条、链轮及飞轮的发明解决了这两组物理冲突。首先，链条在空间上将链轮的运动传递给飞轮，飞轮驱动自行车后轮旋转；其次，链轮直径大于飞轮，链轮以较慢的速度旋转将导致飞轮以较快的速度旋转。因此，骑车人可以较慢的速度驱动脚蹬，自行车后轮将以较快的速度旋转，自行车车轮的直径也可较小。

③ 从整体与部分上分离相反的特性：整体具有一种特性，而部分具有相反的特性，即整体与部分的分离原理。

所谓整体与部分的分离原理是将冲突双方在不同的层次分离，以降低解决问题的难度。当冲突双方在关键子系统层次只出现一方，而该方在子系统、系统或超系统层次内不出现时，整体与部分的分离是可能的。

实例 4：自行车链条在微观层面上是刚性的，而在宏观上却是柔性的。

实例 5：自动装配生产线与零部件供应的批量之间存在冲突。自动生产线要求零部件连续供应，但零部件从自身的加工车间或供应商到装配车间时要求批量运输。专用转换装置接受批量零部件，但连续地将零部件输送给自动装配生产线。

④ 在同一种物质中相反的特性共存：物质在特定的条件下表现为唯一的特性，在另一种条件下表现为另一种特性，即基于条件的分离原理。

所谓基于条件的分离原理是将冲突双方在不同的条件下分离，以降低解决问题的难度。当关键子系统冲突双方在某一条件下只出现一方时，基于条件的分离是可能的。应用该原理时，首先要考虑回答如下问题：是否冲突一方在所有的条件下都要求"正向"或"负向"变化？在某些条件下，冲突的一方是否可不按一个方向变化？如果冲突的一方可不按一个方向变化，则利用基于条件的分离原理是可能的。

实例 6：冬季如果水结冰，输水管路将被冻裂。采用弹塑性好的材料制造的管路就可解决该问题。

实例 7：水与跳水运动员所组成的系统中，水既是硬物质，又是软物质，这取决于运动员入水时的相对速度。相对速度高，水是硬物质；相对速度低，水就是软物质。

当一个问题被深入地分析之后，往往首先采用分离原理解决冲突。通过采用内部资源，物理冲突已经用于解决不同工程领域中的许多技术问题。

1.4.7　物-场分析及 76 种标准解

Altshuller 的伟大发现是发明了 TRIZ 理论和 ARIZ 理论的基础，发现了下列简单通用的定律：

① 所有的功能可以分解成三个基本要素。

② 为了实现特征功能，必须要有三个基本要素。

③ 特征功能是适当的三个要素共同生成的。

TRIZ 研究表明：组成特征功能的三要素是两种物质和一种场。物质通常被认为是东西或实体。例如：物质可以是一幢摩天大楼或地球。另外，物质也可以是卡车、汽车变速器、二氧化碳分子、绳索、光或 X 射线。场被称为信号源和能量（诸如核能、热能、机械能或声能）。场还可以细分，例如：机械场可以细分为转动能、摩擦能、水能或气动能。根据 TRIZ，两种物质和一种场正确组合在一起就形成了一个三单元组（称作"物-场"或"S-场"），由此产生特征功能。

1.4.7.1 物-场分析

考虑相对简单的情况——"坐"。发生"坐"的动作包括一个人和一把椅子。当坐的动作发生时，椅子必须与人在适当的地方相互作用。如果人和椅子在两旁，坐不会发生；如果远离地球的影响，在外层空间坐也不会发生。当坐发生时，人和椅子必须是垂直地成一直线，其重心产生的直线通过地球的中心。当坐发生时，人要和椅子相互作用，就其功能而言是椅子支撑人。

根据 TRIZ 的研究，除非存在三要素，否则坐不能发生，因为需要三要素产生特征功能。椅子和人是必需的，仅仅只有这两元素是不足以产生支撑功能的。运用 S-场术语描述功能：对于支撑功能，人被定义成 S_1 被作用物质，椅子是被定义成 S_2 作用物质，作用物质 S_2 作用于 S_1，产生支撑功能。具体的功能描述是"椅子支撑人"，功能的专业描述是 S_2 与 S_1 相互作用。功能交互作用如图 1-8 所示。

图 1-8　物质相互作用图

图 1-8 中 S_2 代表椅子，S_1 代表人。如果没有场的作用，S_2 与 S_1 的相互作用是不会发生的。对于支撑功能而言，场就是重力。完整的 S-场模型可表示为：在重力场的作用下，人和椅子相互产生了支撑这个特征功能，如图 1-9 所示。

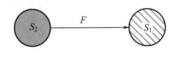

S_1=人　　S_2=椅子　　F=重力场

图 1-9　"坐"物质-场图

1.4.7.2 三单元组的元素类别

Altshuller 描述的三单元组是由物质和场组成的，现代 TRIZ 的发展表明：三单元组也可以看作是三种物质。对于"坐"这个实例而言，"支撑"功能的三单元是：椅子、人和地球。地球产生椅子和人之间的相互作用，没有地球，相互作用就不会产生，除非有另一个第三目标（例如火星或月球）可以使支撑功能发生。黏合剂虽然可作为第三目标，把人粘在椅子上，但它不会产生"坐"这一功能。因此，物-场理论可以重新定义如下：所有功能都可分解成三个基本要素，即三单元组，所有三单元组都是物质。

在产生功能的过程中，三单元组的每一元素都有其特殊作用。第一个元素是被作用元素，表示该元素被另一元素作用，这就是要素 S_1（人为要素）。被作用元素描述了目前的状态（需要改善、变化或修改的状态）。

三单元组的第二个元素是作用元素。表示该元素作用于另一元素（即作用于被作用元素）上。作用元素就是 S_2（工具、仪器或者系统）。当它作用于被作用元素的时候，就产生了所希望的变化。仅仅有作用元素和被作用元素，相互作用是不会发生的。例如：必须要有物质将椅子（作用元素，因为它支撑人）和人（被作用元素）组合到一起，就是完成"椅子支撑人"这一功能。

三单元组的第三个元素代表了一个功能——使前两个元素发生相互作用的功能。该功能将作用元素和被作用元素联系在一起，并使其产生相互作用。这个元素就是场。实际上，这个元素与前两个元素一样，也是一种物质或一个物体，因为所有场都是物质或物体产生的。

对于"坐"而言，地球使得椅子和人产生相互作用，完成支撑功能。所以第三元素不应是重力场（地球的重力），而应当是地球这个物体。可见，椅子、人和地球这三种物质是缺一不可的。产生支撑功能的过程序列是：人、地球和椅子。在地球重力的作用下，椅了和人发生相互作用，完成了支撑功能。

上面所描述的三单元组形成功能是一个相对简单的例子。不管功能多么复杂，它都是由三单元组形成的。美国的 Leonardo da Vinci 大学正在对这方面进行深入的研究。

1.4.7.3　三单元组元素的作用

某一特定元素在某一功能中是被作用元素，而在另一功能中却可以是作用元素。这一思想在创新和问题解决中是非常重要的，如在"坐"这个例子中，功能是支撑。如果把人和椅子颠倒过来，功能将发生什么样的变化呢？如果把椅子作为被作用元素，而把人当成作用元素又将怎样呢？这类情形可产生几种可能的特殊功能。其中一种功能就是人用头顶着椅子，即人支撑椅子。这时，椅子（S_1）是被动的，人（S_2）是主动的，而地球仍然是提供能量的元素。如果一个人从二楼上跳下，掉在椅子上，完全损坏了椅子，在这样的情形下又会如何呢？在这种情形下，人破坏了椅子，地球仍然提供能量，人是主动的，而椅子是被动的，但这一功能却是有害功能。

根据上面的分析，可以得出普通功能序列为：S_1/能量提供元素/S_2，在此，S_1（被作用元素）就是问题的情形或是需要改变的设计；能量提供元素时使其变化成为可能的元素；S_2（作用元素）就是解决方案、改进的设计或新一代设计。

1.4.7.4　标准解决方案

依据物-场模型，Altshuller 等提出了 76 种标准解。根据物-场分析所得出的问题解决方案称为标准解，将标准解变为特定的解，即产生了新概念。标准解分为如下 5 类。

第 1 类：没有或很小地改变系统，共有 13 种标准解。

第 2 类：通过改变系统来改进系统，共有 23 种标准解。

第 3 类：系统转换，共有 6 种标准解。

第 4 类：探测法和测量法，共有 17 种标准解。

第 5 类：简化和改进的策略，共有 17 种标准解。

76 种标准解和 40 条原理的对照表明：熟悉 40 条原理的人能够通过研究物-场分析和 76 种标准解扩展问题解决能力。通常，76 种标准解用作 ARIZ 的一步，用在物-场模型已经形成而且已经确定了解决方案的任何约束之后。模型和约束用于确定问题类型和特定的解决方案。在使用 ARIZ 时，常常将物-场模型作为问题的核心。TRIZ 的许多应用实例表明：76

种标准解可应用在许多领域的不同类型的问题。下面的符号对建立物-场模型非常有用，符号表示参见图 1-10。

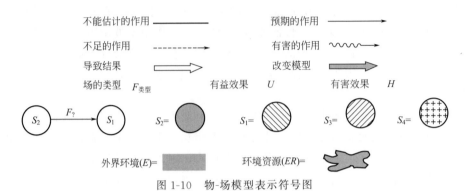

图 1-10　物-场模型表示符号图

（1）第 1 类标准解

第 1 类标准解是没有或很小地改变系统，根据这类标准解可以得出 13 种标准解。为了获得预期的结果或消除不希望的因素而修正系统，系统没有发生改变或改变很小，改变系统包括完善一个不完善模型（在物-场模型中，不完善模型就是没有 S_1、S_2 或 F，或 F 不充分）。

① 改进不完善系统的性能

a.完善一个不完善的模型。如果只有物体 S_1，就增加物体 S_2 和作用场 F。

实例 1：如果系统只有一个铁锤，什么也不会发生；如果系统只有铁锤和钉子，什么也不会发生；一个完善的系统必须是铁锤、钉子和将铁锤作用在钉子上的机械场。

实例 2：卡车如果没有油，就不能行驶，完善系统是卡车、燃油和将油的化学能转换成卡车的机械能的变换。在许多机构中，一个单独的个体不能完成任何功能。系统必须是原始个体（S_2）通过场（F）作用于另一个体（S_1）上。

b.通过向系统添加一个永久的（或临时的）添加剂来改进系统，或通过合并内在的物质 S_1 或 S_2 来改进系统。

实例 3：混凝土是由水泥（S_1）、沙和石子（S_2）在化学场（$F_{化学}$）的作用下混合而成的，如图 1-11 所示；但有时为了减轻混凝土的重量，就可以通过沙和石子（S_2）里添加充气炉渣（S_3）来降低混凝土的密度，从而减轻了混凝土的重量，如图 1-12 所示。

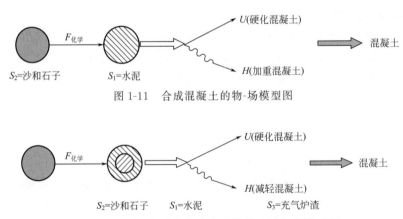

图 1-11　合成混凝土的物-场模型图

图 1-12　通过添加充气炉渣合成混凝土的物-场模型图

应用实例还有：在烘烤面包时，通过添加碳酸氢铵以增加面包的伸缩率，添加发酵粉以增强酵母的作用；医生给人治病时，通过添加维生素 C，以增强免疫系统的抵抗力；在治疗心肺疾病时，通过添加肝磷脂减少血液凝块，肝磷脂随后产生代谢变化。

c. 如 b 所描述，还可运用永久（或临时的）外部添加物 S_3 来改变物质 S_1 或 S_2。

实例 4：滑雪是雪橇（S_1）通过重力场（F_G）作用在雪（S_2）上组成的系统。为了减小雪橇与雪之间的摩擦，可以通过往雪橇上打蜡（S_3）来改进系统，如图 1-13 所示。

S_1=雪橇 S_2=雪 S_3=蜡 F_G=重力

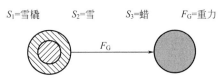

图 1-13 雪橇上打蜡的物-场模型改进图

实例 5：用老式相机（S_2）照的相片（S_1）必须通过其他设备才能将其以数字的格式存储在计算机里，代价很高而且很不方便。如果用数码相机（S_3）替代老式相机，就能直接将相片（S_1）以数字的格式存储，见图 1-14。

S_1=相片 S_2=老式相机 S_3=数码相机 F_E=数字式

图 1-14 数码相机的物-场模型改进图

这种方法的应用实例还有：在空气压缩机系统中，将聚四氟乙烯磁带添加用于密封线接头，以增加其密封性能；用卡车运送货物，如果货物在卡车行驶中会损坏，就在货物周围添加缓冲物（如泡沫）包装，以此来保护货物免受损坏。

d. 如 b 所描述，还可使用外界资源作为内部（或外部）的添加剂。

实例 6：当转动轴需要密封时，如果用皮革密封条密封，就容易发生泄漏。因为皮革是干的，所以就不能紧密地配合轴，于是产生了泄漏。通过向皮革密封条上添加油就能使皮革膨胀，从而紧密地配合轴，不会发生泄漏。S_2 是皮革密封条，S_1 是轴，F 是密封条和轴之间不充分的机械力，ER 是分散在周围的油。当油浸透密封条时，密封条膨胀，使密封条和轴之间配合紧密，于是就增大了 F，减少了泄漏，如图 1-15 所示。

S_1=轴 S_2=皮革密封条 ER=油 F=作用力

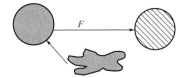

图 1-15 添加油密封轴的物-场模型图

e. 如 b 所描述，还可修正或改变系统的环境。

实例 7：在有计算机的办公室里，由于计算机产生的大量热量增加了房间的温度，影响了计算机的性能。因此，可以在办公室安装空调来降低房间的温度，通过改变环境而不影响计算机性能。

实例 8：患感冒的人通过嘴（S_1），而不是鼻子呼吸。因为用嘴呼吸的气流通道短，而且空气又不潮湿，所以患感冒的人的喉咙（S_2）容易干燥。通过向房间里添加潮湿空气（F_{Me}）来改变环境，以免发生喉咙干燥，如 1-16 所示。

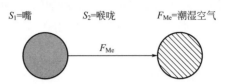

S_1=嘴　　　　S_2=喉咙　　　　F_{Me}=潮湿空气

图 1-16　通过潮湿空气改善呼吸系统的物-场模型图

f. 精确控制小数量通常是很困难的，应通过运用剩余量来控制小数量。

实例 9：给手柄涂涂料时，先将手柄浸在涂料中，然后从涂料中移出手柄。在重力作用下，多余的涂料就会沿手柄流下，使得手柄上的涂料均匀。这样就通过重力消除了多余的涂料，使得手柄上涂料均匀。

实例 10：为了获得给定高度的混凝土平面，将混凝土倒在一个格子（格子的高度等于混凝土所需高度）里，如果多倒一些混凝土，然后去除多余的混凝土，这样就能很好地控制高度和保持水平面。

实例 11：在喷射模塑法中，模型中的一些不规则的孔穴很难填充，填充孔穴的一种方法就是在孔穴表面开设一个小的通风孔，允许气流通过，并允许材料能流出，这样填充材料就能将孔穴完全填充，但同时也使得开孔处出现了多余的材料，随后清除多余的材料，就得到所需的模型。

g. 如果运用较小的场，不足以得到所期望的效果，而大一点的场又会损坏系统，就可以通过运用较大的场作用在另一物体上，从而让该物体与原物体发生相互作用，使得系统中原物体承受的场适中。同样，如果一种物体不能直接获得所需的效果，就可以通过将另一物体作用在原物体上，使得原物体获得预期的效果。

实例 12：厨房里的普通双层蒸锅就是一个例子。烹饪材料（S_2）不能经受直接火焰（S_1）的加热，就用火焰加热与内部容器相联系的水（S_3），内部容器的温度不会超过水的沸点，这样就能保护烹饪材料，同时能达到预期的效果（图 1-17）。

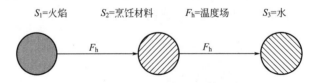

S_1=火焰　　　S_2=烹饪材料　　　F_h=温度场　　　S_3=水

图 1-17　添加物质的物-场模型图

实例 13：在生产预压混凝土时，先加热钢筋使其伸长到预期的长度，然后将钢筋的两端固定，浇注混凝土后松开钢筋。冷却后钢筋收缩，就产生了收缩压力，从而产生了预压，形成了预压混凝土。

h. 同时要求得到巨大和弱小的效果时，局部要求的较小效果可以通过物质（S_3）来实现。

实例 14：盛装药品的玻璃瓶口是通过火焰使蜡熔化实现密封的，但火焰的热量却导致玻璃瓶的温度升高而使得药品退化。解决方法是：加热时将玻璃瓶浸入水中，以便让药品处在一个安全的温度，却能实现瓶口密封；同样，锡焊时，使用热水槽以保护易受热损坏的构件。

局部要求的较大效果也可以通过物质 S_3 来增强。

实例 15：将炸药放到仅仅是破坏建筑物的地方，炸药的精确定时增加了最小化废墟堆的效力，见图 1-18。

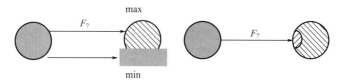

图 1-18 通过物质 S_3 实现巨大或弱小效果的物-场模型图

② 消除或中和有害因素

a. 现有设计中存在有用因素和有害因素。物质 S_1 和物质 S_2 不必要直接接触，通过引入物质 S_3 来消除有害因素，其物-场模型如图 1-19 所示。

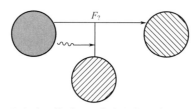

图 1-19 通过引入物质 S_3 消除有害因素的物-场模型图

实例 16：医生用手 S_2 对病人 S_1 执行手术，戴上消毒手套 S_3 是为杀菌，以避免手 S_2 上的细菌感染病人 S_1。

b. 类似于 a，但不能增加新物质，通过修正系统来消除物质 S_1 或 S_2 的有害因素。这类方法不包括增加任何物质（空气、泡沫等），也不包括增加类似附加物质那样的磁场。

实例 17：耐磨钢球通过管子传输，当钢球通过管肘时，与管肘发生摩擦，钢球很快就能将管肘材料磨一个洞。为了防止钢球磨损管肘，在管肘处施加磁场，使得管肘处堆积了一层球，就避免了钢球与管肘之间的摩擦，而保护了管壁材料。

实例 18：为了实现两个部件的过盈配合，冷却内部部件以使其直径减少，以便能将其放入外部零件内。随着部件温度的升高，其体积逐渐膨胀，于是就实现了部件的过盈配合。这种方法就实现了不增加新物质，而只通过热胀冷缩将两个部件配合。

c. 如果磁场产生了有害行为，通过引入物质 S_3，以吸收有害因素，如图 1-20 所示。

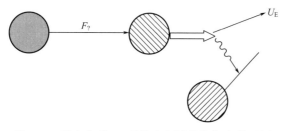

图 1-20 引入物质 S_3 吸收有害因素的物-场模型图

实例 19：医学上的 X 射线 S_1 仅仅在成像的地方是必需的，照射在人 S_2 的其他部位却有害。但产生 X 射线的管子却创造了一宽束射线，为了使人免受其伤害，用铅板 S_3 保护病人的其他部位以免受 X 射线的照射，并用铅屏蔽墙保护操作员以免受 X 射线的照射。

d. 系统里存在有用和有害因素，而且物质 S_1 和物质 S_2 必须相互接触，通过施加场 F_2 抵消有害作用，或获得附加的有用效果来中和有害作用，如图 1-21 所示。

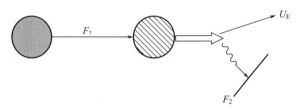

图 1-21　施加场 F_2 抵消有害作用的物-场模型

实例 20：泵抽水系统引起了噪声，水是 S_1，泵是 S_2，而场是机械场 F_{1mech}。用声场 F_2 罩住声音，或通过产生噪声的 $180°$ 负相场来抵消噪声。

实例 21：在医生对腿进行外科手术后，腿必须固定不动。支撑 S_2 通过机械场 F_{1mech} 作用在腿 S_1。但如果肌肉不运动，就会很快萎缩，在这期间就通过施加脉动电场 F_{2elec} 对肌肉施行理疗以刺激肌肉并阻止肌肉萎缩。

e. 在一个系统里，由于元素的磁性，可能会产生有害作用。可以通过加热磁性物质到居里温度之上，或通过引入相反的磁场，来消除有害作用。

实例 22：在操作磁性起重机移动铁屑材料时，所需的能量直接与运输的时间有关。为了减少所需能量，可以通过施加永久磁铁产生的磁场来抓稳货物。在释放货物时，只需要通过激活一相反电场产生所需的能量来释放货物。它的另一个好处是在没有能量时，货物不会掉下，如图 1-22 所示。

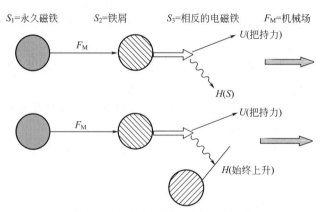

图 1-22　施加相反磁场的物-场模型

汽车和飞机常常要安装一个指南针以帮助导航，而车辆里的磁场却干扰了指南针的正确指向，所以在指南针里要安装一个小的永久磁场以补偿干扰场。

磁性记录媒介（磁带或磁盘）由于材料的排列，会形成持续的记忆，可以洗掉和重写数据。它也可加热到居里温度之上以使其所有排列无序，而更新以备将来使用。

（2）第 2 类标准解

第 2 类标准解是通过改变系统来改进系统。具体来说有以下几种解决方法。

a. 过渡到复杂的物-场模型。

• 链式物-场模型：通过让物质 S_2 与场 F_1 作用于物质 S_3 上，而物质 S_3 反过来通过场 F_2 作用于 S_1，两个模型的顺序可以独立控制。

实例 23：如果用直接铁锤 S_2 击打岩石 S_1，很难将岩石击碎；而在铁锤和岩石之间放一个凿子 S_3，用铁锤击打凿子却能很快将岩石击碎。人手持铁锤手柄，并将肌肉的能量转换到手柄上，手柄再将能量传递到铁锤头上，通过凿子将冲击力传递到岩石上，提高了破碎岩石的效率。其物-场模型如图 1-23 所示。

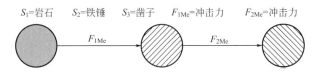

图 1-23　用铁锤与凿子破碎岩石的链式物-场模型图

• 双物-场模型：如果必须改进一个控制力很差的系统，但又不能改变现有系统的物质，那么就可以添加第二类场 F_2 来控制系统。

实例 24：在电解过程中，电解的两极是薄铜片 S_1。电解过程中产生的少量电解液沉淀吸附在铜片的表面。如果仅仅用水 S_2 清洗，只能部分地清除沉淀。如果增加第二类场 F_{2Me}，使得清洗时机械搅动或在超声波振动室里清洗，就能完全地清除沉淀。增加第二类场 F_{2Me} 的物-场模型如图 1-24 所示。

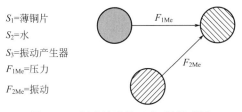

S_1=薄铜片
S_2=水
S_3=振动产生器
F_{1Me}=压力
F_{2Me}=振动

图 1-24　振动清洗的双物-场模型图

b. 对物-场模型施加力。

• 用更容易控制的场替换难控制的场。如：将重力场变成机械场就能更好地控制，正如将机械场转变成电场或磁场一样。系统发展演化的模式之一就是将物体的物理接触行为变为场作用。

实例 25：水力控制系统要产生脉动解决方案是非常困难的，如果用电子系统替换水力控制系统，用电子控制泵替换重力流控制就能很容易地产生脉动解决方案。如为了控制药物在病人血液中的流动方向，使得药物能准确发挥其效力，在病人身上安装一个传感器，根据传感器产生的反馈来控制药物的流动。

• 将 S_2 从宏观水平变成微观水平。这个标准实际上就是从宏观到微观的演化模式。

实例 26：用一个不规则的表面支撑物体时，要使支撑力平均地分布在不规则的表面上是非常困难的。如果用充满液体的气袋覆盖在不规则的表面上，然后再将物体作用在气袋上，就能将载荷均匀地分布于不规则的表面。如为了使汽车的座位更舒适，将坐垫设计成气囊的形式，通过气囊对身体的接触点进行自我调整，以使气囊均匀地支撑人的重量，人坐在上面就会很舒适。

• 将物质 S_2 的材料变成多孔或毛细管材料，以允许气体或液体通过。

实例27：减速箱的齿轮传动的润滑，由于齿轮上有油通道，使得润滑油不能均匀分布。如果运用多孔分配器或用多孔球轴承，就能均匀分布润滑油，以改善齿轮的润滑状况；净化水系统运用微孔材料过滤水，这种材料不仅能过滤掉细菌，而且能让水流过而得到净化。

• 让系统的灵活性或适应性更好、动态性能更好是演化的另一个模式。普通的转换方式是从固定状态系统到铰接系统再到连续变形系统。

实例28：汽车的变速系统从有级变速到无级变速，使得汽车的变速更为平稳和连续，无级变速系统的动态性能就更好；大规模专用化、柔性工厂都能生产许多不同结构的产品，这也是动态性能更好的一个系统；自动变速自行车的重量在后轮的轮辐上，转速根据作用在变速机构上重量的位置来测量，重量越大，齿轮传动比就越高，虽然踏板的转速是固定的，但由于传动比增大了，就使得自行车的转速就增大了。

• 将不能控制的场转变成预先确定模式（可能是永久的或临时的）的场。

实例29：超声波焊接时，为了确定焊接的位置，安装一个调谐装置在小区域内集中振动，根据振动频率的不同来确定焊接的位置。

• 将均匀物质或不受控制的物质改变成可能永久或临时预先确定空间结构的不均匀物质。

实例30：为了提高混凝土的强度，在制造混凝土时，通过在钢筋里添加增强杆来提高钢筋的强度，以使混凝土的强度提高。

c.控制频率匹配或不匹配一个（或两个）物质的固有频率，以改进系统的性能。

• 用场 F 和物质 S_1（或物质 S_2）来匹配或不匹配频率。

实例31：振动进料器由斜坡和振动器组成，为了加快进料器的进料速度，将振动器的频率调到斜坡部件的共振频率，就能使斜坡产生共振，而加快进料；用超声波破碎结石时，将超声波的频率调整到结石的共振频率，使得结石在超声波作用下产生共振，结石就能被振碎，破碎后产生的小微粒就能从体内无痛地清除，其物-场模型如图1-25所示。

图1-25　用超声波的共振频率破碎结石的物-场模型图

• 匹配 F_1 和 F_2 的频率。

实例32：飞线钓鱼时，要求来回地移动钓鱼竿，目的是让钓鱼竿的运动频率和线的频率一致，使得钓鱼线在钓鱼竿的运动下产生共振，从而增强了钓鱼线的运动；为了消除机械振动，可以通过产生一个频率为180°异相位的同样大小的振动来消除。

• 两种矛盾或独立的行为可以通过将其中之一放在故障期间运行来完成。

实例33：当住房空着时才维修，因为只有住房空着时才有可以使用的空间，这时就能很方便地进行维修，如图1-26所示。这个例子就运用了边界类比思维，这对于运用TRIZ非常重要。

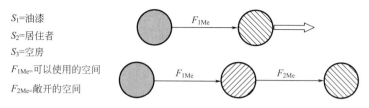

S_1=油漆
S_2=居住者
S_3=空房
F_{1Me}=可以使用的空间
F_{2Me}=敞开的空间

图 1-26　维修住房的物-场模型图

d. 将磁场与铁磁材料相结合。这是改进系统性能的有效方法。在物-场模型中，由铁磁材料产生的磁场用特定的符号 Fe-场或 F_{Fe} 来表示。

• 给系统添加铁磁材料或磁场。

实例 34：为了提高列车的行驶速度，在铁轨 S_1 与列车 S_2 之间添加一个移动磁场 F_{1M}。在磁场的作用下，使得列车悬浮在铁轨上，减少了列车与铁轨间的摩擦，就能提高运行速度，如磁悬浮单轨列车。其物-场模型如图 1-27 所示。

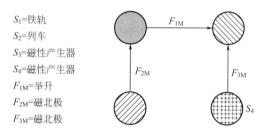

S_1=铁轨
S_2=列车
S_3=磁性产生器
S_4=磁性产生器
F_{1M}=举升
F_{2M}=磁北极
F_{3M}=磁北极

图 1-27　磁悬浮单轨列车的物-场模型图

• 将控制力更强的磁场与使用铁磁材料的磁场相结合，以改进系统的性能。

实例 35：为了控制橡胶模型的形状，将橡胶模型里添加一些铁磁材料，然后运用磁场移动铁磁材料，以使橡胶模型能够得到所需的形状。

• 运用磁性液体改进系统的性能，它是上一解决方案的特例。磁性液体是悬浮在煤油、硅树脂或水中的胶状铁磁材料。

实例 36：磁性门是在门的密封装置里充满有一定的居里点的磁性流体，当温度低于居里点时，由于磁性流体产生的磁场的作用，门就关闭了；当温度高于居里温度时，磁性流体的磁性消失，门就打开了。

• 运用包含磁性微粒或液体的毛细管结构。

实例 37：为了获得铁磁材料微粒在空间内的正确排列，在微粒周围施加一种磁场，通过磁场与微粒之间的相互作用来控制微粒在空间的排列顺序。

• 运用添加剂（如涂层）使得非磁性物体带有磁性，磁性可以是永久的或临时的。

实例 38：为了指引药物分子到身体所需的正确位置，在药物分子里添加磁性分子，并在病人的周围施加一外部排列的磁场，以指引药物到身体所需要的地方。

• 如果不能让物体具有磁性，就在物体所处的环境中引入铁磁材料。

实例 39：将内封有磁性材料 S_3 的橡胶垫子放入汽车 S_2 上，然后将工具 S_1 放在橡胶垫子上，以便在工作时取用工具方便，而不让汽车磁化，如图 1-28 所示。类似的装置还有用于外科手术的器械。

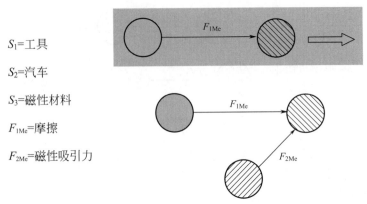

S_1=工具

S_2=汽车

S_3=磁性材料

F_{1Me}=摩擦

F_{2Me}=磁性吸引力

图 1-28　引入铁磁材料的工具物-场模型图

- 运用自然现象（如磁场中物质的排列，或高于居里点的消磁）。

实例 40：磁共振成像（医学上叫 MRI 或核磁共振，物理学上叫 NMR）。运用可调谐的振动磁场，以探测特定核子的共振频率，然后将那些核子的中心区域着色成像。例如，某肿瘤与正常组织的密度不同，在磁共振成像时，就能探测到这部分颜色不同于其他组织，于是就能探测出肿瘤的具体位置。当超导体的温度高于超导转变温度时，磁性就要发生改变。运用这一特性，超导体就可用作磁场屏蔽或作为特定容积空间磁场屏蔽功能的温度开关。

- 运用动态的、可变的或能自我调整的磁场。

实例 41：不规则孔的壁厚可以用外部的感应换能器与物体内部的铁磁物质来测量。为了提高测量精确度，将铁磁物质做成可以膨胀的气球，以便能和被测物体的内部紧密配合，通过外部的感应换能器就能测量出不规则孔的壁厚；为了测量振动膜的运动，将磁性材料放到振动膜的外部上面，磁性材料运动时，其周围环绕线圈的电流会发生变化，记录下电流，就能测出振动膜的运动情况。

- 通过引入铁磁微粒改变材料的结构，然后运用磁场移动微粒。通常，从无组织结构系统到有组织的过渡依赖于现实情况，反之亦然。

实例 42：聚合体的传导率可以通过掺杂传导材料来改进。如果材料是铁磁物质，磁场就能排列材料，掺杂越少，传导性能就越好；为了让塑料垫子 S_1 的表面形成复杂的形状，将塑料垫子中混合一些铁磁微粒 S_3，而后用有规律的磁场将微粒拖拽成所需要的形状，并保持其形状，当垫子凝固时就形成了所需的复杂形状。其物-场模型如图 1-29 所示。

S_1=塑料　　S_2=模子　　S_3=铁磁微粒　　S_4=磁铁　　F_{1Me}=障碍　　F_{2Me}=磁力

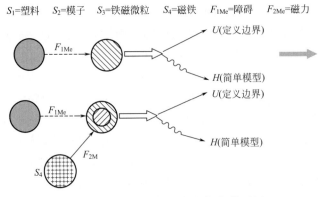

图 1-29　磁场移动铁磁微粒物-场模型图

• 匹配 Fe-场模型的频率。在宏观系统里，就是运用机械振动来增强铁磁微粒的运动；在微观或原子水平下，材料的成分可以通过电子对磁场频率改变响应的共振频率的光谱来确定。

实例 43：每类原子都有一个共振频率，材料的成分可以通过电子对磁场频率改变响应的共振频率的光谱来确定。这种技术叫作电子旋转共振（ESR）。如微波炉能使水分子在共振频率下振动，运用振动产生的热量来加热食物。

• 运用电流而不是运用磁性微粒产生磁场。

实例 44：有多种形状和尺寸的电磁铁，它们可以在超过材料的居里点的温度范围使用。它们还有更重要的优势：在没有电场作用时，电磁铁不会产生磁场，而且磁场的大小可以通过电流的大小来控制，这样就可以通过改变电流来精确地调整磁场。

• 流变流体可以通过电场来控制速度。

实例 45：铣床的通用卡盘使任何形状的部件都能安全地固定。将部件放入流变池里，很难正确定位，可以运用电场让液体凝固，并使部件处于正确的位置；对于动态减振器，用电场控制以允许或禁止流变流体的流动来实现其减振的功能。

（3）第 3 类标准解

第 3 类标准解就是系统转换，具体讨论如下：

a. 将系统转变成二级和多级系统。

• 系统转换 1a：创造二级或多级系统。

实例 46：在运输薄玻璃时，玻璃很容易被损坏。用油做临时的黏结剂，将许多片玻璃粘接成一批来运输，就能防止运输时玻璃的损坏；为了将几层布料裁剪成同一式样，将几层布料重叠在一起裁剪，就能裁剪成同一个式样；红绿灯和信号灯都由一批发光二极管制造而成，每个发光二极管都是独立的系统，一批发光二极管组合就形成了可以发不同颜色的光的信号灯和红绿灯；水力电气大坝有多个闸门和多个发电机组，多个发电机组的相互组合就能输送功率很大的电能，多个闸门实现了多辆船舶的同时通行。

• 改进二级或多级系统的连接。

实例 47：多隔舱潜水船，通过向隔舱里充水来控制船的下沉，通过排除隔舱里的水来实现上浮，并通过舵手的调整来控制船的航行路线；对于所有轮子驱动的系统，后轮/前轮的驱动桥是固定连接的，以便前后轮能连接在一起，同时也是动态连接的，以便一个轮的旋转运动能传递到另一个轮；视频/音频唱片系统，不仅可以实现画面输出，还可输出声音，相对于音频唱片系统，它就是一个二级系统；复杂十字路口的红绿灯，为了能自动控制车的流量，要求根据车辆的动态流量对红绿灯的停留时间做适时调整，它相对于简单的红绿灯而言，就是一个多级系统；码头的漂浮物和防撞系统，码头随着潮汐的升降而升降，防撞系统自动地改变靠岸和码头的坡度，以避免停泊的船撞在码头上。

• 系统转换 1b：增大元件之间的差别。

实例 48：为了适应不同穿透深度的需要，订书机有多种尺寸的订书钉，如果增加一个订书钉清除器，订书机的用处会更大；复印机能将文件复印到不同尺寸的不同媒介（如打印纸、牛皮纸和幻灯片等）上，如果安装了附属机构，还可将不同的文档分类、校对和装订；用于在电子显示屏幕上书写的电子笔，为了增加其功能，可以添加"橡皮"选项以便能很方便地实现改写功能。

- 简化二级或多级系统。

实例 49：家用音响虽然有不同种类的音频装置，但都使用通用的扬声器；复印机已经发展成为更高水平或超系统的文件生成器，新的单一系统通过增加传真、打印和扫描功能而成为新的复印机聚系统，这种系统的功能就非常齐全，这种更高水平的系统可以称为电子文档发送器，通过增加邮件和语音邮件的发送，还可运用这更高水平的单一系统接收网络信息；如今的照相机增加了自动曝焦、缩放、闪光、自动曝光、自动装胶卷和自动倒卷、胶卷速度识别功能，每种功能可以独立地控制和产生各自的行为，与老式相机相比，它就是一种新的聚系统。

- 系统转换 1c：整体和部分的相反特性。

实例 50：帐篷竿和拐杖都是刚性而长的，而功能部件却很短，如拐杖的主要功能是支撑人，虽然整个拐杖很长，但实现这一功能的部件却是很短的手柄；自行车链条是刚性元件，以使前后轮相互连接，但链条的连接处都是韧性系统，以实现链条和链轮之间的相互啮合；藻类单个个体生活的生命很短，但群体生活的生命却很长。

b.将系统过渡到宏观水平级。

系统转换 2：过渡到宏观水平级。

实例 51：计算机工业的所有部件的历史就显示了这种趋势：打印机发展从 9pin 点矩阵到 24pin 点矩阵再到 100pin 点矩阵喷墨打印或激光打印，到 1200 点每英寸（1 英寸＝0.0254 米）（便宜的个人用打印机），而商用打印机更高（几千点每英寸）；从真空管到单个晶体管，到原始合成电路，再到"摩尔定律"（摩尔定律已经发展了 9 代硅晶片和存储芯片）。声乐工业的发展也显示了这种趋势：开槽的蜡留声机被有更细开槽的密纹唱机（LP）替代，后来又被有光学记号的光盘（CD）替代，如今又被有数字传输信号的 MP3 替代，声音的清晰度与开槽尺寸已经毫无关系了。

（4）第 4 类标准解

第 4 类标准解是探测法与测量法，探测与测量可典型运用于控制。探测是二元的（要么发生，要么不发生），而测量有一些量化和精度的水平。例如，测量可以是 3.24m±0.02m。在许多情况下，最革新的解决方案就是通过利用物理、化学或几何因素的优势，实现不探测/测量下的自动控制。

a.间接法。

- 修正系统，而不是探测或测量系统，因此不再需要测量。

实例 52：音乐盒安装了一个速度受空气阻力限制的自旋调节器，以控制回转轴的速度和频率，所以就不需要测量速度了，因为调节器会自动地将回转轴调整到合适的速度；天然气过户系统要求精确传递仪表计量的气体，不是测量体积，而是用临界孔口限制流动的最大驱动压力来测量；加热系统的自动调节是通过运用热电偶或双金属片作为自动转换开关来实现的，当温度低于给定温度时，热电偶是接通的，当温度高于给定温度时，热电偶就会自动断开，将系统保持在给定的温度下。

- 如果修正系统不能运用，就测量复制品。

实例 53：为了迅速得到军人和装备的数量，或为了迅速了解水鸟（鹅或鸭）的数量，如果逐个地数，是很难数清的。但是如果通过卫星所拍摄的军人或水鸟的图像来计算其数量却是很方便的；如果要测量一片农田的每一特定区域施肥最小而充足的数量，用常用的测量方法是很难实现的，但如果用卫星拍摄庄稼的生长状况，根据其生长状况就可以得出施肥数量。

· 如果修正系统或测量复制品不能运用，就使用两级探测，而不是连续测量。例如，让一个环具有机械元件的外部公差极限，而让一个实体具有其内部公差极限；当元件通过环（一级探测）而固体通过元件（二级探测）时，元件就具有正确的尺寸。

实例 54：有时必须测量韧性物体的真实直径，以便在装配时能匹配。如果可以连续地测量出物体不变形的最小轴和最大轴尺寸，就可以计算出韧性物体的真实直径；在不同的环境灯光下，染色或复印都要求与确定的颜色标准相匹配，因此在几种已知光源下，将测试项目与标准相对照，以此确定测试项目的颜色，这也是确定颜色全面匹配的常用的简便方法。

b.给现有系统添加元件或场，创造或合成一个测量系统。

· 如果不完整的物-场系统不能探测或测量，就创造单一的物-场系统或双物-场系统作为输出。如果现有的场是不充分的，就在不妨碍原始系统的情况下改变或增强场。新场或增强场应当有一个容易探测的参数，而这个参数与需要知道的参数相关联。

实例 55：塑料制品是否穿孔以及穿孔尺寸的大小是很难测量的。如果让塑料制品充满空气并且密封，将它在低压（真空）下浸入液体池中，根据液体中的气泡就可测量其是否泄漏，以及泄漏的尺寸。其物-场模型如图 1-30 所示，S_1 表示空气泄漏，S_2 表示水，F_1 表示降低的压力，F_2 表示气泡指示泄漏量的光源。S_1 是不完整的物-场，必须将 S_2 与 F_1 共同添加进系统中才能使系统完整，而且必须添加 F_2 以提高系统的性能。

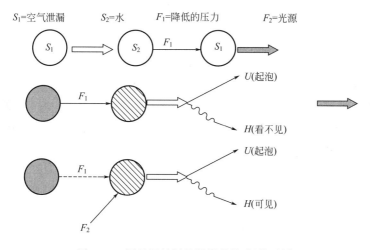

图 1-30　测量塑料制品泄漏的物-场模型图

如果仅仅用耳朵听胸腔的声音，是很难听见声音的容量和水平的，而听诊器将胸腔产生的声场放大，这时用耳朵就很容易听到声音的水平。

· 测量引入的添加剂。引入添加剂发生反应而改变原始系统，然后测量添加剂的改变。

实例 56：生物标本（细胞、细菌、动物或植物组织）可以在显微镜下观察到，但细微的差别很难区分和测量。在标本中添加化学染色剂，使其结构元件可以观察和测量，就能观察到标本结构之间的细微差别。物-场模型如图 1-31 所示，S_1 表示标本，S_2 表示显微镜，F_1 表示射进的光，F_2 表示射出的光，S_3 表示染色，F_2 表示经过显微镜放大的光。

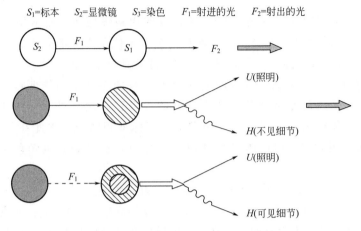

S_1=标本 S_2=显微镜 S_3=染色 F_1=射进的光 F_2=射出的光

图 1-31   用显微镜观察生物标本的物-场模型图

实例 57：在利用 X 射线检测胃之前，将钡吞入胃内，钡就覆盖在胃的内表面，X 射线就能通过测量钡的密度和位置来检测胃的状况；放射性碘集中在甲状腺内，测量放射性碘的位置，就可显示甲状腺产生碘的状况，从而就能指示甲状腺的状态；飞机和汽车外形的微小变化就对空气阻力有很大的影响，进而影响其性能，如果需要观察与测量这些影响，就可以在测试物体的风洞实验中引入烟雾，以显示物体外形对阻力的影响。

- 如果不能添加任何物体，就在外部环境中放入添加剂产生的场作用系统，而进行探测和测量。

实例 58：当一个人远离陆地、道路或路标时，想知道自己的精确位置是非常困难的，如果运用卫星全球定位系统，就能准确地知道自己的位置。因为卫星提供了覆盖整个地球表面的连续信号，通过使用手持全球定位系统接收器，就能接受卫星提供的信号，据信号就能测量出自己的绝对位置，还能测量位置的改变。测量的是人相对于卫星的位置，据此就能确定人在地球上的位置。如图 1-32 所示，S_1 表示位置，S_2 表示人，F_1 表示位置信息，F_2 表示与至少 3 颗卫星的距离。

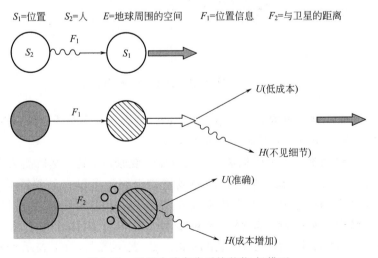

S_1=位置 S_2=人 E=地球周围的空间 F_1=位置信息 F_2=与卫星的距离

图 1-32   卫星全球定位系统的物-场模型

• 如果不能在环境中引入添加剂，就通过分解或改变环境中已经存在的物体来创造添加剂，并测量这些添加剂对系统的影响。

实例59：云房可用于研究因为爆炸碰撞产生的亚原子微粒的运动性质。在云房中，液态氢保持在沸点的温度和压力下，通过的高能粒子引起局部沸腾，形成气泡轨道的照片，并以此来研究粒子的运动。在云房中，充满了饱和的酒精蒸气，当粒子通过时，使蒸气电离形成一行核子，从而浓缩成小滴，小滴的照片就能显示粒子通过的路径。

c. 通过增强功能来测量系统。

• 运用自然现象。运用系统中已经出现的科学效果，通过观察效果的改变来确定系统的状态。

实例60：传导液体的温度可以通过测量液体传导率的改变来确定，因为液体的温度随液体传导率的改变而改变；霍尔效应（流过半导体的电压依赖于垂直于它的磁场）用于测量和控制精密变速电动机，霍尔电动势是穿过平板电流的磁场的电势差，利用霍尔效应还可用于测量力、张力、电能与谐波分析；质谱分析法是利用控制粒子通过磁场的速度来获得的，粒子在磁场中的运动路径还依赖于它的电离状态，当粒子通过磁场时，就可以通过计算粒子的运动轨道来测量粒子的质量。

• 如果需要直接改变系统或通过场来改变系统，那么就通过测量系统的共振频率来测量系统的改变。

实例61：用调谐叉调整钢琴，拨动琴弦与整个系统，并通过合适的频率匹配调整的张力，以调整钢琴的音质。

• 如果上一解决方案不可能实现，就将其与另一已知特性的目标相连接，测量共振频率。

实例62：不直接测量电容，将未知电容的物体插入已知感应系数的电路中，然后改变电压的频率，以确定组合电路的共振频率，最后计算出物体的电容。

d. 测量 Fe-场。

在遥感、缩影、纤维光学、微处理器技术等发展以前，测量中引入铁磁材料是非常普遍的。

• 在系统中添加或利用铁磁物质（或磁场），以方便测量。

实例63：交通系统通常是通过红绿灯来管理车辆通行的，如果需要知道车辆在红绿灯前要排队多长时间，就可以通过观察埋在人行道的行车线的位置估计出所需等待的时间。

• 给系统添加磁性微粒，或将物质改变成铁磁微粒，通过测量磁场的作用使测量方便。

实例64：将铁磁微粒混合在特定的颜料中，并将颜料印在货币上，在判别货币真假时，将磁场作用在货币上，通过铁磁微粒就能确定货币的真假。

• 如果铁磁微粒不能直接地添加入系统中，或者物质不用铁磁微粒替代，那么就通过把铁磁添加剂放入物质中来构造复杂系统。

实例65：岩石层中的液体在压力作用下，导致了岩石层的水力爆炸；为了控制液体的爆炸，将铁磁粉末引入液体中，就可以利用磁场控制铁磁粉末来控制液体的爆炸。

• 如果不能在系统中添加铁磁微粒，就在环境中添加铁磁微粒。

实例66：在水中移动模型船时，要在水中形成波浪；为了研究波浪的特性，在水中加入铁磁微粒，通过研究铁磁微粒来研究波浪的特性。

- 测量与磁学相关的自然现象的影响。

实例 67：运用与磁场相关的现象（如居里点、磁滞现象超导淬火、霍尔效应等）来测量系统。

e. 测量系统的演化方向。

- 将系统过渡到双系统或聚系统。如果单一的测量系统不是足够精确，那么就使用两个或多个测量系统，或者制造成倍测量系统。

实例 68：为了检查视力，验光师使用一系列仪器来测量聚焦远处的能力、聚焦近处的能力以及视网膜一致性地聚焦在一个中心的能力。

- 不是现象的直接测量，而是及时测量一级与二级派生物。例如，测量速度和加速度，而不是测量位置；测量声音的频率变化的等级以确定声源的速度。

实例 69：测量飞行器位置与速度的地面雷达系统，运用直接的雷达反射和雷达频率的改变，以计算出每个飞行器的准确位置和速度。

(5) 第 5 类标准解

第 5 类标准解是简化和改进的策略，有如下几种解决方法。

① 引入物质

a. 间接法。

- 使用"非物质"，如添加空气、真空、泡沫、空间、洞穴、空隙、毛细管、孔等。

实例 70：设想给潜水的人生产保暖衣服，通常的想法就是增加橡皮的厚度，然而这样衣服就会很重，所以增厚是不可接受的。不增加橡皮，而添加泡沫，使其重量更轻，热绝缘性更好，这就是如今的紧身潜水衣。同样地，木板材料的屋顶需要用防火材料代替。虽然混凝土能防火，但对于木制材料来说太重。在安装混凝土时让空气通过，通过产生混凝土泡沫来防火，这样就很轻了。

- 利用场而不是利用物质。

实例 71：快餐店必须检查生产芥末包装的小塑料袋的密封性能。第 4 类解决方法是运用水压和视觉系统，但更为简单的是利用真空，把包装袋样品放入真空房中，而后再拿出来，好的包装要膨胀，而坏包装的芥末要泄漏出来。这里是利用压力差场来区分塑料袋的密封性能的。

为了发现墙后的钉子，在不能在墙上钻孔的情况下，通常使用三类场探测器：①轻叩墙壁，听空旷区域与钉子区域的差异；②运用磁铁探测钉子；③运用超声波脉冲发生器和探测器，因为钉子会发出更为强烈的回声。

- 运用外部添加剂，而不是内部添加剂。

实例 72：飞机上安装有降落伞，以便在飞机出事时，让乘客与飞行员顺利脱险。

- 运用少量的能很好地起作用的添加剂。

实例 73：硅中掺有杂质可以改变部件的电子特性，以此就可以控制集成电路的特性。在硅中掺杂添加剂以使其能在较低的电压下操作，还可获得比老式设计小得多的电路元件。

- 在特定的区域集中使用添加剂。

实例 74：为了清除衣服上的污点而不让整个衣服遭受强烈化学药品的腐蚀，方法就是将化学药品仅仅集中于污点处，就可以只清除污点而不腐蚀整件衣服；为了避免药物对身体的健康器官造成严重的负面影响，将治疗剂集中在疾病的准确位置上，如用碘酒将药品运送到甲状腺治疗就是一个例子。

- 引入临时添加剂。

实例 75：医治癌症病人的放射疗法，就是将毒性极强的化学药品短时期地引入体内，在短时间内破坏癌变细胞，而不损坏健康组织，而后将毒性极强的化学药品流出病人体外；对于某些种类的骨损伤，在康复开始时，用金属夹板夹住骨伤处，将骨伤处固定，以便能快速愈合，待骨伤好后才去除夹板。

- 如果添加剂不允许加入原件中，可运用添加剂的复印件或模型，而不是原始物体。在现代运用中，这可能还包括使用添加剂的模拟和副本。

实例 76：电视会议允许所有与会者在各自的地方也能开会。

- 引入可以发生反应的化学混合物，产生预期的元素或混合物。

实例 77：人类需要钠来进行新陈代谢，但金属钠却有害，于是就消化普通的食盐以转换成身体所需的钠和氯；为了获得更高的能量，赛车使用一氧化二氮而不是空气作为燃气，因为一氧化二氮燃烧时比空气燃烧时放出的热量要大得多。

- 通过分解环境或物体本身，获得需求的添加剂。

实例 78：在花园里埋藏垃圾，而不使用化学肥料，以充分利用资源而不增加肥料产生的负面影响。

b. 将元件分割成更小的单元。

实例 79：飞机的速度越快，就要求越大功率的发动机。功率越大，叶轮长度就越长。但当长度增加到一定程度时，叶轮尖端的速度将超过声速，将引起冲击波，冲击波将损坏叶轮，所以使用两个小的发动机就比一个大的发动机好。同样地，喷气发动机的压缩机、工厂的空气调节装置等都是采用同样的原理。

c. 添加剂在使用后自动消失。

实例 80：形状复杂的型钢中的夹沙可用干冰清除。将型钢放入干冰中，当干冰升华时，渣滓就随干冰清除了。

d. 如果环境不允许使用大量的材料，就使用可膨胀的结构。

实例 81：给客人使用气垫床垫，而后压缩以便储藏，对客人很方便，而且比住旅馆花费更小；对主人来说，也比在没有客人时还要留一间客房更为方便。

② 运用场

a. 运用一种场产生另一种场。

实例 82：Therma-Rest^{TM} 床垫是一种自膨胀床垫，床垫在储藏或运输时，压缩出空气，而且关闭通气孔。当空气阀打开时，通过压缩泡沫而产生膨胀，压缩泡沫产生的膨胀机械力引起了压力差，驱使外面的空气进入床垫。然后关闭通气孔，床垫膨胀以支撑人的重量。

b. 运用环境中现有的场。

实例 83：收音机可以使用光电池代替普通电池以备应急，在没有普通电池时，可以让太阳对光电池充电，用光电池带动收音机。光电池还可将电池的重量和尺寸最小化。电池的更进一步改进是使用手持盘簧发电机代替电池，就不需要电池。这种装置将机械能转化为电能带动收音机，即使在黑暗中也是很方便的。

c. 运用场源物质。

实例 84：为了得到直接破坏肿瘤的 γ 射线，将放射颗粒植入肿瘤内，放射颗粒产生 γ 射线杀死肿瘤细胞，放射颗粒完成其功能后清除；在汽车行驶时，由于发动机要产生大量的热量，于是就将发动机冷却液作为热源，用于给乘客提供热量，而不直接利用燃料燃烧提供热量，节省了能源，降低了消耗。

③ 运用相位的变化

a. 相位转换 1：取代相位。

实例 85：运用同一物质的气相、液相或固相的变化依赖于温度（压力或体积）的特性，实现所需要的功能。如：将天然气转换成低温的液体来运输以节约空间，而后膨胀并加热成气态燃料供使用。

b. 相位转换 2：二重相态。

实例 86：滑冰时，通过运用冰刀下的冰转变成水来减少摩擦，而后水转变成冰，以更新表面。

c. 相位转换 3：利用相位改变伴随发生的现象。

实例 87：超导体的另一个例子是当超导体达到零电阻值时，就变成了很好的热绝缘体。利用这个性质可将超导体用作隔绝低温设备的热转换器。

d. 相位转换 4：转换成两相位状态。

实例 88：制造可变电容使用绝缘金属相变材料，当加热时就变成了导体，当冷却时就绝缘了，以此由温度来控制电容。

e. 相位的交叉作用。通过引入系统元件之间或系统相位之间的相互作用提高系统的效率。

实例 89：用化学反应材料做热循环引擎的工作元素。材料在加热时分裂，在冷却时再结合，以便改进引擎的功能（分裂的材料有较低的分子量，因此传热更快），使引擎的功率增强。

④ 运用自然现象（或称为"运用物理效应"）

a. 自我控制转换。如果物体必须有几个不同的相态，就应当自动地从一相态转换到另一相态。

实例 90：Altshuller 设计的保护射电望远镜的避雷针就是一个实现自动控制转换的例子。避雷针是一个充满低压气体的管子，当这个区域的静电高到可以放出闪电时，管子中的气体就被电离，闪电就通过电离气体的通道释放。当闪电释放后，电离的气体再重新结合，被保护的装置周围就是中性了，这样就保护了望远镜。

b. 当输入场很弱小时，增强输出场。通常是在相位转换点附近产生的。

实例 91：真空管、继电器与晶体管都可以非常小的电流控制很大的电流。

⑤ 产生物质的更高或更低形式

a. 通过分解获得物质微粒（离子、原子、分子等）。

实例 92：如果系统需要氢，而手边又没有氢，只有水，则通过电解将水转换成氧与氧；如果需要氧原子，就用紫外线光电解臭氧。

b. 通过综合获得物质微粒。

实例 93：树利用太阳光的光合作用吸收水分和二氧化碳而生长。

c. 运用上面两种标准解决方案。如果高结构水平的物质必须分解，而它又不能分解，就在下一个更高水平下开始；同样，如果物质必须由低结构水平的材料形成，而又不能形成，就在下一个更高水平下开始。如在天线问题中，气体分子被电离，而不是整个天线，即创造闪电的通道，以便释放闪电；而后离子与电子重新组合而恢复中性，保护物体免受闪电的电击。

1.4.7.5　实例分析

① 铝拉罐就是一个技术系统。该系统的特征是：由于有内压，拉罐壁应有一定的硬度要求。相关的功能描述是：饮料将压力作用在拉罐壁上。该功能表明：有用的相互作用发生在液体饮料和拉罐壁之间。每个功能都可描述成"主体作用在客体上"的形式，即"工具或仪器的主动行为作用在被动客体上"。该功能有如下的序列形式：主体—动作—客体。客体就是被作用的物质。客体通常被称为物质 S_1。主体是作用的物质，或执行该功能行为的物质，通常称作 S_2。饮料和拉罐壁这两种物质不足以产生变硬的效果，应当有激发功能产生的第三种物质，这个物质叫作 F。用图的形式表示出来就是物-场（或 S-场），如图 1-33 所示。

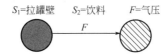

图 1-33　理想的铝拉罐系统的物-场模型图

该物-场模型的负面影响是：太大内压造成拉罐壁爆裂，如图 1-34 所示。

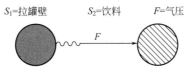

图 1-34　有负面影响的铝拉罐系统的物-场模型图

运用物-场分析得出：该问题的解法是加入第三种物质 S_3，这是该问题的一般解法。具体做法是在拉罐壁外加上一层薄而平滑的坚硬塑料涂料（S_3）。塑料涂料代替了一部分铝壁，因而减少了整个花费。涂料还可增加强度以克服因高内压而可能产生的爆裂问题。平滑的塑料表面很方便印刷，这也是拉罐所必须具备的功能。其物-场模型如图 1-35 所示。

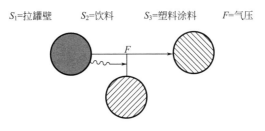

图 1-35　改进的铝拉罐系统的物-场模型图

② 汽车正面碰撞是造成交通事故 65% 死亡的原因，很多的轿车安装有安全气囊，对这些轿车所包含的交通事故调查发现，安全气囊每保护 20 人，就有 1 人不能受其保护而死亡，而且，死亡的人一般身体较矮小，如儿童与妇女。

问题的分析：轿车是一个系统，但该特定问题只涉及轿车的一个子系统，即安全气囊与司机及前排乘客；该子系统所完成的一个功能是在汽车正面碰撞时，保护司机与乘客，但只保护了身体高大的司机与乘客，而可能伤害身体矮小的司机与乘客。该问题可用图 1-36 中所示的物-场模型来描述，其中：F_M 表示机械能；S_{11} 表示身体较高大的司机与乘客；S_{12} 表示身体较矮小的司机与乘客；S_2 表示安全气囊。

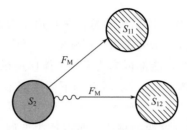

图 1-36　安全气囊与司机乘客物-场模型图

　　如果要进行创新设计，其标志是要彻底地克服现有设计中存在的冲突，即新的安全气囊既要保护身体较高大的司机与乘客，又要保护身体较矮小的司机与乘客。改进后的模型应该如图 1-37 所示。

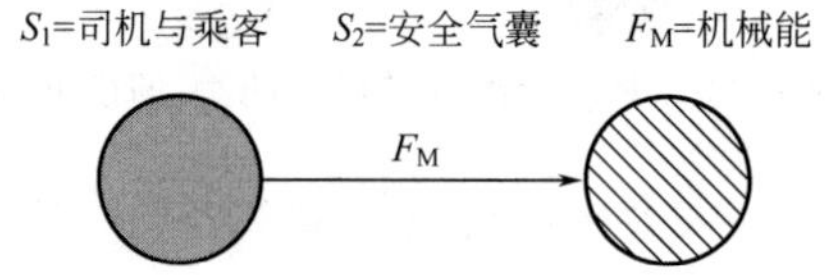

S_1=司机与乘客　　S_2=安全气囊　　F_M=机械能

图 1-37　改进后的安全气囊子系统的物-场模型图

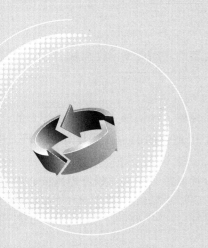

第2章
模具广义模块化设计原理和方法

模具产品快速设计是以模块化设计为核心的多技术融合的技术体系。深入研究广义模块化设计理论和方法，使模块化设计技术适用于更大范围的机械产品的设计，对实现机械产品的快速设计具有重要意义。

随着技术、经济的发展，人们对于模块化设计的积极作用有了更加深刻的认识，因此，对模块化设计的研究也不断地拓展和深入。如在模块化设计中应用计算机技术、仿真技术、虚拟现实技术等，出现了计算机辅助模块化设计、虚拟模块化设计等概念；同时，作为一种设计理念和设计方法，模块化设计的研究及应用的内容、形式都处于不断发展、充实和完善之中。模具产品的快速设计是以模块化设计为核心的多技术融合的技术体系。深入研究广义模块化设计理论和方法，使模块化设计技术使用于更大范围的模具产品的设计，对实现模具产品的快速设计具有重要意义。

为了进一步解决如何在尽量满足客户个性化需求即产品多样化的前提下，又可以同时保证各产品之间的共用部分尽可能多以达到规模经济的效应，本章提出了模块化产品平台的概念，研究产品平台在模块化设计中的应用，并把这种新的模块化设计思想和方法纳入广义模块化设计中。

2.1 基于模块的模具产品族派生原理

模块化设计的主要目的之一就是以尽可能少的种类和数量的模块组合拼装成尽可能多的种类和规格的产品族。本课题组根据面向的产品族中产品的系列体系特点的不同，提出了两种不同的基于模块的产品族派生原理。

2.1.1 基于刚性模块的产品族派生

该种方法主要针对结构主参数分级特性明显、产品一般具有较固定的结构形式的这类产品，如机床、机器人等。

这种方法的基本设计原理是：通过对产品族进行产品规划、模块划分、模块系列规划等步骤得到结构模块矩阵，以该矩阵为基础根据用户需求进行模块的选择、组合从而生成模块化产品及产品族。这些经过规划的模块其功能、结构都是定制的，因此属刚性模块。

2.1.2 基于广义模块的产品族派生

对于结构无明显的系列化分级特性，而且产品主参数、规格、结构形式等都是由用户的需求参数如载荷及特定工况决定的这类产品，一般以单件、小批量的制造方式设计和生产，如液压机、汽车覆盖件模具等。

针对这类产品本课题组提出了基于广义模块的产品族设计原理和方法。该原理的核心思想是首先构建具有参数化结构尺寸的广义模块，然后根据不同用户参数，通过对广义模块的定制生成满足要求的实例模块，进而由这些实例模块派生产品。

2.2 基于产品平台的模具广义模块化设计原理

机械产品可以看成是由若干零件、部件按照一定的规律和结构形式组成的具有一定功能的系统，该系统具有以下基本特性：

① 整体性：系统由若干要素和子系统组成，尽管各要素或子系统的性能各异，但它们在结合时必须按照整体功能的需求相互协调。

② 相关性：构成系统的各要素之间相互关联、有机联系。它们之间存在着互相作用、互相制约的特定关系。

③ 功能性：系统应能完成特定的产品功能。从功能设计的角度看，功能是产品的本质属性，人们对产品的需求实质上是对其功能的需求。

④ 层次性：产品的总功能可以划分为若干个子功能，子功能还可进一步划分为下一层子功能。实现产品功能的相应结构也可以层层划分，分解为部件、子部件及零件等。

产品模块化设计正是基于上述特点，按照功能分解原理对结构或系统进行模块的划分和组合。因此模块化设计可以很好地满足用户对产品的多样化需求，但是，随着模块化设计的应用和研究的深入，人们发现了：

① 在产品的多样化过程中，考虑到成本、复杂程度、时间等因素，对某一基型产品的修改只是针对产品的部分模块的，而有部分模块则是在一定时期内保持相对的稳定。

② 各个模块的标准化，包括规格标准化、尺寸标准化、性能及功能的标准化、接口标准化等难以一次到位，使得模块及产品的设计和制造成本得不到有效控制，实现不了规模经济的效益。

针对上述问题并结合对注塑模具产品实例的研究和总结，本文在已有的模块化设计基础上应用产品平台的理论，提出了基于产品平台的柔性（广义）模块化设计原理与方法。在产品模块化设计的过程中应用产品平台的思想，使其设计过程更加合理、适应范围更广。

2.2.1 模具产品平台相关定义

一般的设计中，产品族是指一组相关的产品，这些产品享有共同的子系统、部件或其他特征结构，同时又可以满足市场/客户的各种不同的需求，产品族可以看作是一组集合参数的函数，其中有些结构部件对应的参数是常量；而其余的部件对应的参数则是变量，通过与常量参数结构部件的组合生成产品族中可满足不同要求的不同产品。

相应地，为多个产品所共享的子系统、部件或其他特征结构，称为产品平台；而为各产品所特有的子系统、部件或特征结构，称为衍生系统、部件或特征。

基于产品平台的广义模块化设计中产品族、产品平台及专用模块分别定义如下：

① 产品族定义　对一类产品进行功能分析，把总功能及各主要分功能相同或相似的所有产品构成的产品集合称为产品族，该产品族中可包括一个或多个模块化产品平台，每个产品平台通过添加、删除或替换不同的专用模块而派生出来的不同产品构成的集合称为产品子族。后文所提到的产品族包括产品族和产品子族。

② 产品平台定义　用来开发和生成一系列衍生产品的一组通用模块和接口，称为产品平台，它是指在一个特定的产品族中为所有产品所共享、由一个或多个功能模块构成的集合，且任一功能模块对应的结构模块的物理实现只有一种。

一个产品族中可包括一个或多个产品平台，这些产品平台功能相似或相同，但功能映射的结构模块可有多种，包括结构不同或尺寸规格的变化。如注塑模具中斜导柱和斜滑板式侧向抽芯机构体现了相同的功能，但属结构不同的产品系列，可分别构建不同的产品平台。一般来说，产品平台由最复杂的模块构成，是产品族中寿命最长、变型少、设计制造质量可靠的模块。

③ 专用模块定义　在每个产品族中，每个产品都有自己区别于其他产品的功能或结构，以响应不同的市场需求。这些结构模块相对产品平台的模块寿命短、变型多，称为专用模块，也称拓展模块或附加模块。

2.2.2　模具模块化产品平台的特点

（1）产品平台的构成分析

从上面的定义可知，基于产品平台的广义模块化设计是以已有模块化设计为基础而面向一个特定产品族的，其中的产品平台可看作一个大的通用模块，它的构成层次与一般产品平台的区别如图 2-1 所示。

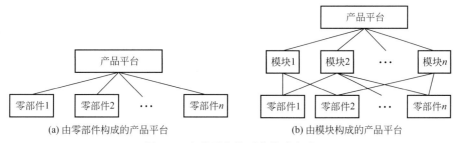

(a) 由零部件构成的产品平台　　　　　　(b) 由模块构成的产品平台

图 2-1　产品平台的两种构成方式

一般的产品平台直接由零部件构成，如图 2-1(a) 所示；而广义模块化设计中的产品平台则可以进一步划分为模块，模块由零部件构成，如图 2-1(b) 所示，因此，广义模块化设计中的产品平台是模块化产品平台。

（2）模块化产品平台的特点

模块化产品平台有下面两方面的特点：

① 产品平台通常有一个结构稳定期，模块化产品平台升级时只需要更新某个或某些模块，其他模块则可保持不变，为产品平台的升级和更新提供了方便。

② 产品平台亦可升级或变型，变型产品平台只要在原有产品平台的基础上选择一个或

多个模块变型，因此，模块化产品平台更便于产品拓展。

图 2-2 所示是模块化产品平台的升级和变型过程。

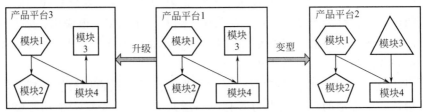

图 2-2　模块化产品平台的升级和变型

2.2.3　基于产品平台的模具广义模块化设计过程

基于产品平台的广义模块化设计过程从产品的市场调查和分析入手，对一类产品进行规划，以功能分析为基础对其进行功能模块的划分，并把功能模块映射为多个不同的结构模块，并在该结构模块的基础上进行产品平台的规划，以产品平台为基础进行产品族中产品的设计。设计的过程模型如图 2-3 所示，可分为 5 个步骤。

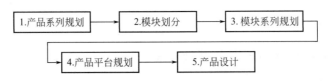

图 2-3　基于产品平台的广义模块化设计过程

（1）产品系列规划

在进行产品的模块化设计之前，必须在市场调研的基础上合理规划产品系列型谱，从而为建立科学、合理的模块系统奠定基础。产品系列型谱的确定过程如图 2-4 所示。

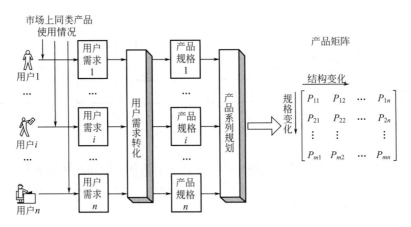

图 2-4　产品系列规划过程

① 市场调研与分析　市场的需求是产品设计与生产的基本依据和导向。
市场调研的内容主要包括：

a. 市场对同类产品目前的需求量，随着生产的发展在近几年内市场需求的增长趋势，由于新设计带来的产品功能、性能、参数、造型或价格上的优势对市场需求的刺激和促进作用；

b.对市场进行细分，分析市场对不同功能、性能、造型或价格的不同产品的需求比例及其发展趋势；

c.用户对产品价格、使用寿命的要求和意见，以及对产品跟踪所得到的其他信息，应改善的性能和结构等；

d.采用模块化设计的可行性、优越性，以及新设计带来的成本变化对保持或占领市场的预测；

e.产品的国内外发展趋势，新技术应用的可能性，新产品开发中的关键技术及其解决的办法和把握性、风险程度等；

f.生产同类产品或相近产品的竞争对手或合作伙伴的相关情况。

通过市场调研，可初步确定市场对产品的各种变型和规格的需求。以此为基础，还必须从模块化设计的角度对产品的模块化开发进行充分的技术经济分析，确定其可行性和覆盖的产品范围，为模块化产品开发决策提供依据。

若模块化设计所覆盖的产品种类和规格多，则企业对市场的适应能力和应变能力强，有利于占领市场和争取用户，但同时设计难度和工作量也较大，必须特别注意模块的划分和同类功能的不同模块的选择和设计。反之，若模块化设计所覆盖的产品种类和规格较少，则会给设计工作带来很大的方便，易于提高产品的性能和针对性，而该产品的适应度和应变度则会有一定局限性。

考虑模块化产品的覆盖范围为 $\{P_1,P_2,P_3,\cdots,P_n\}$，构成产品的模块集为 $\{M_1,M_2,M_3,\cdots,M_m\}$，在产品生命周期内可能获得的利润率 PR 可用公式（2-1）表示：

$$PR = \frac{\sum_{t=1}^{T}\sum_{i=1}^{n} S_{it} \times R_{it}}{C_m + C_t + \sum_{j=1}^{m} s_j \times c_j} \tag{2-1}$$

式中，S_{it} 为模块化产品系列中第 i 个产品在第 t 个时间段内预期的销售量；R_{it} 为其预期的市场价格；s_j 为第 j 个模块的预期需求量；c_j 为第 j 个模块的单件制造成本；C_m 为市场调研费用；C_t 为模块化产品的开发费用。

产品的预期销售量可由市场潜力、技术发展的调研与预测推算，预期市场价格可由对市场上同类产品的调研及与所开发产品的对比推算，用户对功能-价格比的接受程度也是确定市场价格的重要根据，模块的制造费用可以通过分析企业过去类似模块的成本、市场同类模块的成本、企业的设备工艺情况等估算。

由式（2-1）可以看出，在模块化设计中，产品的制造成本以模块为单位核算，而不是以产品为单位，由于模块的重用性，产品的成本因模块生产的规模效益得以降低。

若产品的预期利润率大于企业可接受的利润率，则可进行模块化产品开发，否则需要重新进行产品规划。

② 产品系列的矩阵表示　在上述市场调查和分析的基础上，根据产品的覆盖范围，并分别以产品系列中产品的规格变化和结构变化为依据，可以把产品系列表示为图 2-4 中的产品矩阵，矩阵中的每一个元素 P_{ij}，$i\in[1,m]$，$j\in[1,n]$ 代表一个产品。n 为产品变型种类的数量，m 为产品规格变化的数量。处于同一行中不同列的元素代表在同一产品规格下的

不同变型，同一列中不同行的元素是同一变型种类的不同规格的产品。

（2）模块划分

模块是模块化设计和制造的功能单元，必须能够满足需求的多样化以及便于制造和管理。因此，模块应具备下列特征：

① 模块应具有相对独立性　模块的独立性包括相对独立的功能和相对独立的结构。模块的功能是产品总功能的一个组成部分，功能独立的模块组合产品时，不会出现功能冗余，灵活性大，适应性强；一个模块虽然要同别的模块相连接，但它在结构上并非必须作为某个模块的附属装置才能完成自己的特定功能。只要模块的接口标准化，就很容易更换模块而组合成多种变型产品。

② 模块划分应可快速适应市场需求的变化　为了实现这一目标，模块应具有通用性。在条件允许的范围内尽可能选用性能参数的上限值，以适应多种产品的需要，扩大通用化范围。

而且，模块要具有互换性，为此，模块配合部位的结构形状和尺寸必须标准化，满足系列化的要求。为满足产品系列化的要求，模块应具有相应的系列标准，其规格、尺寸必须按系列标准确定。

建立注塑模具模块应以功能分析、分解为基础，同产品品种规划（包括产品系列参数、型谱）和优化要求相结合，使其适应产品品种规格和参数变化要求，具有经济合理的系列性，既便于用户挑选，最大限度地满足市场需求，也便于组织生产，降低成本和提高产品质量。

模块化设计是要把一个大的复杂的模块划分为许多小模块，便于结构上的实现，可单独地进行设计、测试和维护，从而提高模块的可靠性和可维护性。模块分解得越细，模块的层次和级别越低，模块越简单，通用化程度越容易提高。但是随着模块数目的增加，接口增多，产品的制造、装配和管理也越复杂，成本也越高。

一直以来，模块划分的层次和规模无法定量地衡量，只能从一些指导性的原则出发。文献中总结了模块划分的一般原则，包括功能独立原则、结构独立原则、"三化"原则，即将产品系列化、模块通用化、零件标准化、基础件原则、与传递动力无关的系统或装置定为模块等。

在模块化设计中，模块划分的方法一般是针对不同的研究对象，从不同的侧重点研究模块化产品的功能模块的划分方法，以保证该产品的模块化设计达到最优效果。有关文献中采用功能及结构相关性分析的方法，按照一定的相关性影响因素进行聚类分析，进而进行模块的划分，这种方法的重点是放在产品的结构布局和结构部件的组成及其之间的连接方式的分析上。

本书将在第 3 章中根据注塑模具产品的特点，研究其功能模块的划分方法。

（3）模块系列规划

模块系列规划是进行模块化产品设计的前提和基础，如图 2-5 所示是自顶向下基于产品矩阵的模块系列规划过程。图 2-5 中产品矩阵 P 中每行的第一个元素称为基型产品，P 的第一列称为基型产品系列。所谓基型产品是在一类产品中设计和制造时间较早、具有该类产品最基本功能的产品，进行模块系列规划首先以基型产品为对象进行分析，其他列的产品则视为基型产品的变型。

功能模块矩阵 FM 由产品矩阵 P 的某一产品列拓展生成（图 2-5）。所谓功能模块是指从功能分析的角度把产品划分为由各种功能构成的如下式所示的产品功能集：

$$\boldsymbol{P}_{11}=\{FE_{11},FE_{12},\cdots,FE_{1n}\}$$

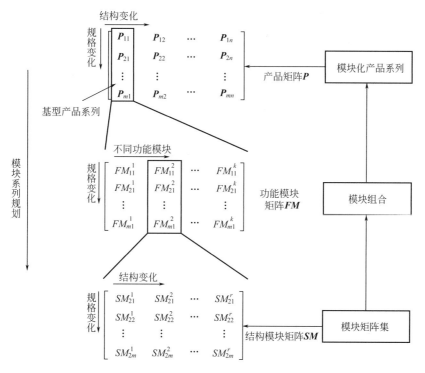

图 2-5　基于矩阵的模块系列规划及模块化产品设计

集中的每个元素就称为一个功能模块。图 2-5 中由基型产品系列拓展而得的功能模块矩阵称为基型功能模块矩阵，其中的每个元素代表实现一定功能的功能模块，矩阵中列向对应于产品规格系列，而一行中的元素构成某一产品的功能模块集。

$\boldsymbol{SM}$ 是结构模块矩阵，它是由功能模块矩阵 $\boldsymbol{FM}$ 中的某一列拓展生成的，该模块矩阵的行表示同一规格下某一功能模块所对应的各种变型结构，即同一功能可以有不同的实现原理及方案；矩阵中的列对应于产品的规格变化。

这样，从产品到模块的规划过程，也就是非模块化的产品系列的模块化设计过程就完成了。

基于模块矩阵的模块化产品设计过程与上述过程相反，是一个自底向上的设计过程，如图 2-5 所示。首先，在由若干个结构模块矩阵 $\boldsymbol{SM}$ 构成的结构模块矩阵集中根据需求选择模块；然后进行模块的组合计算，保留合理方案，最后得到一个模块化的产品矩阵。图 2-4 中产品矩阵 $\boldsymbol{P}$ 的各产品都可以在该矩阵中找到对应的模块化产品。

基于产品平台的广义模块化设计过程中前三步的设计技术与一般模块化设计的相似，而后两步则是基于产品平台的广义模块化设计发展的新内容，下面两节分别进行详细研究。

（4）面向产品族的广义模块矩阵规划

若一产品族结构组成链中各结构部件拓扑形状不变，各结构部件模型可用一组参数来表达，组成链各部件之间具有相对固定的拓扑形状接口，则该产品族可用广义模块化设计方法构建一广义模块化产品设计系统。

$$[\boldsymbol{GMP}]=\begin{bmatrix} GMP_{11} & GMP_{12} & \cdots & GMP_{1n} \\ GMP_{21} & GMP_{22} & \cdots & GMP_{2n} \\ \vdots & \vdots & & \vdots \\ GMP_{m1} & GMP_{m2} & \cdots & GMP_{mn} \end{bmatrix} \tag{2-2}$$

式(2-2)中，广义模块化产品族$[\boldsymbol{GMP}]$中各元素GMP_{ij}为一个参数化产品模型。

按照模块化设计原理，产品设计是由用户的需求功能转变为产品的功能模型，一个产品的总功能由多个分功能组成。故产品总功能F_p可由多个功能模块组成如式(2-3)所示。

$$\boldsymbol{F}_p=(F_nM_1,F_nM_2,\cdots,F_nM_i,\cdots,F_nM_q) \tag{2-3}$$

式(2-3)中

$$F_nM_i \xrightarrow{1:n} GM_i \tag{2-4}$$

式中，GM_i为广义结构模块，每一个功能模块可映射为多个广义结构模块，从而组成不同结构的产品系列。

式(2-2)中，第一列是主参数由小到大变化的一族基型产品模型，可通过相同接口不同功能的派生模块组合构成一系列功能不同的横向变型结构产品模型。虚线框中的各基型产品由相应的广义模块组成，表示为：

$$[\boldsymbol{GM}]=\begin{bmatrix} GM_{11} & GM_{12} & \cdots & GM_{1n} \\ GM_{21} & GM_{22} & \cdots & GM_{2n} \\ \vdots & \vdots & & \vdots \\ GM_{m1} & GM_{m2} & \cdots & GM_{mn} \end{bmatrix} \tag{2-5}$$

式(2-5)中每一行模块组成一个产品模块链，模块间有相对固定的参数化拓扑模块接口。其中任一列模块GM_{ij}（$i=1\sim m$，$j=1\sim n$），通过结构变型构成j系列化模块矩阵GM_j

$$[\boldsymbol{GM}_j]=\begin{bmatrix} GM_{1j}^1 & GM_{1j}^2 & GM_{1j}^3 & \cdots & GM_{1j}^k \\ GM_{2j}^1 & GM_{2j}^2 & GM_{2j}^3 & \cdots & GM_{2j}^k \\ \vdots & \vdots & \vdots & & \vdots \\ GM_{mj}^1 & GM_{mj}^2 & GM_{mj}^3 & \cdots & GM_{mj}^k \end{bmatrix} \tag{2-6}$$

式(2-6)中每一行模块均有相同拓扑形状的模块接口。式(2-5)中任一列均可表示成式(2-6)形式，则有：

$$\boldsymbol{GM}=([\boldsymbol{GM}_1],[\boldsymbol{GM}_2],\cdots,[\boldsymbol{GM}_n]) \tag{2-7}$$

式(2-7)展开后的每一行模块按功能组合，便可构成式(2-2)中任一产品模型。可见，式(2-2)中的其他各列产品均是基型产品派生出来的。

根据一般产品模块化矩阵规划方法，广义模块化产品族矩阵规划如图2-6所示。图2-6中，广义模块化产品矩阵$\boldsymbol{GMP}$是基型广义模块派生的结构矩阵。

当图2-6中的广义模块为柔性模块时，广义模块矩阵$\boldsymbol{GM}$变为广义模块矩阵$\boldsymbol{FM}$，如式(2-8)所示。

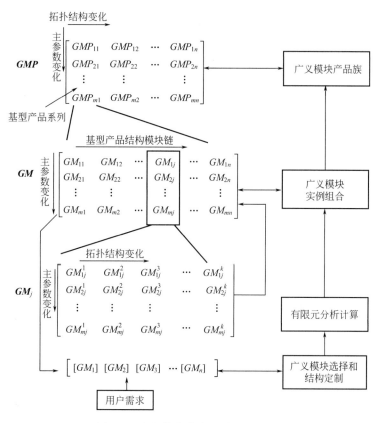

图 2-6 广义模块化产品族矩阵规划

$$[\boldsymbol{FM}] = \begin{bmatrix} FM_{11} & FM_{12} & \cdots & FM_{1j} & \cdots & FM_{1n} \\ FM_{21} & FM_{22} & \cdots & FM_{2j} & \cdots & FM_{2n} \\ \vdots & \vdots & & \vdots & & \vdots \\ FM_{m1} & FM_{m2} & \cdots & FM_{mj} & \cdots & FM_{mn} \end{bmatrix} \tag{2-8}$$

当图 2-6 中的广义模块为虚拟广义模块时，广义模块矩阵 $\boldsymbol{GM}$ 变为广义模块矩阵 $\boldsymbol{VM}$，如式(2-9)所示。

$$[\boldsymbol{VM}] = \begin{bmatrix} VM_{11} & VM_{12} & \cdots & VM_{1j} & \cdots & VM_{1n} \\ VM_{21} & VM_{22} & \cdots & VM_{2j} & \cdots & VM_{2n} \\ \vdots & \vdots & & \vdots & & \vdots \\ VM_{m1} & VM_{m2} & \cdots & VM_{m3} & \cdots & VM_{mn} \end{bmatrix} \tag{2-9}$$

在广义模块化产品矩阵中，第一列是基型产品，任一基型广义模块化产品模型 GMP_{i1} 为

$$GMP_{i1} = (GM_{i1}, GM_{i2}, \cdots, GM_{ij}, \cdots, GM_{in}) \quad (i=1\sim m) \tag{2-10}$$

在式(2-10)的基型广义模块化产品模型基础上，根据用户需求可由全系列模块矩阵 $[GM_j](j=1\sim n)$ 中选择相应各结构模块，可组合成一个产品族 $\boldsymbol{P}$ 如式(2-11)所示。

$$\boldsymbol{P} = \sum \boldsymbol{P}_i = [\psi_1, \psi_2, \cdots, \psi_j, \cdots, \psi_q]^{\mathrm{T}} [\boldsymbol{GM}] \tag{2-11}$$

式中，ψ_j 为用户需求区间。

2.2.4 基于模块矩阵的模具产品平台规划

由于在广义模块化设计中，产品平台是由模块构成的，因此，产品平台的规划是在模块规划完成之后，在图 2-5 所示的模块结构矩阵的基础上进行的。

根据面向的产品子族的不同，可以规划为刚性产品平台、广义产品平台和混合产品平台三种类型。

刚性产品平台是指构成产品平台的模块全部是刚性模块，由刚性模块构成的产品子族特点是：族中的产品变型主要体现为产品之间专用模块功能配置的不同，这种不同是通过替换、增加、删除专用模块来实现的。一般情况下刚性模块用于在产品矩阵中横系列的功能变型，如图 2-7(a) 所示。

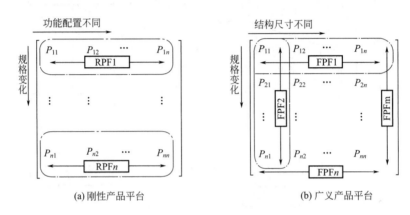

(a) 刚性产品平台　　　　　　　　(b) 广义产品平台

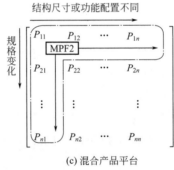

(c) 混合产品平台

图 2-7　三种产品平台类型

广义产品平台是指构成产品平台的模块全部是广义模块，由广义模块构成的产品子族特点是：族中的产品变型主要体现为产品规格或尺寸的变化，这种变型是通过定制广义产品平台中的广义模块及广义专用模块实现的。广义模块在产品矩阵中用于产品的横系列尺寸变化或纵系列规格变化，如图 2-7(b) 所示。

混合产品平台指产品平台是由刚性模块和广义模块混合构成的，产品的变型既可以是功能配置的不同也可以是尺寸的变化，或者是产品规格变化。广义模块根据用户需求进行定制，然后和刚性模块通过合适的接口连接。混合产品矩阵可适应于产品的横系列功能配置不同、尺寸变化或纵系列规格变化的要求，如图 2-7(c) 所示。

(1) 刚性产品平台规划

图 2-8 所示 **SM** 是图 2-6 中结构矩阵的拓展矩阵集，其中的每个矩阵是对应某一功能的

全部结构模块的集合。拓展矩阵中的任意一行构成一个横系列模块集。同一横系列模块具有相同的主参数，只是通过改变模块辅助参数而形成不同的变型模块。所以，对拓展矩阵 $\boldsymbol{SM}$ 中的任意一行模块（如 $\boldsymbol{SM}$ 中虚线所示）进行组合，就可以得到产品矩阵 $\boldsymbol{P}$ 中对应的某一行的产品系列如 $\boldsymbol{P}_1$（$\boldsymbol{P}$ 中虚线所示），$\boldsymbol{P}_1$ 看作行矩阵，其转置矩阵是 $\boldsymbol{P}_1^{\mathrm{T}}$。

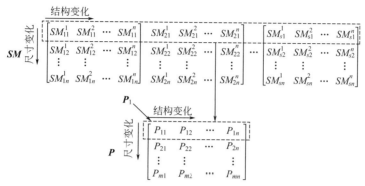

图 2-8　基于模块结构拓展矩阵的产品系列构成分析

通过分析具体产品可知产品矩阵中任意一行的产品具有相同的主参数，因此，它们的基本结构是相同的，只是通过改变一些辅助参数生成变型产品，因此，$\boldsymbol{P}_1^{\mathrm{T}}$ 中就会有部分列的所有组成项完全相同，部分列的组成项不完全相同；这样把那些完全相同的列分别聚类就构成了刚性产品平台，把那些不完全相同的列也分别聚类就构成了该刚性产品平台的专用模块集，过程如图 2-9 所示。

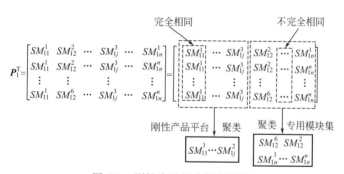

图 2-9　刚性产品平台规划过程

所以如图 2-10 所示，由矩阵 $\boldsymbol{P}_1$ 中的项构成的产品子族集合可以表示为刚性产品平台加上专用模块集合。

$$\{P_{11}, P_{12}, \cdots, P_{1n}\} = \{SM_{11}^1, \cdots, SM_{1j}^3\} + \{SM_{12}^6, SM_{12}^2, SM_{1n}^1, \cdots, SM_{1n}^n\}$$

产品族　　　　　刚性产品平台　　　　　专用模块集

图 2-10　基于刚性产品平台的产品族

（2）广义产品平台的规划

$\boldsymbol{SM}$ 中的各模块矩阵中任意一列构成一个纵系列模块集，同一纵系列模块是依据优先数系原则以主参数大小分级标准化构成的有限模块集，当它们的拓扑形状相同而只是设计参数不同时，这些模块可以抽象为一个参数化的广义模块，并通过定制该模块生成该列模块集中的模块，如图 2-11 所示。

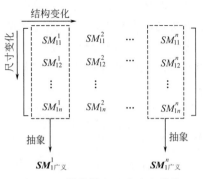

图 2-11　模块纵向生成广义模块

设 P_2 是产品矩阵 P 中的一些产品构成的矩阵，它可以展开为结构模块矩阵，如图 2-12 所示，该矩阵中部分列各自的组成项都是通过该列的广义模块定制的，也就是说这些列中任意列包括的各模块之间存在一定的参数关系；而其他列中各自的组成模块则没有参数关系。

这样，就可以把该产品族的集合表示为一个由多个广义模块构成的广义产品平台加上专用模块集。

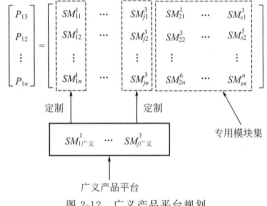

图 2-12　广义产品平台规划

(3) 混合产品平台

混合产品平台的规划过程是分别执行上述两种规划过程，规划出为某个产品族所共用的刚性模块和广义模块及专用模块集，两种共用模块构成混合产品平台。

理论上讲，上述三种产品平台可统称为广义产品平台，刚性产品平台是广义产品平台的一个特例。

对一个要实施模块化的产品族来说，根据产品的结构特点可规划不同类型的产品平台。在实施模块化初期，对产品平台内的模块结构及其接口的标准化可放缓进行或降低要求，采用逐步推进的策略。这样可减小实施产品模块化带来的阻力或困难。

2.2.5　基于产品平台的模块化产品方案设计

实施广义模块化设计的目的是用产品平台及专用模块来组合满足不同需求的产品。在完成上述步骤的基础上就可以应用由产品平台和专用模块构成的模块系统进行广义模块化产品方案设计，快速响应市场需求。

模块化产品方案设计的一般过程如图 2-13 所示，包括下面的各步骤。

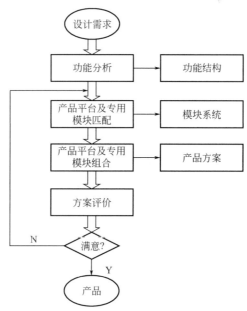

图 2-13　广义模块化产品方案设计过程

① 根据市场或用户要求，对该需求进行功能分析，得到产品的功能结构模型，该模型中包括用户对产品的具体性能及结构参数，这一步主要完成用户参数到产品技术参数的转换。

② 根据上一步的分析结果，到模块系统中即模块库中选用满足条件的现有的产品平台及专用模块。

③ 对选择到的模块进行模块组合，得到一个或多个不同的产品方案。

④ 对组合结果进行评价，若所组成的产品满足要求，则可以实际构成产品；否则，重新选用模块，必要时重新设计某些模块或新模块，再进行模块组合，一直到满足要求为止。

组合是进行模块化方案设计的关键环节，组合技术研究的就是如何用现有的模块系统构造出满足要求的产品。它涉及的问题包括产品的布局结构、产品平台及专用模块的可连接性判断、拼装等。

(1) 基于图的产品结构布局的表达

广义模块化设计中产品由产品平台和专用模块构成，产品的功能不同反映为产品的平台及专用模块构成不同。产品的结构布局反映的是产品中平台和专用模块之间的组合情况，通过结构布局的定义可以确定要设计的产品是由哪一个产品平台和哪几种专用模块组成的，它们之间有什么样的连接关系。由于平台和专用模块在产品中一般呈链状、树状或网状组合在一起，因此，产品结构布局可以用有向图来表示，称为产品结构布局图。

① 图的相关概念　图论（graph theory）是用于研究一组具体事物之间相互关系的抽象方法，目前已广泛应用于科学管理、自动控制以及制造系统、电路网络、图像处理等诸多领域。图论中的图由一些点的集合和连接其中某些点对的连线的集合构成：

设点集 $V = \{v_1, v_2, \cdots, v_n\}$，边集 $E = \{e_1, e_2, \cdots, e_m\}$，如果对任一边 $e_k \in E$，有 V 中一个点对 (v_i, v_j) 和它对应，则由 V 和 E 组成的集合可构成一个图，记为 $G = (V, E)$。

如果图中点对 (v_i, v_j) 是有序的，即连接 v_i、v_j 与连接 v_j、v_i 的两条边是 E 中不同的元素，则称它们为有向边或弧，否则，称为无向边。

若有向图中的一个点弧序列 $(v_{i1}, e_{i1}, v_{i2}, e_{i2}, \cdots, v_{i2}, e_2)$，对所有 $t \in [1, k-1]$，均有 $e_{it} = (v_{it}, v_{it}+1)$，则称之为一条从 v_{i1} 到 v_{ik} 的路。

矩阵是表现和分析组合论及图论问题的工具。一个有向图，可以用一个矩阵来表示它，即在图 G 和（0，1）矩阵之间建立起一一对应关系。此矩阵称为 G 的邻接矩阵。图所蕴含的组合性质可以通过矩阵的代数形式表现出来。

② 产品结构布局图　产品广义模块化的过程就是从产品功能单元聚合为产品平台及专用模块并建立平台和专用模块组合结构的映射过程，即从无序到有序的规范化和产品结构的优化过程。在广义模块化产品中，平台和专用模块的构成和连接模式具有一定的规律，具有多样性、可拆卸性和可扩展性等特点。

产品构型描述产品的平台和专用模块之间的组合情况。通过产品构型模式的定义，模块化设计系统就可以知道要设计的产品是由什么组成的。由于产品平台和专用模块在产品中一般是呈链状、树状或网状组合在一起的，因此，产品构型可以用有向图来表示，称为产品构型模式图，这样，可通过有向图的连接模式来变换产品结构。

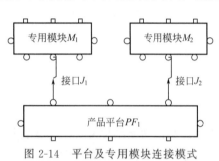

图 2-14　平台及专用模块连接模式

利用图论中有向图原理绘制，用图的顶点表示平台或专用模块，用边表示联系，表达平台和模块间的接口行为关系，如图 2-14 所示。图 2-14 中有 M_1、M_2 两个专用模块及产品平台 PF_1，模块 M_1 和平台 PF_1 通过接口 J_1 连接起来，其中，有向连接线的起点所连接的模块称为基准模块，有向连接线的终点所指向的模块称为目标模块。

由于模块之间的连接关系有单向连接、双向连接和多向连接，即指一个模块可同时与两个以上的其他模块相连接。因此，模块的接口可以有多个，图中的每一个小圆圈表示模块本身所具有的接口或结合面。

（2）模块之间的可连接性判断

在基于产品平台的广义模块化设计中，产品平台可以看作是一个大的通用模块，它与专用模块之间的连接分析和专用模块之间的连接分析是一样的，因此，在本小节中把这两种连接关系统称为模块之间的连接。

① 模块之间的连接方式分析　产品平台与专用模块在产品布局图中是成链状或网状组合在一起的。由于它们在产品中的作用不同，即实现的子功能不同，因此，它们之间的组合关系也不同。相关文献根据某一模块所能连接其他模块的数量，将连接方式分为单向连接、双向连接和多向连接，如图 2-15 所示。

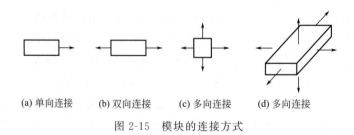

(a) 单向连接　　(b) 双向连接　　(c) 多向连接　　(d) 多向连接

图 2-15　模块的连接方式

单向连接是指模块只有一个连接界面，并且仅能与另外一个模块相连接的组合方式。双向连接的模块有两个连接界面，能与另外两个模块相连接。双向连接的模块可以通过组合使所构成的系统由两端向外扩展。多向连接是指模块可同时与两个以上的其他模块相连接的组合方式。

② 模块之间的可连接性判断　模块之间的接口可表达为$<$Type，b，$A>$。Type 表示接口的类型。接口类型的定义要考虑区分不同的接口面几何特征（形状）和连接特征（连接约束、连接形式）。b 为一个布尔值，若 $b=0$，则该接口为 Type 类型接口的目标端，否则为基准端。A 为一组接口参数 $A=\{A_1,A_2,\cdots,A_k\}$。对两个模块 M_1、M_2 的可连接性可做如下判断：

a.两个模块如果满足三者均匹配，即具有同种类型的接口，对应的接口参数值相等，且分别构成该类型接口的目标模块和基准模块，则两模块可连接；

b.若 Type 和 b 满足匹配关系，但和 A 不完全匹配，则根据广义模块的广义连接性，若能通过广义模块结构的调整使之相匹配，则此时模块可连接；

c.如果 Type 相同，b 也相同，则说明两模块具有互换性，而不是可连接性；

d.其他情况下则认为两模块不能连接。

（3）模块组合的研究

一个广义模块化设计系统可以分为三个不同的层次：产品族、产品、产品平台及模块。一个产品族由有限的变型产品构成，而一个产品是一个产品平台与有限个专用模块的排列和组合的结果。产品平台与专用模块的组合、专用模块之间的组合都可看作是模块之间的组合，这样，广义模块化产品组合方案的形成原理和算法如下：

若产品的用户需求经功能分析，分解为 $F=\{F_1,F_2,\cdots,F_m\}$，满足功能 F_k，$k\in[1,m]$ 的模块有 n_i 个，记为 $M_i=\{m_{ij}\}j\in[1,n_i]$，则 $M=\bigcup M_i$ 为备选模块集。

构造图 $G=(V,E)$，如图 2-16 所示；G 的每个结点对应一个备选模块。图中用虚线框住的部分分别构成 G 的子图 G_k，$k\in[1,m]$，G_k 中的结点与 M_k 中的模块一一对应，也即每个虚线框对应一个备选模块集。这样，模块组合的基本原理就是：从 G_k 中一个基本结点 v_i 出发，依次从其他子图中寻找与 v_i 间存在一条路的结点，这些结点和路所包含的弧构成一个新的子图 G_i，如图 2-16(b) 所示。若 G_i 中结点数量等于 m，则 G_i 构成一个满足功能 F 的产品方案，需要说明的是这样的产品组合方案并不是唯一的，可能得到多种满足要求的产品方案。

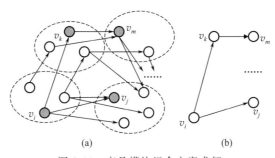

图 2-16　产品模块组合方案求解

若两个模块 m_i 与 m_j 之间能够进行连接，则 m_i 与 m_j 在图中对应的结点 v_i 与 v_j 间存在一条弧。图 G 的邻接矩阵为 B：

$$\boldsymbol{B} = \begin{bmatrix} b_{11} & b_{12} & \cdots & b_{1n} \\ b_{21} & b_{22} & \cdots & b_{2n} \\ \vdots & \vdots & & \vdots \\ b_{n1} & b_{n2} & \cdots & b_{nn} \end{bmatrix} b_{ij} = \begin{cases} 1, \text{若 } v_i \text{ 与 } v_j \text{ 间有弧} \\ 0, \text{若 } v_i \text{ 与 } v_j \text{ 间无弧} \end{cases} \quad (2\text{-}12)$$

式（2-12）所示模块组合原理的具体计算步骤如下：

① 从布局方案的组成模块中取出第一个模块 m_{j1}，加入已处理模块集合 $\boldsymbol{OM}$。

② 考察包含 m_{j1} 的备用模块集合 $\boldsymbol{M}_j$，若 $\boldsymbol{M}_j$ 不为空，则其中的各模块都可以看作一个可能方案的起点，分别加入第一阶可行方案集 $\boldsymbol{D}_1$，此时 $\boldsymbol{D}_1 = \{<\boldsymbol{M}_{j1}>, <\boldsymbol{M}_{j2}>, \cdots, <\boldsymbol{M}_{jn}>\}$。

③ 检索该布局方案的模块关系邻接矩阵表，查找与 m_1 连接的模块，假定共有 a 个，任取其中的一个 m_{i1}，加入已处理模块集合 $\boldsymbol{OM}$。

④ 设包含 m_{i1} 的备用模块集合为 $\boldsymbol{M}_i$，依次取出第一阶可行方案集合 $\boldsymbol{D}_1$ 中各元素内相应的 m_{jk}，$k \in [1,n]$ 模块，与 $\boldsymbol{M}_i$ 中的各元素进行匹配，若匹配成功，则作为一个第二阶可行方案加入第二阶可行方案集 $\boldsymbol{D}_2$。

⑤ 考察当前可行方案集合 $\boldsymbol{D}_j$，若 $\boldsymbol{D}_j = \varnothing$，则转步骤⑦；若 $\boldsymbol{D}_j \neq \varnothing$，则转步骤⑥。

⑥ 查找下一个与 $\boldsymbol{OM}$ 集合中的模块相连接的未处理模块，并重复上面的操作。

⑦ 若已处理模块集合 $\boldsymbol{OM}$ 中元素的数目不等于本布局方案的组成模块的数目，则该方案不存在可行解。否则，当前可行方案集合 $\boldsymbol{D}_j$ 中的模块集合即为所求产品设计方案。

⑧ 如若还有其他适用的布局方案，则重复上述步骤，直到找到所有的产品设计方案为止。

(4) 产品方案的拼装

在建立了产品结构布局模型并进行了模块组合计算的基础上，可将构成产品的产品平台及专用结构模型拼装为产品的结构装配模型。建立装配模型的方法有两种：第一种方法直接用零部件空间位置齐次变换矩阵，推导各零部件之间的相互位置关系；第二种方法是建立装配体中各零部件之间的配合、连接约束，零部件空间位置齐次变换矩阵，根据零部件之间的配合、连接关系自动推导，这种方法需要支持装配设计的 CAD 平台的支持。

① 空间位置齐次变换矩阵　设构成产品 P 的模块集合为 $\boldsymbol{M} = \{m_1, m_2, \cdots, m_k\}$。

在拼装时首先确定产品坐标系，即坐标树的根节点。模块 m_i 的局部坐标系在产品坐标系下的方位坐标向量为 $(x_i, y_i, z_i, \cos\theta_i^x, \cos\theta_i^y, \cos\theta_i^z)$，则模块 m_i 的装配转换矩阵为：

$$\boldsymbol{A}_i = \boldsymbol{A}_m \boldsymbol{A}_{rx} \boldsymbol{A}_{ry} \boldsymbol{A}_{rz} =$$

$$\begin{bmatrix} 1 & 0 & 0 & 0 \\ 0 & 1 & 0 & 0 \\ 0 & 0 & 1 & 0 \\ x_i & y_i & z_i & 1 \end{bmatrix} \begin{bmatrix} 1 & 0 & 0 & 0 \\ 0 & \cos\theta_i^x & \sin\theta_i^x & 0 \\ 0 & -\sin\theta_i^x & \cos\theta_i^x & 0 \\ 0 & 0 & 0 & 1 \end{bmatrix} \begin{bmatrix} \cos\theta_i^y & 0 & -\sin\theta_i^y & 0 \\ 0 & 1 & 0 & 0 \\ \sin\theta_i^y & 0 & \cos\theta_i^y & 0 \\ 0 & 0 & 0 & 1 \end{bmatrix} \begin{bmatrix} \cos\theta_i^z & \sin\theta_i^z & 0 & 0 \\ \sin\theta_i^z & \cos\theta_i^z & 0 & 0 \\ 0 & 0 & 1 & 0 \\ 0 & 0 & 0 & 1 \end{bmatrix}$$

$$(2\text{-}13)$$

② 模块之间装配约束　装配约束确定两个对象之间的相对位置和几何关系。模块之间的基本装配约束有接触约束、同心约束、角度约束和对齐约束，如图 2-17 所示。

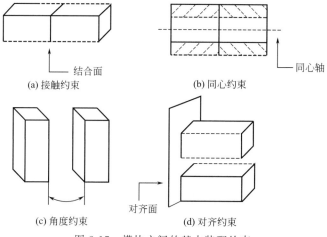

图 2-17　模块之间的基本装配约束

a. 接触约束。接触约束是最常见的装配约束，接触约束定义了两模块之间点、线、面的重合约束。接触约束可由设计者定义以实现产品的某一功能，也可以是两模块的位置关系自动形成的。

b. 同心约束。同心约束定义了两个具有对称性的实体中心线重合的约束，例如，轴承座和轴之间的同心要求就是同心约束。

c. 角度约束。角度约束定义一个模块上的直线或平面与另一模块上的直线或平面之间的角度关系。特殊地，可以定义直线之间、平面之间、直线与平面之间的平行关系或通过定义不同的角度使模块旋转、反向。

d. 对齐约束。对齐约束定义一个模块上的某一平面与另一模块上的某一平面共面的位置关系。

2.3　产品平台构建方法研究

在产品族中，产品平台是指为多个变型产品所共享的，由一个或几个核心模块构成的集合，构建产品平台就是对各个构成模块进行分析并确定构成产品族的核心模块的过程。

对于企业而言，他们总是希望在产品的变型过程中，使那些由于微小变化就会引起整个产品的成本、上市时间等大幅增加的模块尽量保持稳定，即把具有这样特征的模块在一定范围内确定为产品平台。

因此，本文借助前人学者采用的方法，从模块自身变型及模块之间的相互关联这两个角度对构成产品的各模块进行分析，并采用变型指数 VI（varity index）和关联指数 CI（couple index）这两个指标分别定量地表示模块的变型难易程度和模块之间的关联程度，最后综合考虑各模块的两个指数确定核心模块，进而构建产品平台，如图 2-18 所示是该方法的过程模型。

（1）VI 及 CI 的定义

前人通过分析指出，驱动产品变型的因素主要分为两类，即外部因素和内部因素。外部因素是指来自外界环境的驱使产品变型的因素，产品为满足外部需求的变化要进行变型，对模块化产品而言，这种需求体现为构成产品的模块的变型需求。外部因素可以分为三大类，

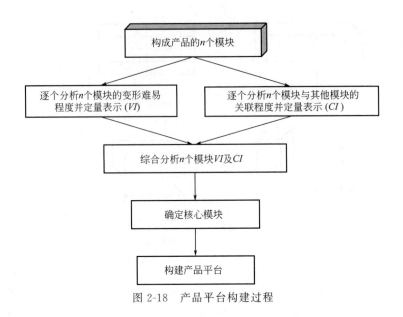

图 2-18　产品平台构建过程

具体说明如下所示：

① 用户需求因素：

- 性能参数需求变化，包括规格参数、尺寸参数等。
- 环境约束变化，如温度、湿度、抗震性等。
- 功能需求变化，如功能多少、功能的先进性。
- 提高可靠性。

② 节约成本需求因素：

- 减少制造产品的材料总数。
- 改变制造产品的材料类型。
- 减少冗余部件。
- 缩短装配时间。
- 使用低成本技术。
- 缩短调试时间。
- 改进部件的制造工艺。

③ 政策、法规、标准等因素：

- 政府的政策、法规变化或行业的标准变化等。
- 市场的激烈竞争。
- 零部件的改进需求。

当模块在外部因素的驱使下变型时，有可能引起与之关联模块多个方面的变化，如结构、功能、性能、模块之间的关联界面（接口）等，这种由于关联模块的变型而引起模块变型的因素称为内部因素。

变型指数 VI：它表征模块为了满足外部因素的变化要求，而需要进行变型的程度。

关联指数 CI：它表示在一个产品中，模块之间相互关联的强弱程度。

（2）VI 的计算方法及过程

为了能够量化地表示构成产品的模块在外界因素的驱使下的变型程度，采用质量功能配置 QFD（quality function deployment）的方法进行分析和计算，步骤如下：

① 确定所开发的产品平台面向的用户市场及其生命周期　产品的变型有两种方式：一种是随着时间的推移，产品不断地更新换代；另一种是在同一时期，面向不同的细分市场有不同的产品。在图 2-19 中用由时间维度和空间维度构成的二维空间来表示这两种产品变型形式。

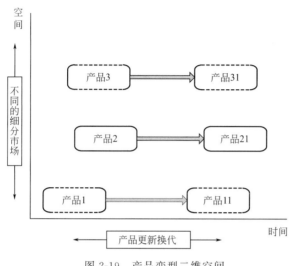

图 2-19　产品变型二维空间

开发产品平台首先需要在图 2-19 中分析并决策其应用的范围，即确定图 2-19 中的一个区域。以该区域为目标可以获取、分析、预测外部因素对产品的一系列需求变化信息，如用户需求、成本需求变化等，并定性地描述这些变化的趋势，如提高产品的可靠性或稳定性、降低产品成本、使产品结构更紧凑、增加产品功能等，有关这方面的技术和方法可参考相关文章。这些分析结果将直接作为 QFD 的输入。

② 生成 QFD 矩阵　上一步的市场及生命周期分析，其结果是获得一系列定性的产品需求变化描述。要将这些含糊、定性的需求变化作为产品设计的驱动源，必须把它们转换成技术人员可以操作的技术需求，并进行产品定义，这是产品设计过程中关键和困难的一步。

20 世纪 60 年代，日本质量专家水野滋和赤尾洋二在三菱的 Kobe 船坞提出了 QFD（质量功能配置）的概念。随着进一步的研究和发展，QFD 技术成为一种被广泛应用的进行需求转换的常用方法。

应用 QFD 方法计算 VI 需要构建下面两个矩阵，这里以用户需求变化为例，如图 2-20 所示：

a. 用户需求-技术参数转换矩阵。该矩阵将模糊的用户需求转换为技术人员可操作的技术参数，进而为后续的分析提供客观的定量计算依据。图 2-20（a）中标有"X"的节点表示与该用户需求有关的技术参数。

b. 技术参数-模块关联矩阵。

该矩阵把技术需求映射到组成产品的各模块，以表明对于某一技术参数，哪些模块会影响它，图 2-20（b）中标有"X"的节点表示对技术参数有影响的模块。

③ 量化技术参数-模块关联矩阵中的"X"节点　量化技术参数-模块关联矩阵中的"X"节点是计算 VI 的基础，其过程如下：

(a) 用户需求-技术参数转换矩阵

用户需求	参数1(单位)	参数2(单位)	参数3(单位)	参数4(单位)	参数5(单位)	参数6(单位)	参数7(单位)	参数8(单位)
需求1	X							
需求2		X						
需求3			X	X	X			
需求4						X		
需求5							X	
需求6								X

(b) 技术参数-模块关联矩阵

技术参数	模块1	模块2	模块3	模块4	模块5	模块6	模块7	模块8	模块9
参数1(单位)	X		X	X	X	X			
参数2(单位)		X			X		X		
参数3(单位)						X			
参数4(单位)				X		X			
参数5(单位)							X		
参数6(单位)		X			X				
参数7(单位)				X					
参数8(单位)	X				X				

图 2-20 QFD 矩阵

a. 用户竞争性评估。用户竞争性评估是指：在产品设计中，技术人员分析并获取现有产品与竞争产品在满足用户需求上的差异性数据，通过这些数据可以清楚地看出企业自身产品存在的差距，同时也可为确定新产品的开发重点提供一定的参考。通过用户竞争性评估，使设计者易于了解企业自身产品在满足用户需求方面存在的缺陷，同时预测产品用户需求发展趋势。

b. 技术竞争性评估。在产品设计中，从技术参数指标的角度上比较自身产品与竞争对手存在的差异，进一步确定现有产品存在的不足，确定需要提高的技术特性指标，明确设计目标。

c. 技术参数目标值的确定。技术参数目标值的确定是在以上确定的用户需求和技术需求基础上，通过用户需求的重要度排序，并根据相似产品的技术特性及与同类产品竞争对手分析、用户对现有产品的抱怨等分析、综合而确定的，技术参数的目标值的取值常在某一范围内。

④ 量化技术参数-模块关联矩阵中的"X"节点　在确定了技术参数目标值后，设计人员就要充分综合、利用工程技术专家的知识和经验，来评估矩阵中各模块为了满足与之相关的技术参数目标值而需要进行的结构、性能、功能等方面的变型，并评估这些变型的成本，即再设计成本（包括设计、制造及调试），最后求出变型成本占模块原始成本的比重，如式(2-14)所示：

对于某一模块，设：

$$P = \frac{C_{rd}}{C_{os}} = \frac{D_{rd} + M_{rd} + T_{rd}}{C_{os}} \times 100\%　\quad (2-14)$$

式中，C_{rd} 为模块再设计总成本；C_{os} 为模块的原始成本；D_{rd} 为模块重新设计中的设计成本；M_{rd} 为模块重新设计中的制造成本；T_{rd} 为模块重新设计中的调试成本。

根据上述计算结果，可以量化技术参数-模块关联矩阵中的节点，量化准则如表 2-1 所示。

根据表 2-1 中的量化准则，可以对技术参数-模块关联矩阵中的各"X"节点进行定量的分析、计算、表示，如图 2-21 所示。

表 2-1　量化体系来量化敏感度

值	条件	说明
9	$P>50\%$	模块为满足外部因素的变化要求,需要进行较大程度的变形
6	$30\%<P<50\%$	模块需要进行部分的变型
3	$15\%<P<30\%$	模块需要做一些简单的变型
1	$P<15\%$	模块需要做很少的简单变型
0	$P=0$	模块不需要变型

技术参数 \ 模块	模块1	模块2	模块3	模块4	模块5	模块6	模块7	模块8	模块9
参数1(单位)	1		3	6	6	9			
参数2(单位)		3				6		3	
参数3(单位)							9		
参数4(单位)				1		6			
参数5(单位)							6		
参数6(单位)		6			3				
参数7(单位)				1					
参数8(单位)	3				3				
VI	4	9	3	8	15	21	15	3	0

图 2-21　技术参数-模块关联矩阵的量化表示

⑤ 计算 VI　最后对技术参数-模块关联矩阵中各列的值求和，得到的结果就是各模块的 VI，如图 2-21 所示。VI 的值越大说明某一模块在满足外界需求变化时，其需要的变型越大。

(3) *CI* 的计算方法及过程

CI 的计算过程如下：

① 创建模块关联矩阵　应用文献［78，79］中对活动/任务关联形式的分析，模块化产品中任意两个模块的关联关系可以分为串行、并行、耦合三种方式，如图 2-22 所示，以一个产品中的两个模块 A、B 为例。

a. 串行：表示两个模块之间有关联，并且关联是单方向的；对于某一模块而言，或者是

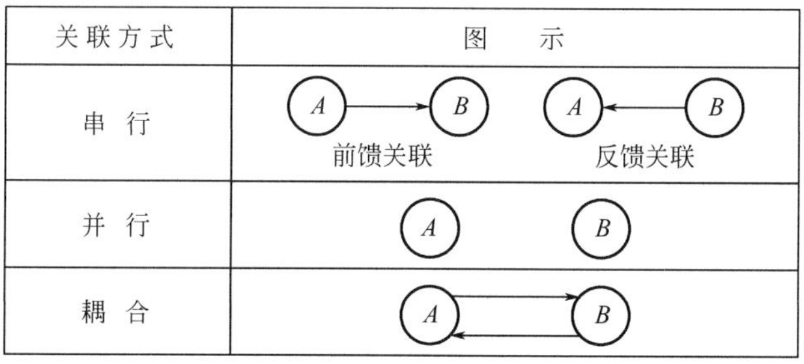

图 2-22　模块关联形式

前馈关联，或者是反馈关联。

b. 并行：表示两个模块之间没有关联关系，其中任一模块变型不会影响另外一个。

c. 耦合：表示两个模块之间有关联，并且关联是双方向的，即无论 A 模块还是 B 模块，它们的变型都会相互影响。

对于一个模块而言，如图 2-23 中所示的 A 模块，它和其他模块的关联可以看作是信息的交流，这种交流分为输入和输出两种，把对于某模块的信息输出称为 CS（coupling supplying），信息输入称为 CR（couping receiving）。CR 表示与 A 模块关联的模块变型时，对 A 模块的影响；而 CS 则表示 A 模块变型时，对与之关联模块的影响。

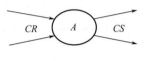

图 2-23　CR 和 CS

这样，构成产品的各模块之间的关联关系可以构造关联矩阵来表示，如图 2-24 所示，以前面例子中的四个模块为例，图（a）所示是四个模块之间的关联关系，图（b）所示是用关联矩阵表示的图（a）中模块的关系，图（b）中"X"表示两个模块之间有关联，并且矩阵中的每行表示某一模块的 CR 关系，每列表示某一模块的 CS 关系。

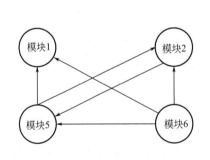

	模块1	模块2	模块5	模块6
模块1	—		X	X
模块2		—	X	X
模块5		X	—	X
模块6				—

(a) 模块关联关系　　　　　(b) 模块关联矩阵

图 2-24　模块关联矩阵的构造

② 模块关联的量化　对于构成产品的各模块而言，它们之间的关联是多方面的，如性能、功能、结构、装配等，并且这些不同的关联形式其关联强度也并不等同，而图 2-24 中的关联矩阵并没有体现这种关联的强弱程度，不能为后序的针对模块的相应处理提供更直观和可靠的依据。因此，产品设计人员要在图 2-24 的基础上深入分析某一模块具体在哪些方面与其他模块有关联，并把这些关联项添加到图 2-24 中的关联矩阵中，如图 2-25 所示，其中 f 表示功能，p 表示性能，x、y、z 分别表示模块的结构参数。

然后，设计人员需要估测各模块的关联敏感性，如果某一关联项发生较小的变化就会引起某一模块的较大变型，则该模块对这一关联项的敏感性较高；反之，如果某一关联项发生了很大的变化才会使某一模块发生变型，则该模块对这一关联项的敏感性较低，可以采用表 2-2 中的量化体系来量化敏感度，并把各关联项的量化值加入关联矩阵中，如图 2-25 所示。

	模块1	模块2	模块5	模块6	CI-R
模块1	—		z 3 f 1	p 3 f 9	16
模块2		—	p 9	y 6	15
模块5		p 1 f 3	—	f 9	13
模块6			p 3 x 6	—	9
CI-S	0	4	22	27	

图 2-25　模块关联矩阵的量化

表 2-2　量化体系

值	说明
9	高的关联敏感性(关联项很小的变化就能引起模块变型)
6	中等偏上的关联敏感性
3	中等偏下的关联敏感性
1	低的关联敏感性
0	无关联

③ 计算 CI　如前所述，一个模块与其他的模块的关联可以分为 CR 和 CS，因此一个模块的 CI 也分为 $CI\text{-}S$ 和 $CI\text{-}R$，分别表征该模块变型时对其他模块的影响程度和其他模块变型对该模块的影响程度。$CI\text{-}S$ 是关联矩阵中对某一模块对应的列的各关联项敏感度值求和的结果，$CI\text{-}R$ 是关联矩阵中某一模块对应的行的各关联项敏感度值求和的结果。四个模块的 $CI\text{-}S$ 和 $CI\text{-}R$ 分别如图 2-25 所示。

(4) 基于 VI 和 CI 的产品平台确定

根据上述的分析过程获得的各模块的 VI 和 CI 值，可以进行核心模块的判断和选择，从而确定产品平台。

从前面的分析可知，某一模块的 VI 和 $CI\text{-}R$ 分别表示模块受外部因素和内部因素的影响而产生的变型程度，而 $CI\text{-}S$ 则表示该模块的变型在与之关联的模块中的传播，即对其他模块的影响程度。设计人员可以通过图表的方式对各模块进行分析，并按照适当的标准对各模块的 VI、$CI\text{-}R$ 和 $CI\text{-}S$ 进行分级，最终根据下面两条准则确定在一定的需求范围内哪些模块应该被确定为核心模块。

① 设计成本高而且 VI、$CI\text{-}R$ 也高的模块　VI、$CI\text{-}R$ 高说明该模块的变型程度大，而设计成本高又决定了其不易经常变型，因此，需要对这样的模块在一定范围内进行标准化、通用化设计，使模块的 VI、$CI\text{-}R$ 值变为 0 或尽量小，使其能够保证满足一定范围内的内、外部需求变化，即模块的稳定性。

② $CI\text{-}S$ 高的模块　某一模块的 $CI\text{-}S$ 高，表明该模块对与其相关联模块有潜在的较大程度的变型影响，因此，其不宜经常变型，即需要对该模块在一定范围内进行标准化、通用化设计，使模块的 $CI\text{-}S$ 值变为 0 或尽量小。

本章主要对以下内容进行了研究：

① 提出了基于产品平台的广义模块化设计，并对其中的概念进行定义。

② 给出基于产品平台的广义模块化设计的过程模型。提出了矩阵化的产品系列、模块系列的规划方法，以及模块划分的一般原则和方法。

③ 在已规划的模块结构矩阵基础上，归纳了不同类型产品平台，对各类型产品平台的规划原理和过程进行了研究。

④ 给出了基于产品平台的广义模块化设计过程，并对其中各步的基本原理和方法进行了研究。

⑤ 提出了定量化表示模块变型指数 VI 和关联指数 CI 的方法和过程，并研究了通过这两个参数的综合分析构建产品平台的方法。

第**3**章
模具模块化设计技术

模具是工业生产中极其重要而又不可或缺的特殊基础工艺装备，其生产过程集精密制造、计算机技术、智能控制和绿色制造为一体。由于使用模具批量生产制件具有高生产效率、高一致性、低耗能耗材的特点，以及较高的精度和复杂程度，因此已越来越被国民经济各工业生产部门所重视，被广泛应用于机械、电子、汽车、通信、航空、航天、轻工、军工、交通、建材、医疗、生物、能源等制造领域。模具工业是重要的基础工业。在电子、汽车、电器、仪表、家电和通信等行业中，60%～80%的零部件都要依靠模具成型。用模具生产制件所具备的高精度、高复杂程度、高一致性、高生产率和低消耗性，是其他加工制造方法所不能比拟的。模具又是"效益放大器"，用模具生产的最终产品的价值，往往是模具自身价值的几十倍甚至上百倍。目前全世界模具年产值约为 600 亿美元，日本、美国等工业发达国家的模具工业产值已超过机床工业。近几年，我国模具工业一直以每年 15% 左右的增长速度发展，我国现阶段模具技术主要有冲模、塑料模、压铸模、模具 CAD/CAE/CAM、模具标准件、模具材料与热处理等技术。

（1）冲模

以大型覆盖件冲模为代表，我国已能生产部分轿车覆盖件模具。轿车覆盖件模具设计和制造难度大，质量和精度要求高，代表覆盖件模具的水平。我国在设计制造方法、手段上已基本达到了国际水平，模具结构功能方面也接近国际水平，在轿车模具国产化进程中前进了一大步；但在制造质量、精度、制造周期和成本方面，与国外相比还存在一定的差距。标志冲模技术先进水平的多工位级进模和多功能模具，是我国重点发展的精密模具品种，在制造精度、使用寿命、模具结构和功能上，与国外多工位级进模和多功能模具相比，仍存在一定差距。

（2）塑料模

近年来，我国塑料模有很大的进步：在大型塑料模方面，早已能生产 34in 大屏幕彩电塑壳模具、大容量洗衣机全套塑料模具及汽车保险杠和整体仪表板等塑料模具；在精密塑料模具方面，早已能生产多型腔小模数齿轮模具和 600 腔塑封模具，能生产厚度仅为 0.08mm 的 1 模 2 腔的航空杯模具和难度高的塑料门窗挤出模等；内热式或外热式热流道装置得以采用，有些公司采用了具有世界先进水平的高难度针阀式热流道模具，完全消除了制件的浇口痕迹；气体辅助注射技术已成功得到应用；在精度方面，塑料模型腔制造精度可达 0.02～

0.05mm，分型面接触间隙为 0.02mm，模板的弹性变形为 0.05mm，型面的表面粗糙度值 Ra 为 $0.2\sim0.25\mu m$，塑料模寿命已达 100 万次。

（3）压铸模

汽车和摩托车工业的快速发展，推动了压铸模技术的发展。汽车发动机缸罩、盖板、变速器壳体和摩托车发动机缸体、齿轮箱壳体、制动器、轮毂等铝合金铸件模具以及自动扶梯级压铸模等，我国均已能生产，技术水平有所提高，使汽车、摩托车上配套的铝合金压铸模大部分实现了国产化。在模具设计时，注意解决热平衡问题，合理确定浇注系统和冷却系统，并根据制造要求，采用了液压抽芯和二次增压等结构，总体水平有了较大提高。压铸模制造精度可达 $0.02\sim0.05mm$，型腔表面粗糙度值为 Ra 为 $0.2\sim0.4\mu m$，模具制造周期：中小型模具为 3~4 个月，中等复杂模具为 4~8 个月，大型模具为 8~12 个月。模具寿命：铝合金铸件模具一般为 4 万~8 万次，个别可超过 10 万次，国外可达 8 万~15 万次以上。

（4）模具 CAD/CAE/CAM

模具 CAD/CAE/CAM 技术是改造传统模具生产方式的关键技术，能显著缩短模具设计与制造周期，降低生产成本，提高产品质量。它使技术人员能借助于计算机对产品、模具结构、成形（型）工艺、数控加工及成本等进行设计和优化。以生产家用电器的企业为代表，陆续引进了相当数量的 CAD/CAM 系统，实现了 CAD/CAM 的集成，并采用 CAM 技术对成形（型）过程进行计算机模拟等，数控加工的使用率也越来越高，取得了一定的经济效益，促进和推动了我国模具 CAD/CAE/CAM 技术的发展。

（5）模具标准件

模具标准件对缩短模具制造周期、提高质量、降低成本能起很大作用。因此，模具标准件越来越广泛地得到采用。模具标准件主要有冷冲模架、塑料模架、推杆和弹簧等。新型弹性元件如氮气弹簧亦已在推广应用中。

（6）模具材料与热处理

模具材料的质量、性能、品种和供货是否及时，对模具的质量和使用寿命以及经济效益有着直接的重大影响。近年来，国内一些模具钢生产企业已相继建成和引进了一些先进工艺设备，使国内模具钢品种规格不合理状况有所改善，模具钢质量有较大程度的提高。但国产模具钢钢种不全，不成系列，多品种、精料化、制品化等方面尚待提高。另外，还需要研究适应玻璃、陶瓷、耐火砖和地砖等成型模具用材料系列。

模具热处理是关系能否充分保证模具钢性能的关键环节。国内大部分企业在模具淬火时仍采用盐熔炉或电炉加热，由于模具热处理工艺执行不严，处理质量不高，而且不稳定，因此直接影响模具使用寿命和质量。近年来，真空热处理炉开始广泛应用于模具制造。

3.1 模具成型概述

3.1.1 注塑模具

大型注塑模具常根据模具的重量、注塑机的锁模力和注塑量或制件的最大投影面积等来划分。通常把大型注塑机所使用的模具称为大型注塑模具，如表 3-1 所示。

表 3-1　国产注塑机级别的划分

序号	级别	额定容量/cm³	锁模力/kN
1	微型注塑机	<10	<300
2	小型注塑机	15/30/60/80/125/250	≤1500
3	中型注塑机	350/500/1000/2000/3000	≤6500
4	大型注塑机	4000/6000/8000/16000/24000	≥7500
5	特大型注塑机	32000/48000/64000/80000/95000	≥30000

或把模具质量超过 2000kg、制件最大投影面积大于 $0.1m^2$ 的模具称为大型注塑模具，如表 3-2 所示。

表 3-2　按质量划分模具类型

模具类型	微型	小型	中型	大型	特大型
公称质量/kg	<5	5~100	100~2000	2000~30000	>30000

注塑成型是塑料加工中重要的成型方法之一，在家用电器、汽车、通信工程、医疗卫生、日用品等领域都有广泛的应用。近年来随着模具技术的发展和各种新型注塑工艺的不断涌现，注塑成型技术已越来越受到人们的重视。由于注射成型过程的复杂性，其生产的制品极易产生各种缺陷，如产品表面产生熔接痕、流痕、飞边、泛白、银丝纹、烧焦、龟裂、表面浮纤等，严重影响制品的表面质量和力学性能。为提高成型产品质量，目前主要通过打磨产品表面并在表面喷涂一层与产品颜色相近的有机物来掩盖熔接痕迹以及其他如银丝纹、流痕等成型缺陷。喷涂是对塑料产品的二次加工，不仅浪费生产原料、能源、工时，大大提高塑料制品的生产成本，而且还会造成严重的环境污染，危害操作人员的身体健康。随着我国国民经济和科学技术的发展，人们对塑料制品的外观、性能、成本以及环保等方面提出了更高的要求，注塑成型技术也理应顺应时代潮流，实现成型过程的绿色化生产，提高市场竞争力。但由于传统注塑工艺的局限性，其生产的产品难以满足人们的生活、生产需求。因此，如何改进注塑生产工艺、减少注塑产品的成型缺陷、全面提高成型制品质量，是注射成型加工及模具设计与制造领域的重要研究方向之一。近年来为满足人们对注塑产品的要求，快速热循环注塑成型（rapid heat cycle molding，RHCM）技术应运而生。该技术是一种表面无缺陷、高光泽度的塑料成型技术。利用该技术，可获得表面无熔接痕、流痕、表面浮纤等缺陷的外观优越的塑料制品，既可取消喷涂工艺，显著减少或完全消除因喷涂造成的污染，又可节省或省去昂贵的二次加工费用，降低生产成本，实现塑料产品的绿色化生产。因此，该技术市场竞争力强，应用前景十分广阔。

（1）注射成型技术发展现状

注射成型工艺是将熔融的塑料熔体高压高速地注入闭合的模具型腔内，经过冷却定型后，得到和模具型腔形状一致的塑料制品的成型方法。在每个注塑周期中，塑料都要经过固态—液态—固态三个阶段的转换，即首先塑料以初始的颗粒状态在料筒中经塑化后转变为熔融状态，然后高温熔体经注塑模浇注系统充入模腔后冷却定型。成型过程中，塑料要经历熔融、熔体流动和固化等非等温、非平衡过程，并伴随有相变、分子取向、纤维取向及结晶等复杂的物理和化学变化，因此，注塑成型是一个复杂的流体流动与成型过程，塑料本身变形特点、成型的边界条件以及其他不确定因素使其在成型过程中的变形历史和相态变化复杂多变。在不同的受热和受力条件下，所成型的注塑制品的表面形貌、形态结构和力学性能等都会有很大差别。但由于注塑成型具有生产周期短、生产效率高、能成型形状复杂的零件且易于实现自动化生产等优点，无论在工业生产还是日常生活中都得到了广泛应用。伴随着 3C (computer，communication & consumer electronic) 产业的不断进步，人们对产品的功能、外观、成本等要求逐步提高。在兼具产品的精度、强度、成本、生产效率和绿色环保等多种指标的同时，除了要求工程塑料在材料改性技术上的突破外，在成型技术上也必须不断创新。近年为满足人们对产品的不同需求，许多新的注塑成型技术不断涌现。

① 超高速注射成型 注射成型中，注射压力和速度与塑料熔体的流动长度成正比关系，塑件厚度越小，熔体在模腔内的流动越困难。因此，对薄壁塑件成型，为使熔体充模完全，必须采用能产生高压、高速熔体的注塑设备。高速注射成型利用高分子材料在高剪切力下黏度下降的特性，以超高速度将塑料注入模腔内，能避免熔体在未充填完毕的情况下产生固化而造成短射现象。超高速注射成型还具有降低塑件内部的残余应力、使产品的尺寸更加稳定及缩短生产周期等优点。

② 流体辅助注射成型 流体辅助注射方法包括水辅助注射成型与气体辅助注射成型两种工艺。其主要过程是在塑料熔体充满型腔后，将辅助流体以一定的压力通过浇口和流道注入模具型腔的熔体内，使产生的塑件内部形成中空，既节省塑料原材料，又能避免制品表面缩痕和制品因收缩不均而产生的翘曲变形现象。此外水辅助成型还能从内部直接冷却熔体，可大幅减少制品的冷却时间。

③ Mucell 微发泡注射成型 Mucell 微发泡注射成型是将氮气或二氧化碳以超临界流体状态注入注塑机内与高温熔体充分混合形成单相熔体，然后将该单相熔体注入温度和压力较低的模具型腔内。温度和压力的突降会引发分子的不稳定性，从而在制品中形成大量的气泡核并逐渐长大生成微小孔洞。该技术突破了传统注塑的诸多局限，在保证制品性能不降低的基础上，可明显减轻塑件重量和成型周期，大大降低设备的锁模力，并具有内应力和翘曲变形小、平直度高、尺寸稳定等优势。Mucell 微发泡注射成型技术在生产高精密以及材料较贵的制品方面具有独特优势，成为近年来注塑技术发展的一个重要方向。

④ 高模温注射成型 模具温度对注塑成型产品的质量起重要作用，高模温注射成型工艺能显著提高熔体的流动性，对于产品熔接痕的消除、浮纤现象的减少以及残余应力的降低具有明显的作用，且有利于薄壁和具有微小特征的塑件成型。它在兼顾生产效率的同时，能使模具型腔成型面快速升温、快速降温，缩短成型周期，提高产品成品率，是注塑行业拭目以待的新技术之一。

(2) 注塑 CAD/CAM/CAE 技术及其研究现状

塑料产品从设计到成型是一个十分复杂的过程，包括塑料制品设计、模具结构设计、模具加工制造和模塑生产等几个主要方面，需要产品设计师、模具设计师、模具加工工艺师及操作工人协调努力完成，是一个设计、修改、再设计的反复迭代和不断优化的过程。传统的设计和控制方法主要是依赖于工程人员的经验和技巧，具有一定的盲目性，易导致产品的设计与制造周期长、生产成本高等问题，难以满足现代注塑技术发展和市场竞争的需要。随着人们对计算机图形学、计算力学、流体力学、聚合物加工流变学以及传热学等学科的逐步深入研究，注塑模具计算机辅助设计 CAD、注塑模具算机辅助制造 CAM 和注塑工艺计算机辅助工程 CAE 技术逐步发展开来，为改善传统的设计及控制方法提供了新的途径。

注塑模 CAD 技术主要是利用计算机及其外围设备，帮助人们进行注塑环节的相关设计，主要体现在塑料产品设计、模具结构设计两个方面。基于特征的三维造型软件，为产品设计提供了方便的平台，其强大的编辑修改功能和曲面造型功能以及逼真的显示效果使设计者可以运用自如地表现自己的设计意图，真正做到所想即所得。注塑模具结构复杂，模具工作过程中要求各部件运动自如，互不干涉。运用注塑模 CAD 技术，不仅能方便产品及其模具结构的设计，还可对模具的开模、合模以及塑件顶出的全过程进行检查，避免模具结构设计的不合理性，并及时更正修改，可显著缩短修模时间。

现阶段注塑模具辅助设计工具主要包括 UG NX 中的 MoldWizard、Pro/E 中的 Pro/Mould 模块等，这些软件与模块大都具有模具通用设计的功能，对企业的设计者并非十分适用，如设计方法过于机械、人为改动易造成错误且不能直接由系统借鉴或推荐已有案例等。为此许多科研院所和企业根据实际需要，通过对通用注塑软件进行二次开发，研究开发了实用的模具设计系统。其中华中科技大学李德群教授、原郑州大学国家橡塑模具中心申长雨教授等分别建立了各自的模具系统。随着计算机科学技术和人工智能技术的迅速发展，把基于知识的人工智能设计技术运用于注塑模 CAD 系统，实现模具的智能化设计是注塑模发展的一个趋势。

注塑成型模具的加工工艺及其加工质量的优劣直接影响注塑产品的质量和生产效率。随着科技的进步，模具加工制造技术也逐步由原来的传统机床加工方式到数控机床再到加工中心等，模具的加工效率和精度都得到了显著提高。近年来高速加工技术随着数控加工设备与高性能加工刀具的发展也日益成熟，提高了模具加工速度，减少了加工工序，缩短甚至消除了耗时的钳工修复工作，从而极大地缩短了模具的生产周期。高速加工技术作为现代先进制造技术中最重要的技术之一，代表了模具切削加工的发展方向，并逐渐成为切削加工的主流技术，已越来越受到人们的重视。有的学者建立了淬硬模具钢在高速铣削条件下的表面粗糙度数学模型，利用试验设计方法优化获得了最佳的加工参数，满足了注塑模具加工高精度、低成本的要求；有的学者提出了在五轴加工中心上计算刀具路径的方法，优化获得了不同条件下的最佳刀具加工路径；有的研究者在对高速加工特征进行分析的基础上，研究了淬硬模具钢高速加工的优化策略，建立了以加工成本和加工时间为目标的优化设计模型，获得了模具高速加工的工艺参数及其策略；有的学者提出了一种在五轴加工中心上实现模具型腔表面精密抛光的方法，实现了用数控设备代替人工抛光过程，获得了高精度的模具型腔表面。目前，虽然国内的许多企业都采用了先进的加工设备，但总的来看装备水平仍比国外企业落后，特别是设备数控化率和 CAD/CAM 应用覆盖率比国外企业低得较多，具有自主知识产权的高精度设备以及有效的加工工艺更是少之又少。

注塑模 CAE 技术是根据塑料加工流变学、传热学、计算力学及计算机图形学等基本理论，建立塑料成型过程的数学和物理模型，实现成型过程的动态仿真分析，并形象地模拟实际成型过程中熔体的充模、保压及冷却过程，同时预测设计中的潜在缺陷。注射成型数值模拟具有耗费少、时间短、省人力等优点，运用数值模拟技术可以评估产品的成型加工性、优化模具结构与成型工艺参数等。注塑 CAE 技术改变了传统的设计方法，缩短了模具设计制造周期，降低了生产成本，提高了产品的质量。从 20 世纪 70 年代开始，塑料注射 CAE 成型技术就成为塑料注射成型领域的热门研究课题。近四十年来，随着塑料流变学、计算机技术、计算数学、图形学等技术的不断完善和发展，一些模拟高聚物成型的商业软件逐步发展和成熟起来。目前，国际上较为成熟的注塑商业软件主要有澳大利亚 Moldflow 公司、中国台湾科盛科技公司的 Moldex 3D、意大利 P&C 公司的 TMCONCEPT 和美国 SDRC 公司的

I. DEAS 等。国内高校和科研机构自主研发的系统则以华中科技大学模具技术国家重点实验室开发的 HSCAE、郑州大学国家橡胶模具工程中心的 Z. Mold 为代表，特别是华中科技大学的 HSCAE 具有良好的通用性，已经达到了商品化应用的程度。

现代模具工业正逐步成为国民经济的主要行业。各模具企业都广泛采用新技术，以提高市场的竞争力。为了适应模具工业的发展趋势，塑料模具设计与制造必须采用技术 CAD/CAE，而三者之间的有效集成是关键因素之一。因此，注塑模技术的集成化和一体化是当前国内外注塑成型技术研究的重要课题。

（3）注塑模优化设计技术

注塑成型制品的质量主要取决于材料性能、制品结构、模具设计和加工以及成型工艺。传统的提高制品质量的方法主要是用尝试法通过不断试模来调整工艺参数和改进模具设计，从而效率低下。随着计算机模拟技术的进步和智能算法及数据统计等优化设计理论的发展，将注塑成型模拟技术、模具设计方法和优化设计理论有机结合，实现成型过程和模具结构的优化是当前研究的热点问题之一。

人工智能（artifical intelligence，AI）技术是模拟人类智能及其规律的技术，其主要任务是建立智能信息处理理论，使计算机系统拥有近似于人的智能行为，能在不确定的、不精确的环境下进行逻辑推理以及联想学习，能够解决复杂系统中带有不确定因素的建模和优化问题。人工智能自 20 世纪 50 年代提出以来，经过六十多年的发展，已经涌现出许多理论与算法，主要包括模糊理论、遗传算法、人工神经网络等。模糊理论提供了一种能够从含糊、不明确或不精确的信息中得出明确结论的方法。模糊理论将自然语言表达的知识转换成数学形式，即模糊理论将语言转换成数学函数，其优点是能充分地将所获得的数据信息、模型信息、语言信息等各种信息融为一体，在统一的数学框架下进行研究，强调实用性与理论性相结合。人工神经网络（artifical neural network）技术是在人类对大脑神经网络认识理解的基础上，经人工构造的能实现其某种功能的、理论化的数学模型，是基于模仿大脑神经网络结构和功能而建立的一种信息处理系统，具有很强的自学习和大规模并行分布处理能力，可以实现并行联想和自适应推理。遗传算法（genetic algoruthm）是一类借鉴生物界自然选择和自然遗传机制的自适应全局优化概率搜索算法。利用群体搜索技术，通过对当前群体施加选择、交叉、变异等一系列操作，产生出新的一代群体，并逐步使群体进化到包含或接近最优解的状态，适用于处理传统搜索方法难于解决的复杂和非线性问题，广泛用于函数优化、组合优化、生产调度问题、机器人学、工业优化控制等领域。

试验设计方法（design of experiment，DOE）是将以概率论和数理统计学为基础的数据统计技术和数值模拟技术有机集成，实现注塑成型工艺过程及注塑模设计优化的另一重要研究方法。它是数据统计与处理的方法之一，通过合理高效地安排试验，获得正确的试验数据，然后对试验数据进行综合分析，可以揭示实验参数对实验指标的影响规律，确定影响指标的主次因素，进而可以获取最优的设计方案。有学者采用正交试验设计法将注射压力、熔体温度、注射流率和保压压力等工艺参数作为影响因素，研究了工艺参数对具有熔接痕的和无熔接痕的试样的力学性能的影响程度，预测了最优的拉伸强度和工艺条件，理论与实验结果一致性良好。还有学者采用 Taguchi 方法分别设计了 3 水平 L27 和 L9 实验矩阵，用 Moldflow 模拟分析了注塑工艺参数对薄壁塑件翘曲变形和收缩行为的影响，利用信噪比和方差分析获得了各工艺参数对翘曲变形和收缩行为的影响程度，并确定了使成型后塑件翘曲变形和收缩率最小的最优因素水平。另外学者用 DOE 方法设计了 L18 正交表，采用实验和数值模拟两种方法研究了工艺参数对塑件变形的影响程度，建立了工艺参数与翘曲变形的回归模型，预测了不同工艺条件下的塑件翘曲变形。研究发现，熔体温度和保压压力是影响塑件变形的最重要因素。

综上可知，人工智能算法和数据统计等优化设计理论在注塑领域的广泛应用，既保障了注塑模的设计效率和质量，又提高了产品的质量，显著降低了注塑生产成本。

（4）注塑产品主要缺陷及解决策略

注塑成型过程中，高聚物要经过受热软化、熔融、注射、保压、冷却成型等多个阶段的物理变化过程，高聚物内部会产生大分子定向、结晶以及残余应力等。由于注塑材料、模具结构或成型工艺的选择不当，成型的制品极易产生各种缺陷，如产生熔接痕、缩痕、翘曲变形、表面光泽度差、玻纤配向差等，严重影响制品质量，并由此造成材料与能源等的浪费。

① 熔接痕　熔接痕作为注射制品常见的外观缺陷之一，不仅影响制品的外观质量，而且影响制品的力学性能。熔接痕是在注塑成型过程中，两股或多股熔体交汇时在制品表面产生的痕迹，通常有两种形式：一是当制品中存在嵌件、孔洞或制品厚度尺寸变化较大时，塑料熔体在模具内会发生两个或两个以上方向的流动，当两股或多股熔体交汇时形成熔接痕迹；另外一种是当模具中采用多浇口时，会导致多股熔体以相向运动汇合而形成熔接痕迹。近年来随着大型复杂制件的逐渐增多以及人们对制品的外观和内在性能要求的提高，对注塑制品熔接痕的分析和研究得到了普遍关注，如何提高制品熔接痕区域的性能或从根源上消除熔接痕成为研究的重点。有学者利用扫描电镜和力学性能测试实验研究了 PS/PMMA 合金熔接痕的形貌和其力学性能，实验结果表明，熔接痕的存在使 PS/PMMA 的抗拉强度明显降低。对无熔痕试样，以 70/30 质量配比的 PS/PMMA 的抗拉强度远大于 30/70 配比的 PS/PMMA，而对有熔痕试样则呈现相反的性质。相关文章还利用扫描电镜结果研究获得了不同质量配比的 PS/PMMA 熔接痕处的 PS 相和 PMMA 相的分散情况，有效地解释了引起熔接痕试样强度变化的原因。熔接痕的研究正日益受到人们的重视，上述研究成果虽然阐述了注塑件中熔接痕形成的原因，预测了熔接痕的形成位置并研究了熔接痕的外观及其力学性能，但是都没有提出从根本上避免塑件表面产生熔接痕的方法，塑件表面的熔接痕的问题仍然存在。因此，需要对熔接痕形成的机理与过程进一步研究，探索能够消除塑件表面熔接痕的注塑新方法或新工艺，从而从根本上提高注塑产品的外观质量和力学性能。

② 翘曲变形与表面缩痕　翘曲变形与表面缩痕是影响注塑制品质量的重要因素，主要是由注射过程中塑件收缩不均引起的，表现为塑件厚度方向的收缩率不同，或熔体流动方向的收缩率和垂直方向的收缩率不同。引起翘曲变形和表面缩痕的因素有很多，产品结构、模具设计、成型工艺参数、聚合物原料等都会对最后的产品质量产生重要影响，其中对成型工艺参数的研究得到了人们的重视。学者利用软件 Moldflow 研究了注塑工艺参数对塑件翘曲变形的影响，首先利用方差分析法获得了影响塑件翘曲变形的主要因素，然后利用神经网络和遗传算法优化获得了使塑件翘曲变形最小的工艺参数。还有学者利用 DOE 方法和基于 Kriging 的替代模型建立了工艺参数和注塑成型后塑件翘曲变形的关系表达式，利用该关系式所获得的工艺参数能显著减小塑件的翘曲变形，从而代替了优化过程中大量的有限元分析和迭代运算。

③ 表面光泽度差　塑件表面光泽度差是指产品表面整体光泽度较低或是成型产品表面光泽度存在差异，两种情况均难以满足产品的外观需要。造成产品表面光泽度差的原因主要有两方面：一是模具成型面抛光技术不高，模具表面抛光质量较差，从而造成成型塑件的表

面质量差；二是由于注塑工艺参数的影响使模腔内局部熔体过早冷却，使其不能很好地复制模具成型面质量。常用的提高塑件表面光泽度的方法有以下几种：一种是尽量提高模具成型面的抛光质量及其均匀性，从根源上保证成型塑件的表面质量；另一种是优化注塑工艺参数，从而改善熔体在模具内的流动和冷却状态，提高塑件的表面质量。学者利用正交试验设计方法研究了影响产品表面质量的工艺参数，通过经验和理论分析，发现熔体温度和模具温度是影响表面质量的最重要因素，其次是注射压力和保压压力。还有一种方法则是通过在成型塑件表面进行打磨、喷涂、罩光等操作提高塑件的表面质量。第一种方法虽然能从根本上提高塑件表面的光泽度，但对模具材料、抛光工艺要求较高，实际生产中实施难度较大。第二种方法对注塑工艺参数特别是模具温度和熔体温度的控制要求较高，较高的模具温度控制存在一定难度。最后一种方法实施难度较小，在实际生产中得到了广泛的应用，但喷涂和罩光是对塑件的二次加工，既浪费生产原料和能源，提高了塑料制品的生产成本，又造成了严重的环境污染，同时危害操作人员的身体健康。

④ 纤维取向不均　应用注射工艺成型短纤维复合材料制品时，模具型腔内部会产生复杂的流动模式，并引发纤维沿某一个方向取向，纤维取向对由短纤维热塑性材料构成的注射成型制品的力学性能影响很大。学者研究了纤维长度和纤维取向分布对短纤维增强塑件抗拉强度的影响，研究发现复合材料的抗拉强度随着纤维取向系数的增大和平均纤维取向角度的减小而逐渐增大，当纤维取向系数相同时，平均纤维取向角度越大，抗拉强度越大。有学者研究了不同纤维取向对短纤维增强聚合物韧性的影响，发现当纤维取向与试样断裂面垂直时试样的韧性最好；当纤维取向完全在试样断裂面内时试样的韧性最差；当纤维取向与试样断裂面的法线方向呈某一角度随机排列时，试样的韧性处于以上两种状况的中间状态。还有学者研究了带有加强筋结构塑件的纤维取向分布及其结构，通过对短纤维增强和两种材料在不同区域纤维取向分布的研究发现，模具结构是影响纤维取向的主要因素，而基体材料本身性质的影响较小，通过研究还发现塑件的加强筋的刚度与纤维的取向密切相关，良好的纤维取向分布使加强筋的翘曲变形明显减小。此外由于纤维增强塑料成型温度较高，当高温熔体遇到低温的模具型腔壁面时，内部纤维来不及取向使其内部纤维排列不良，由于该处冷速较快，熔体表面会产生一冷凝层，容易使表层纤维快速固化到该冷凝层中，从而造成产品的表面浮纤现象，严重影响产品的外观质量。因此研究纤维增强塑件的成型工艺条件，对提高成型件的表面质量和力学性能具有重要作用。

(5) 大型注塑模具的设计趋势

一般来说，大型注塑模具的设计流程和中小型注塑模具基本相同，但相对来说大型注塑模具的设备要求及制造成本更高，开发和制造周期更长，而且模具结构复杂、自动化程度要求也较高；此外在成型过程中还容易出现熔体充模困难、成型收缩不均匀、翘曲变形过大等问题，以致制品表面缩痕及熔接痕等缺陷严重，尺寸精度不高。因此，大型注射模具的设计需要注意的问题更多，设计理念也具有其特殊性，必须紧紧抓住大型模具的特点进行设计。大型注塑模具有以下设计特点：

① 从选材上来讲，必须考虑模具材料是否经济合理　大型模具的价格较贵，在满足生产要求情况下应尽量采用价廉的材料，以降低模具成本。

② 从计算准则上来讲，大型注塑模具必须满足刚度和强度要求　通常情况下中小型注塑模具的型腔受力结构件只需要进行强度校核。但大型注塑模具成型面积较大，熔体充模的瞬时压力很高，有可能使模具型腔侧壁或动模垫板产生弹性变形等问题，因此，大型注塑模

具设计不仅要满足强度要求，还必须满足刚度要求。

③ 从结构上来讲，必须考虑模具设计是否合理、加工是否方便 中小型模具的型腔和型芯常设计成整体式，但大型模具体积庞大、结构复杂，为方便型腔的机械加工和热处理，节约贵重金属、减少精加工量等，常采用组合式的型腔和型芯结构，某些结构还可以做成局部镶嵌式以便于更换；此外，大型注塑模具对浇注系统的要求更高，而且往往被作为重点优化设计对象，通常采用多点进浇方式；再者，在大型注射模具设计过程中需要解决加热、冷却的矛盾，为达到目的，通常需在模具型腔周围设置流道系统，通入热、冷水对模具进行加热和冷却，从而达到对模温的合理控制；最后，大型注塑模具的排气要求较高，除了利用分型面、型芯、推杆等间隙排气外，还需要在塑料熔体流动的末端或制品壁厚较薄的地方设专用的排气槽。

④ 从注塑成型方法上来看，大型注塑模具常采用先进注塑成型技术 国内外对于大型塑件的成型尝试了很多种方法。其中，热流道技术、气辅注射成型技术，以及在它们基础上又发展起来的顺序注塑成型技术、水辅注塑成型技术、振动气辅成型技术等先进注塑成型技术在一定程度上很好地解决了熔体充模困难、变形翘曲严重及大量原材料浪费等问题。

3.1.2 压铸模具

从 1855 年 Mergenthaler 将活塞压射缸浸入熔融合金中生产出条型活字铸件算起，压力铸造技术已经有 150 多年的历史。1869 年 C. Bahhage 采用"锌强化铅锡合金压力铸造法"生产一些零件；1872 年开始使用一种手动的小型压铸机生产留声机上的 Pb-Sn 合金小零件；1904 年 H. H. Franklin 公司压铸出汽车连杆轴承，从而使刚刚诞生的汽车工业取代印刷业而成为压铸件的最主要用户；1905 年 H. H. Doehler 发明了既能生产铅锡合金又能压铸锌合金的压铸机；1914 年 H. H. Doehler 采用气压使金属液沿流道上升而充型的压铸机，可应用于铝合金压铸。20 世纪 20 年代美国的 Kipp 公司制造出机械化的热室压铸机，但铝合金液有浸蚀压铸机上钢铁零部件的倾向，铝合金在热室压铸机上生产受到限制。C. Roehri 制造出冷室压铸机，这一发明是压铸技术的重大进步，使铝合金、黄铜合金的压铸成为现实。20 世纪 50 年代大型压铸机诞生，为压铸业开拓了许多新的领域。随着压铸机、压铸工艺、压铸型及润滑剂的发展，压铸合金也从铅发展到锌、铝、镁和铜，最后发展到铁合金，随着压铸合金熔点的不断增高而使压铸件应用范围也不断扩大。

压铸过程是利用高压力、高速度，迫使浇入压铸机压室内的熔融或半熔融状态金属在极短的时间内充满压铸模具的型腔，在这样的条件下，金属压铸模的导热性很好、蓄热能力强、液态金属与模具的热交换强度大，并要求在压铸模型腔内获得形状完整、轮廓清晰、尺寸精度和表面光洁度都很高的铸件。目前压铸的种类有真空压铸、精密压铸、半固态压铸、充氧压铸和黑色金属压铸。

压力铸造的工艺原理如图 3-1 所示。先在压型表面喷刷涂料，压铸机的合模装置将动型和定型锁紧，将适量的合金液由注料孔倒入压室，柱塞将合金液推入型腔中，保压一段时间后，等铸件结晶凝固后，移动动模开型，柱塞将铸件顶离压室，再由顶杆将其从动型顶出，至此完成一个压铸周期。

压铸工况为压铸压力一般为 20～200MPa，填充速度为 0.5～70m/s，填充时间为 0.01～0.20s，压铸件精度一般为 IT11～IT13 级，压铸件材料利用率一般为 60%～80%，表面粗糙度为 3.2～0.8μm，最低是 0.6μm。正是这种特殊充型方式及凝固方式导致压力铸

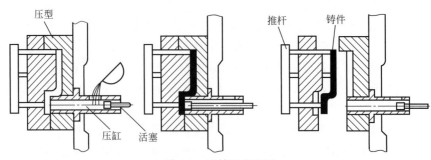

图 3-1　压铸工艺原理

造具有自身独特的特点，如下所示：

① 可以得到薄壁、形状复杂但轮廓清晰的铸件。铸件的壁厚通常在 1～6mm 之间，小铸件可以做得更薄，而大铸件的壁可以更厚。对于复杂的零件或其他铸造方法无法制备的零件，可使用压力铸造方法。

② 铸件精度高、尺寸稳定、加工余量少、表面光洁。加工余量一般为 0.2～0.5mm，表面粗糙度 Ra 在 3.2μm 以下。由压力铸造制作的铸件装配互换性好。一般只要对零件进行少量加工便可进行装配，有的零件甚至无须机械加工就能直接装配使用。

③ 铸件组织致密、具有较好的力学性能。由于铸件在压力作用下凝固，所获得的晶粒细小，所以铸件组织十分致密、强度较高。另外，由于激冷造成铸件表面硬化，形成约 0.3～0.5mm 的硬化层，铸件表现出良好的耐磨性。

④ 生产效率高。压力铸造的生产周期短，一次操作的循环时间约为 5s～3min，这种方法适于大批量生产。

⑤ 压力铸造采用镶铸法可以省去装配工序并简化制造工艺。镶铸的材料一般为钢、铸铁、铜、绝缘材料等，镶铸体的形状有圆形管状、薄片等。同理可以利用镶铸法制作出有特殊要求的铸件。

（1）压铸模具设计技术现状

压铸也存在一些缺点有待解决。压铸是产品质量不易保证、废品率较高的产业。极限情况下压铸时由于金属液充填型腔速度快（20m/s 以上）、压力大（比压为 30～100MPa）、充填时间短（0.02～0.2s），压铸件经常易产生填充不良、气孔起泡、凹陷、破裂等缺陷。当前普通压铸件的不良率平均为 6%～10%。这些缺陷的产生同压铸模具的设计与制作密切相关。

压铸模具是进行金属压铸生产的主要工艺装备，是压铸生产的三大要素之一。在经济批量生产中，铸件质量合格率的高低、作业循环的快慢、模具制造难易及其使用寿命，在很大程度上受压铸模具设计的正确、合理、先进和适用程度的制约。压铸模具制造费用颇高，制成后难以进行大的修改，所以对设计人员的压铸知识和经验要求非常高。合理地进行压铸模具设计并优化，是保证压铸生产的正常进行并获得优质压铸件的前提。因此压铸模具优化设计显得尤为重要。

中国压铸模具同先进国家相比还有一定差距。20 世纪 90 年代以前，压铸模具的设计使用计算机的很少。进入 90 年代，巨大的市场需求，特别是汽车、摩托车业的快速发展，极大地推进了我国压铸模具业的发展。同时随着合资和独资企业的介入，国外先进的模具设备和制造技术的引进，促使国产压铸模具设计和制造技术水平逐步提高，一些企业已经具备设计和制造大型精密模具的能力，如一汽铸造有限公司铸造模具厂设计制造的一套 3400t 压铸机用的压铸模具，总重达 33.5t，属于目前国产压铸模具中最大模具前列。

（2）压铸 CAD/CAM/CAE 技术及其研究现状

20 世纪 90 年代以来，在压铸模具设计方面的主要变化是 CAD/CAM/CAE 已成为模具企业普遍应用的技术。

现代压铸企业大都应用 CAD 设计模具。CAD 系统具有强大的三维建模功能和修改功能，并且当设计不合理时易于修改，省时省力，效率高，极大地减轻设计人员的工作强度。目前二维设计使用的软件主要是 AutoCAD，三维设计使用的软件比较多，主要有 Pro-E、UG、SolidWorks 等。大多三维设计软件在输入压铸件具体形状、尺寸、合金种类后，可估算出铸件的体积与质量，计算铸件最大、最小壁厚和最大投影面积等，以此来选择压铸机，确定分型面，进行模具开模和浇注排溢系统设计等，最后绘出模具图样。

目前一汽铸造模具厂的 3D 设计已达到 95% 以上，在三维设计后使用三维虚拟装配检测技术对装配干涉进行检查，保证了模具设计质量，确保了设计和工艺的合理性。CAE 技术也在逐步运用到实际设计、生产中，运用 CAE 技术模拟金属的充填过程、分析冷却过程、预测成形过程中可能发生的缺陷以及产品开发前期的凝固，大大优化了工艺设计，缩短了试模时间。

目前 CAE 技术已普遍被作为压铸模具的一种事后分析工具和弥补工具，即对压铸出的有问题的铸件进行压铸模具或成型工艺模拟分析，通过对模拟结果的分析，可以判别压铸模具设计得是否合理。据此通过修改压铸模具各系统结构或对工艺方案进行修改，来实现压铸模具的结构优化设计。

现代压铸企业大都应用 CAE 技术设计压铸模具浇注排溢系统。浇注排溢系统每个主要设计阶段都按照 CAE 分析的结果指导设计，即含有并行设计思想。将这种技术引入早期的产品开发阶段就可充分实现并行设计，大大降低开发风险与成本。例如大众在开发奥迪镁合金倍变速箱体时采用数值模拟软件对其压铸过程进行了数值模拟，使箱体结构和模具得到很好优化，并且通过生产验证，得出两者的温度数值差异仅仅是 ±（10～15）℃。这款箱体现已成功应用在奥迪轿车上。同样，福特汽车公司在开发 4.5L Triton 发动机壳体时，采用数值模拟软件 ProCAST 进行了流动场与温度场的耦合分析，优化了产品结构并缩短了开发周期。新加坡制造学院借助数值模拟软件 MAGMASoft，对一款镁合金手机外壳压铸件浇注系统设计了两种方案，对流动场的数值模拟结果表明，分离式浇注系统造成涡流式填充而填充不足，通过采用连续型浇注系统，并提高浇道截面积和适当减小浇口速度，获得了满意的镁合金薄壁手机壳压铸件，并采用实验手段验证了模拟结果，从而保证了薄壁通信制件的优良品质。

（3）压铸模具发展方向

① 发展和深化研究新的压铸工艺　压铸件难以避免的缺陷是内部气孔和疏松，产生的原因在于充型时型腔内的气体没有完全排出，且在铸件凝固收缩时也得不到补缩，这对压铸件的性能和扩大其应用范围都有不利的影响。为了解决这个问题，近年来国内外采用了一些新的工艺措施。

a.真空压铸。真空压铸是利用辅助设备将压铸型腔内的空气抽出形成真空状态时，将金属液压铸成型的方法。真空压铸的特点是：可消除或减少压铸件内部的气孔，提高铸件的力学性能和表面质量，改善铸件的镀覆性能；真空压铸时大大地减小了型腔的反压力；可使用较低的比压甚至可用小机器压铸较大和较薄的铸件；可使用铸造性能较差的合金。

b.加氧压铸。加氧压铸是在铝合金液充填型腔前，用氧气充填压室和型腔而取代其中的空气。充填时，氧气一方面通过排气槽排出；另一方面由喷射的铝液与没有排出的氧气发生化学反应而产生氧化铝微粒，分散在压铸件内部，使压铸件内不产生气孔。加氧压铸的特点为消除或减少气孔，提高了铸件质量，其中提高机械强度达10%，延伸率为原来的1.5～2倍。因压铸件内无气孔，可经热处理从而使强度进一步提高，屈服极限增加，冲击性能也显著提高；压铸件可在290～300℃的环境中工作；加氧压铸与真空压铸相比，结构简单、操作方便、投资少。氧气加入方法有2种，即由压室加氧和由压铸模上设置的专用装置加氧。一般立式压铸机多采用从反料冲头通入氧气，而卧式压铸机则多采用在压铸模上设置加氧孔加氧。加氧压铸中要严格控制加氧时间及加氧压力2个主要工艺因素。此外还必须合理地设计浇注系统和排气系统，正确选择压射速度，选用不挥发的涂料，以保证压铸质量。加氧压铸可用于压铸高强度、高致密度及高温下使用的零件，是一种有发展前途的压铸工艺方法。

c.精、速、密压铸。精、速、密压铸（双压射冲头）时采用一种由两个套在一起的内外压射冲头。在开始压射时，2个压射冲头同时前进；当充填完毕，型腔达到一定压力后，限时开关启动，内压射冲头继续前进，补充压实铸件。这种方法的基本特征是：内浇口较厚，一般为3～5mm；充填速度较低，一般为4～6m/s；压铸后可用内压射冲头补充加压，从而提高铸件质量，控制压铸件的凝固。充填时，让液态金属平稳地充填型腔，使金属液在型腔内由远至近地起到充实的作用。同理在压铸件的厚壁处，也可在压铸模上另设补压冲头，对压铸件进行补充压实，以获得致密的组织结构。

d.定向、抽气、加氧压铸。定向、抽气、加氧压铸实质上是真空压铸和加氧压铸相结合的工艺。工艺过程是在液体金属充填型腔之前，先将气体沿液态金属填充的方向以超过充填的速度抽出、使金属液顺利地充填；对有深凹或死角的复杂铸件，在抽气的同时进行加氧，以达到更好的效果。

e.半固态压铸。半固态压铸是在液态金属凝固前，进行强烈搅拌，在一定的冷却速率下获得约50%甚至更高的固体组分的浆料，用这种浆料进行压铸。通常有2种方法：一种是将上述半固态的金属浆料直接压射到型腔里形成铸件，称为流变铸造法；另一种是将半固态浆料预先制成一定大小的锭块。需要时再重新加热到半固态温度，然后送入压室进行压铸，称为搅溶铸造法。

半固态压铸与全液态金属压铸相比有如下优点：

由于半固态金属在搅拌时已有50%的熔化潜热散失掉，所以降低了浇注温度，大大减少了对压室、压铸型腔和压铸机的热冲击，因而可以提高压铸模的使用寿命。

半固态金属黏度比液态金属大，内浇口处流速低，因而充填时少喷溅、无湍流、卷入的空气少；由于半固态金属收缩小，所以铸件不易出现疏松、缩孔，铸件质量高。半固态金属像软固体一样输送到压室，操作简单方便。半固态压铸的出现为解决黑色金属压铸模寿命低的问题指出了新途径，且对提高铸件质量、改善压铸机压射系统的工作条件都有一定的作用。

f.固态压铸。固态压铸是以粉状或粒状的固态金属加入压室进行压铸的。固态压铸压射进入模具型腔的同样也是半固态浆液，它与半固态压铸的区别在于加入压室的是固态金属，其生成浆液的一系列工序都在压室内完成，即不必预先制作半固态金属再加入压室。所以固态压铸所用的压铸机有特殊的压室的结构和工作原理。固态压铸使用与注塑成形一样的原理来压铸金属，然而这种新的工艺方法也存在不少问题和困难需要解决。且大多数的研究工作都集中在这个复杂的压室内。相信在不久的将来固态压铸遇到的困难和问题将会得到克服和解决。

② 深化压铸基础工艺的研究　基础工艺是保证压铸件质量的关键。影响压铸件质量的因素是多方面的，其中最主要的是充型条件，铸件中的气孔、尺寸精度及表面质量等均与充型条件有密切关系。充型过程中可变因素复杂多样，从总体上可划分为静态的、人为的和动态的三类。静态方面包括：压铸机本身的性能、铸件结构、模具结构、储能器压力及增压压力。人为的因素有：阀、定时开关的控制，行程开关的控制、金属液的温度及液压油的黏度控制等。动态方面的可变因素众多，也是最难以控制的，如压室中的金属量、冲头运行时所受的阻力、模具温度以及采用真空压铸时的负压曲线等，都会对施加于金属液上的压力和冲头的速度产生巨大的影响，而这两方面又是影响充型质量最为重要的参数。

影响压铸件质量的因素还有压铸模，压铸模是直接影响所生产的压铸件质量的不可缺少的压铸工艺装备。只有采用设计正确的压铸模并选择适当的压铸工艺参数，才可以得到优质压铸件。为了在该领域的研究与开发中取得良好效果，必须要有压铸专业人员与计算机专业人员共同参与，而且应该拥有性能优良的压铸机和先进的检测设备。不断加强对压铸基础工艺的研究是提高和稳定压铸件质量的主要途径，而了解工艺参数与压铸件质量的关系，则是研究的重要环节。对压射位移、压力、速度等工艺参数进行监控，并对压铸件的性能、组织、表面与内部质量及含气量等进行检测，可以获得对铸件质量有影响的数据，从而达到提高压铸件质量的目的。

③ 研究高新技术特别是计算机技术在压铸中的应用　压铸件的质量在很大程度上取决于压铸机压射性能的优劣。现代化的压铸机在压射控制方面对冲头速度和压力曲线能够做到精确编程，但是每一次压射过程都会与事先所设定的曲线产生无法避免的偏差。在压射过程中及时修正偏差，纠正压射中的相应数据，并在工艺要求允许的时间内将其转换成修正后的数据，并回到原来所设定的最小偏差范围之内，这就是实时压射控制。要严格地掌握压射中参数变化的规律，使其始终处于恒定状态，必须研究计算机技术在压铸中的应用。

压铸技术的进步应模拟研究充填过程，从而分析出射出速度、高速切换位置、射出压力、模具温度等因素的影响，这些研究结论对压铸生产具有一定的指导意义。而模拟研究充填过程必须研究计算机在压铸中的应用。目前低压铸造的应用越来越广泛，低压铸造工艺也需要不断地优化，因此有关低压铸造的计算机应用就越来越多。模拟技术是确定和优化充型工艺的有效方法，对低压铸造工艺设计、充型过程和缺陷预测等进行模拟和优化，从而达到充型平稳、保证铸件内部质量的目的。模拟技术也是计算机在压铸中的应用。利用 CAD 进行压铸工艺设计，也是计算机在压铸上的重要应用之一，它可以提高设计速度和设计精度。

④ 重视对镁合金的研究开发　镁合金是近几年国际上比较关注的合金材料，对镁合金的研究开发，特别是镁合金的压铸等技术的研究与日俱增。随着汽车、电子、通信等行业的迅猛发展，对镁合金压铸件的需求急剧增长。镁合金密度低，具有较高的比刚度和比强度、良好的机械加工性及良好的导电导热性，这些优良的压铸工艺性能有效地保证了压铸生产效率和质量，因此在众多领域中获得了广泛的应用。这些压铸件主要是计算机、通信、电子等行业的零配件。

压力铸造是镁合金最主要的成型工艺，压铸机作为压铸生产过程中的最基本设备，是获得优良压铸件的前提和基础。随着镁合金压铸生产技术的发展，对压铸机的要求也不断提高。现代压铸机的发展十分迅速，大型、实时压射、闭环回路系统、新工艺装置（如真空装置、充氧装置）、柔性系统及全自动化的压铸机相继问世和定型生产。综合考虑镁合金的压铸特性和压铸件的具体结构，科学、合理地选用适用的压铸机，对于最终获得高质量的镁合金压铸件至关重要。

⑤ 推行计算机集成制造系统（CIMS）　实行 CIMS 就是借助计算机网络、数据库集成各部门生产的数据，综合运用现代管理技术、制造技术、信息技术、系统工程技术，将企业生产全过程中有关人、技术、设备及经营、管理四要素及信息流、物质流有机地集成，并实现产品的高效、优质、低耗、上市快，CIMS 帮助企业在竞争中立于不败之地，也是赢得竞争的手段之一。

3.1.3　冲压模具

冲压成型是现代工业中一种十分重要的加工方法，在汽车、航空、家用电器、仪器仪表等工程领域得到广泛应用。由于模具的生产加工周期长，模具材料费用高，模具制造成本在实际生产成本中占有相当大的比例，因此，对于冲压模具除了要求生产效率高、所生产的零件符合其质量要求和技术条件外，提高冲压模具的使用寿命也是非常重要的。由于模具的结构复杂，工作环境较差，容易产生模具材料低周疲劳、变形、断裂等缺陷而使模具失效。为防止模具在使用过程中失效，通常的做法就是使模具更大、更厚、更硬，增加模具预应力或使用组合模，但在有些情况下，这些解决办法却会使情况变得更糟。随着计算机性能的不断提高和数值模拟技术的逐渐完善，近年来出现了许多功能强大的专业性强的分析软件，如采用有限元分析的方法对模具组件在工作状态中的应力、应变等问题的详细分析已得到了越来越多的注意，开展这方面的研究已经取得了很大的发展并得到了实际应用。通过有限元分析可以及早地发现问题，排除经验设计的偏差，提高设计在工艺实践中的精确性和可靠性，避免多次修模、试模的过程，从而可以缩短模具生产调试周期，降低制模成本和延长模具的使用寿命。

(1) 冲压模具技术及设备现状

我国冲压模具产品的质量和生产工艺水平，总体上比国际先进水平低许多，而模具生产周期却要比国际先进水平长许多。产品质量水平低主要表现在精度、表面粗糙度、寿命及模具的复杂程度上；生产工艺水平低则主要表现在加工工艺、加工装备等方面。

冲压模具加工工艺和装备对提高加工效率、确保模具精度、缩短交货周期有重要影响。过去的中国冲压模具行业，车、刨、铣、钻、磨等传统普通机床和电火花线切割机床曾经在绝大多数冲压模具企业使用，进口的数控龙门仿形铣床由于没有采用 CAD/CAM 技术，也只能当作靠模仿形铣床使用，采用这些装备加工冲压模具时，通常需要对模具零件反复装夹和定位，因而加工生产效率低、模具产品质量差。相关新闻报道在 2002 年 12 月德国法兰克福举办的 EuroMold 展会上的 1493 个参展厂商中，约有 30% 是机床和刀具厂商，展出高速加工机床的最高转速在 25000～30000r/min 之间，这是对传统切削加工的非常显著的变革，体现了模具加工技术装备高速化、集成化趋势。

高速加工并不以牺牲加工精度和加工质量为代价，当今高速加工装备普遍可以达到机床精度不大于 $1\mu m$、表面粗糙度不高于 $0.1\mu m$ 的水平，是一种高水平的高速加工技术。德国 Roeder TEC 高速加工机床主轴转速高达 42000r/min，定位精度和重复定位精度分别达到了

0.005mm 和 0.002mm 的很高水平。连通常被认为效率低下的电火花机床的加工速度也在不断提高。电火花铣削加工技术是一种替代传统的用成形电极加工型腔的新技术，它是用高速旋转的简单的管状电极作三维或二维轮廓加工（像数控铣削一样），因此不再需要制造复杂的成形电极，这显然是电火花成形加工领域的重大发展。国外已经将这种高新技术机床应用到模具加工中，如 CDM Rovella 公司开发的高速电火花机床，与传统电火花机床相比可提高加工效率 20%～70%，同样加工一个深 81mm 的孔，前者所需工时仅为后者的 38.5%。

国外的模具制造企业，广泛使用先进的高精度、高速度、专业化加工装备，如日本丰田汽车模具公司拥有构造面加工数控铣床 39 台、型面加工高速五轴五面铣床 15 台、其他新型一体化专门加工设备 6 台。加工工艺方法包括等高线加工、最大长度顺向走刀加工等，精加工走刀移行密度仅有 0.3mm。同时，可以实现内凹圆角清根、外凸圆角加工到位等，因而可以控制模具配合的不等距间隙、最大可能的缩小型面误差，实现模面的精细加工。

国内的许多模具企业通过引进先进的加工装备，硬件上与国际水平的差距正在快速缩小：上海的汽车模具企业，近年来通过大量购置先进的五轴高速加工机床、大型龙门加工中心和五轴联动数控高速铣床、数控车或复合加工机床、先进的大型测量和调试设备及多轴数控激光切割机等。一汽模具公司已经拥有 Rambaudi 五轴高速数控铣床等大型高速加工设备；东风汽车模具公司拥有高速数控铣床、五轴数控铣床、龙门数控雕刻机床、激光切割机床等各种先进、大型机床 22 台。浙江黄岩的模具制造企业，2005 年拥有数控设备 3809 台，数控化率达到了 63%（1997 年数控化率仅为 13%）；其中数控加工中心 917 台（1997 年只有 27 台）。黄岩地区近几年陆续引进的设备几乎都是先进的设备，主要来自欧美和日本的专业、先进的设备制造商。近年来国内汽车模具企业龙门数控机床拥有量翻了不止一番，新增的龙门数控机床中，加工中心和高速铣床占了很大比重。目前资产过亿、拥有龙门加工中心 10 台以上的大型汽车模具企业已经达到 10 多家。

快速成形（rapid prototyping，RP）技术是指在计算机控制与管理下，由零件实物或模型直接驱动，采用材料精确堆积成复杂三维实体的原型或零件制造技术，是一种集计算机（包括 CAD/CAM/CAE 等）、光学扫描、新型材料、数控、激光等技术集一体的新型高新制造技术，主要用于零件设计的快速检验以及各种模具模型的快速制造。快速成型技术已经能非常成功地制作包括金属、树脂、塑料、纸类、石蜡、陶瓷等材料的原型，但往往不能作为功能性零件，只能在有限的场合用来替代金属和其他类型功能零件做功能实验。随着需求的增加和技术的不断发展，快速原型技术正向快速原型/零件制造的方向发展。

快速模具（rapid tooling，RT）技术是利用 RP 技术成形功能零件尤其是金属模具或零件的一种方法，可以克服传统模具制作过程复杂、耗时长、费用高等缺点。应用 RP 技术制造快速、经济模具成为 RP 技术发展的主要推动力之一。快速模具技术包括激光立体刻蚀技术、叠层轮廓制造技术、激光粉末选区烧结技术、熔融沉积成形技术、三维印刷成形技术等等。

RP 和 RT 技术一直是模具业界密切关注的高新技术，在 2002 EuroMold 上，Object Geometries、Solidscape、PrototypingHerbak、Protatal 等著名公司都展出了先进的 RP/RT 装备，其中 Object Geometries 公司的产品，通过 1536 个喷嘴逐层喷涂光敏塑料，分辨率达 0.02mm；Solidscape 公司的产品，更是在模具成形后只需热水浸泡就省去了麻烦的后处理工序。我国清华大学研究了采用喷涂技术生产不锈钢快速模具的制造工艺，获得了涂层厚达 5mm 的不锈钢快速模具。RP 和 RT 技术集成的快速制造精密模具的方法，被称为先进的

"柔性工具"方法，适应了现代工业向着多品种、变批量发展的趋势，为冲压模具的多品种、小批量、快速生产奠定了技术基础。但是不管是RP还是RT技术，都必须有将实物或模型转换成数据的精密测量手段，高速扫描机和/或三坐标测量设备提供了所期望的诸多功能。Renishaw、Zeirs等公司早就已经生产了接触式或非接触式三坐标测量仪，GFM公司有先进的轮廓测量仪和表面粗糙度测量仪，有些快速扫描系统甚至可安装在已有的数控铣床或加工中心上，实现快速数据采集、自动生成各种不同数控系统需要的加工程序、不同格式的CAD数据，这就是用于模具制造业的"模具反求或逆向工程"。我国一汽模具公司、东风汽车模具公司已经拥有MCTPlus三坐标测量仪，并应用于冲压模具的研究与生产工作中。模具表面的质量对模具使用寿命、制件外观质量等方面均有较大的影响，研究自动化、智能化的研磨与抛光方法替代现有手工操作，以提高模具表面质量，同样也是重要的发展趋势。

（2）冲压CAD/CAM/CAE技术及其研究现状

随着技术的进步，在计算机辅助设计方面，如今的国内冲压模具企业已全部甩掉了传统的绘图板，摒弃了落后的手工绘图方式。冲压模具也已实现了计算机化，冲压模具三维设计工作逐步兴起，国内模具企业陆续开始使用Unigraphics、Pro/Engineer、Cimatron、CATIA、I-DEAS、Euclid、Power-SHAPE等国际先进的、多功能软件设计冲压模具，特别是利用这些软件进行三维实体造型设计和部件干涉检查，以期能够及早发现设计存在的问题和减少试模期间进行的修整；可加快模具设计速度、有效缩短冲压模具的设计制造周期。在与国际接轨，引进上述三维设计软件的同时，部分厂家还引进了Autoform、Antiform、C-Flow、Dynaform、Optris、Magmasoft等CAE软件，在进行冲压模设计时对冲压成形工艺进行有限元模拟分析，以便可以采取有效措施一次冲压成形轿车覆盖件等大型精密制品。

我国的大学在冲压模具方面做了许多有益的工作：①积极开发拥有自主知识产权的、具有中国特色的CAD/CAE/CAM产品，如吉林大学汽车覆盖件快速成形技术所独立研制的汽车覆盖件冲压成型分析KMAS软件，华中科技大学模具技术国家重点实验室开发的汽车覆盖件冲压模具和级进模CAD/CAE/CAM软件，上海交通大学模具CAD国家工程研究中心/精冲研究中心分别开发的冷冲模具/精冲模具CAD软件等；②许多大学（或专门机构）结合冲压模具的教学和科研工作，积极针对有效使用Unigraphics、Pro/Engineer、Cimatron、SS-DIE等先进软件开展技能培训，培养了一批又一批的技术能手；③许多研究工作者针对这些软件的引进，研究建立冲压模具标准件图库等问题，以进一步提高设计速度。计算机辅助制造（CAM）也是冲压模具生产的重要组成部分，通过共用计算机辅助设计的数据库直接完成冲压模具的数控加工，既提高了效率，又减少了误差。上海大众模具公司就引进了欧洲先进的三维CAM软件Tebis，成功应用到模型实体制作、工艺文件编制、数控加工编程、三维尺寸测量等整个模具制造领域，真正实现了三维制造，大幅度提升了模具制造能力，步入了世界冲压模具工业的前列。汽车覆盖件成形模具是典型的大型、精密、复杂冲压模具，原来每年都要花费大量外汇从国外引进，但现在一汽模具公司、东汽模具公司、天津汽车模具公司、上海大众模具公司、成飞集成科技股份公司等中国冲压模具业的龙头企业可部分生产此类模具。上海大众模具公司于2002年成功设计生产了POLO轿车10个自制车身零件共47副模具，90%的产品达到了德国大众对汽车模具验收的最佳评分标准，为上海大众汽车公司降低约200万欧元的模具成本。他们采用目前国际上先进模具厂商流行的CATIA V4/V5设计软件进行模具结构三维实体设计，在设计初期用Autoform软件，对头道工序的拉深过程进行有限元数值快速模拟，在工艺面初步确定的基础上进一步运用

Indeed 软件进行冲压成型的精确模拟，精确计算毛坯尺寸和拉深所需的压边力，预测零件拉裂或起皱的可能性，确定防止和控制零件回弹的偏差等。

（3）冲压模具发展方向

近年来，我国不锈钢冲压模具水平已有很大提高，大型冲压模具已能生产单套重量达 50 多吨的模具。我国铝合金冲压模具无论在数量上，还是在质量、技术和能力等方面都已有了很大发展，但与国民经济需求和世界先进水平相比，差距仍很大。一些大型、精密、复杂、长寿命的高档模具每年仍大量进口，特别是中高档轿车的覆盖件模具，目前仍主要依靠进口。汽车模的发展，是推动我国模具工业发展的一支重要力量，同时其作为模具行业发展的重点。

① 模具市场全球化是当今模具工业最主要的特征之一，模具的购买者和生产商遍布全世界，模具工业的全球化发展使生产工艺简单、精度低的模具加工企业向技术相对落后、生产率较低的国家迁移，发达国家的模具生产企业则定位在生产高水准的模具上，模具生产企业必须面对全球化的市场竞争，同时模具生产厂家不得不千方百计地加快生产进度，努力简化和废除不必要的生产工序，模具的生产周期将进一步缩短。

② 软件的功能模块越来越齐全，同时各功能模块采用同一数据模型，实现信息的综合管理与共享，支持模具设计、制造、装配、检验、测试及生产管理的全过程。有的系列化软件包括了曲面/实体几何造型、复杂形体工程制图、工业设计高级渲染、模具设计专家系统、复杂形体 CAM、艺术造型及雕刻自动编程系统、逆向工程系统及复杂形体在线测量系统等；模具设计、分析、制造的三维化、无纸化使新一代模具软件以立体的、直观的感觉来设计模具，所采用的三维数字化模型能方便地用于产品结构的 CAE 分析、模具可制造性评价和数控加工、成形过程模拟及信息的管理与共享；同时，随着竞争、合作、生产和管理等方面的全球化、国际化，以及计算机软硬件技术的迅速发展，网络使得在模具行业应用虚拟设计、敏捷制造技术成为可能。

③ 随着模具向精密化和大型化方向发展，加工精度超过 $1\mu m$ 的超精加工技术和电气、化学、超声波、激光等技术综合在一起的复合加工在今后的模具制造中将有广阔的前景。高速加工使工件获得光滑表面，节省加工时间，典型的步进距仅有 0.0254mm，而尖点只有 0.001mm 高，经过高速加工的工件表面大多数都非常光洁，无须技术人员的进一步加工。

④ 随着各种新技术的迅速发展，国外已出现了模具自动加工系统，该系统由多台机床合理组合，配有随行定位夹具或定位盘，有完整的机具、刀具数控库和数控柔性同步系统，具有实时质量监测控制系统。汽车覆盖件模具中发展重点是技术要求高的中高档轿车大中型覆盖件模具，尤其是外覆盖件模具。高强度板和不等厚板的冲压模具及大型多工位级进模、连续模今后将会有较快的发展。多功能、多工位级进模中发展重点是高精度、高效率和大型、长寿命的级进模。精冲模中的发展重点是厚板精冲模并不断提高其精度。

⑤ 为了提高冲压模具的寿命，模具表面的各种强化超硬处理等技术也是发展重点。对于模具数字化制造、系统集成、逆向工程、快速原型/模具制造及计算机辅助应用技术等方面形成全方位解决方案，提供模具开发与工程服务，全面提高企业水平和模具质量，这更是冲压模具技术发展的重点。压铸模 CAD/CAM 技术能显著缩短模具设计与制造周期，降低生产成本，提高产品质量。快速原型（RP）与传统的快速经济模具相结合，快速制造大型汽车覆盖件模具，解决了原来低熔点合金模具靠样件浇铸模具、模具精度低、样件制造难等问题，实现了以三维 CAD 模型作为制模依据的快速模具制造，并且保证了制件的精度。

3.1.4 模具技术发展趋势

(1) 模具 CAD/CAE 正向集成化、三维化、智能化和网络化方向发展

① 模具软件功能集成化　模具软件功能的集成化要求软件的功能模块比较齐全，同时各功能模块采用同一数据模型，以实现信息的综合管理与共享，从而支持模具设计、制造、装配、检验、测试及生产管理的全过程，达到实现最佳效益的目的。如英国 Delcam 公司的系列化软件就包括了曲面/实体几何造型、复杂形体工程制图、工业设计高级渲染、塑料模设计专家系统、复杂形体 CAM、艺术造型及雕刻自动编程系统、逆向工程系统及复杂形体在线测量系统等。集成化程度较高的软件还包括：Pro/E、UG 和 CATIA 等。

② 模具设计、分析及制造的三维化　传统的二维模具结构设计已越来越不适应现代化生产和集成化技术要求。模具设计、分析、制造的三维化、无纸化要求新一代模具软件以立体的、直观的感觉来设计模具，所采用的三维数字化模型能方便地用于产品结构的 CAE 分析、模具可制造性评价和数控加工、成型过程模拟及信息的管理与共享。如 Pro/E、UG 和 CATIA 等软件具备参数化、基于特征、全相关等特点，从而使模具并行工程成为可能。另外 Cimatran 公司的 Moldexpert、Delcam 公司的 Ps-mold 及日立造船的 SpaceE/mold 均是 3D 专业注射模设计软件，可进行交互式 3D 型腔、型芯设计，模架配置及典型结构设计。澳大利亚 Moldflow 公司的三维真实感流动模拟软件 Moldflow Advisers 已经受到用户广泛的好评和应用。面向制造、基于知识的智能化功能是衡量模具软件先进性和实用性的重要标志之一。如 Cimatron 公司的注射模专家软件能根据脱模方向自动产生分型线和分型面，生成与制品相对应的型芯和型腔，实现模架零件的全相关，自动产生材料明细表和供 NC 加工的钻孔表格，并能进行智能化加工参数设定、加工结果校验等。

③ 模具软件应用的网络化趋势　随着模具在企业竞争、合作、生产和管理等方面的全球化、国际化，以及计算机软硬件技术的迅速发展，模具软件应用的网络化的发展趋势是使 CAD/CAE/CAM 技术跨地区、跨企业、跨院所地在整个行业中推广，实现技术资源的重新整合，使虚拟设计、敏捷制造技术成为可能。美国在其《21 世纪制造企业战略》中指出，到 2006 年要实现汽车工业敏捷生产/虚拟工程方案，使汽车开发周期从 40 个月缩短到 4 个月。

(2) 模具检测、加工设备向精密、高效和多功能方向发展

模具向着精密、复杂、大型的方向发展，对检测设备的要求越来越高。目前国内厂家使用较多的有意大利、美国、日本等国的高精度三坐标测量机，并具有数字化扫描功能，实现了测量实物→建立数学模型→输出工程图纸→模具制造全过程，成功实现了逆向工程技术的开发和应用。

① 数控电火花加工机床　日本沙迪克公司采用直线电动机伺服驱动的 AQ325L、AQ550LLS-WEDM 具有驱动反应快、传动及定位精度高、热变形小等优点。瑞士夏米尔公司的 NCEDM 具有 P-E3 自适应控制、PCE 能量控制及自动编程专家系统。另外有些 EDM 还采用了混粉加工工艺、微精加工脉冲电源及模糊控制（FC）等技术。

② 高速铣削机床（HSM）　铣削加工是型腔模加工的重要手段，而高速铣削具有工件温升低、切削力小、加工平稳、加工质量好、加工效率高（为普通铣削加工的 5～10 倍）及可加工硬材料（＜60HRC）等诸多优点，因而在模具加工中日益受到重视。HSM 主要用于大、中型模具加工，如汽车覆盖件模具、压铸模、大型塑料模等曲面加工。

③ 模具自动加工系统的研制和发展　随着各种新技术的迅速发展，国外已出现了模具自动加工系统，这也是我国长远发展的目标。模具自动加工系统应有如下特征：多台机床合理组合；配有随行定位夹具或定位盘；有完整的机具、刀具数控库；有完整的数控柔性同步系统；有质量监测控制系统。

（3）快速经济制模技术的广泛应用

缩短产品开发周期是赢得市场竞争的有效手段之一。与传统模具加工技术相比，快速经济制模技术具有制模周期短、成本较低的特点，精度和寿命又能满足生产需求，是综合经济效益比较显著的模具制造技术。

快速原型制造（RPM）技术是集精密机械制造、计算机技术、NC 技术、激光成形技术和材料科学于一体的新技术，是当前最先进的零件及模具成型方法之一。RPM 技术可直接或间接用于模具制造，具有技术先进、成本较低、设计制造周期短、精度适中等特点。从模具的概念设计到制造完成仅为传统加工方法所需时间的 1/3 和成本的 1/4 左右。当前是多品种、少批量生产的时代，到 21 世纪末，这种生产方式占工业生产的比例将达 75% 以上。一方面制品使用周期短，品种更新快；另一方面制品的花样变化频繁，均要求模具的生产周期越快越好。因此开发快速经济模具越来越引起人们的重视。例如，研制各种超塑性材料（环氧树脂、聚酯等）制造（或其中填充金属粉末、玻璃纤维等）的简易模具、中低熔点合金模具、喷涂成型模具、快速电铸模、陶瓷型精铸模、陶瓷型吸塑模、叠层模及快速原型制造模具等快速经济模具将进一步发展。快换模架、快换凸模等也将日益发展。另外，采用计算机控制和机械手操作的快速换模装置、快速试模技术也会得到发展和提高。

（4）模具材料及表面处理技术的研究

因选材和用材不当，致使模具过早失效，大约占失效模具的 45% 以上。在整个模具价格构成中，材料所占比重不大，一般为 20%～30%，因此选用优质钢材和应用的表面处理技术来提高模具的寿命就显得十分必要。对于模具钢来说，要采用电渣重熔工艺，努力提高钢的纯净度、等向性、致密度和均匀性及研制更高性能或有特殊性能的模具钢，如采用粉末冶金工艺制造的粉末高速钢等。粉末高速钢解决了原来高速钢冶炼过程中产生的一次碳化物粗大和偏析，从而影响材质的问题。其碳化物微细、组织均匀、没有材料方向性，因此，它具有韧性高、磨削工艺性好、耐磨性高、长年使用尺寸稳定等特点，特别对形状复杂的冲件及高速冲压的模具，其优越性更加突出，是一种很有发展前途的钢材。模具钢品种规格多样化、产品精细化、制品化，尽量缩短供货时间亦是重要的发展趋势。

热处理和表面处理是充分发挥模具钢材性能的关键环节。模具热处理的主要趋势是：由渗入单一元素向多元素共渗、复合渗（如 TD 法）发展；由一般扩散向 CVD、PVD、PCVD、离子渗入、离子注入等方向发展；可采用的镀膜有 TiC、TiN、TiCN、TiAlN、CrN、Cr_7C_3、W_2C 等，同时热处理手段由大气热处理向真空热处理发展。另外，目前对激光强化、辉光离子氮化技术及电镀（刷镀）防腐强化等技术也日益受到重视。

（5）模具研磨抛光将向自动化、智能化方向发展

模具表面的精加工是模具加工中未能很好解决的难题之一。模具表面的质量对模具使用寿命、制件外观质量等方面均有较大的影响，我国目前仍以手工研磨抛光为主，不仅效率低（约占整个模具制造周期的 1/3），且工人劳动强度大，质量不稳定，制约了我国模具加工向更高层次发展。因此，研究抛光的自动化、智能化是模具抛光的发展趋势。日本已研制了数控研磨机，可实现三维曲面模具研磨抛光的自动化、智能化。另外由于模具型腔形状复杂，任何一种研磨抛光方法都有一定局限性。应发展特种研磨与抛光，如挤压研磨、电化学抛光、超声波抛光以及复合抛光工艺与装备，以提高模具表面质量。

（6）模具标准件的应用将日渐广泛

使用模具标准件不但能缩短模具制造周期，而且能提高模具质量和降低模具制造成本。因此，模具标准件的应用必将日渐广泛。为此，首先要制定统一的国家标准，并严格按标准生产；其次要逐步形成规模生产，提高标准件质量、降低成本；再次是要进一步增加标准件规格品种，发展和完善联销网，保证供货迅速。

（7）压铸模、挤压模及粉末锻模比例增加

随着汽车、车辆和电动机等产品向轻量化发展，压铸模的比例将不断提高，对压铸模的寿命和复杂程度也将提出越来越高的要求。同时挤压模及粉末锻模比例也将有不同程度的增加，而且精度要求也越来越高。

（8）模具工业新工艺、新理念和新模式

在成型工艺方面，主要有冲压模具多功能复合化、超塑性成型、塑性精密成型技术、塑料模气体辅助注射技术及热流道技术、高压注射成型技术等。随着先进制造技术的不断发展和模具行业整体水平的提高，在模具行业出现了一些新的设计、生产、管理理念与模式，具体主要有：适应模具单件生产特点的柔性制造技术；创造最佳管理和效益的团队精神，精益生产；提高快速应变能力的并行工程、虚拟制造及全球敏捷制造、网络制造等新的生产哲理；广泛采用标准件、通用件的分工协作生产模式；适应可持续发展和环保要求的绿色设计与制造等。

目前我国模具工业的发展步伐日益加快，但在整个模具设计制造水平和标准化程度上，与德国、美国、日本等发达国家相比存在一定的差距。在经济全球化的新形势下，随着资本、技术和劳动力市场的重新整合，我国装备制造业在加入WTO以后，将成为世界装备制造业的基地。而在现代制造业中，无论哪一行业的工程装备，都越来越多地采用由模具工业提供的产品。为了适应用户对模具制造的高精度、短交货期、低成本的迫切要求，模具工业应广泛应用现代先进制造技术来加速模具工业的技术进步，满足各行各业对模具这一基础工艺装备的迫切需求，以实现我国模具工业的跨越式发展。

3.2　模具产品工艺流程

模具生产的一般流程如图3-2所示，在订单确定后，模具生产流程开始启动。制订项目主计划时，除了综合各部门情况，以确定各个阶段的完成时间外，还应该在此时指定主要阶段如装配图设计、零件设计、数控加工、钳加工的负责人，便于后续阶段沟通。对于较为复杂的模具必须由设计人员和负责加工的人员共同制订方案，这样在方案设计时就可尽可能地考虑加工工艺性，尽早暴露出设计方案中存在的问题。另外出于对成本和时间的考虑，确定方案时也要优先使用现有物料。

方案设计后，模具的设计人员和工艺员（制造负责人）可共同进行装配图的设计，如果工艺员（或制订工艺的制造负责人）对设计比较了解，那么在装配图基本完成时，就可开始模具加工工艺的制订工作。当模具基本结构确定以后，即可由采购部门向模架供应商或材料供应商发出订购单，模架厂家可以进行模架备料和粗加工，随着模具设计的进行，可将设计好的部分提供给模架供应商去进行预加工，使模架的加工与模具的详细设计同步进行，这对

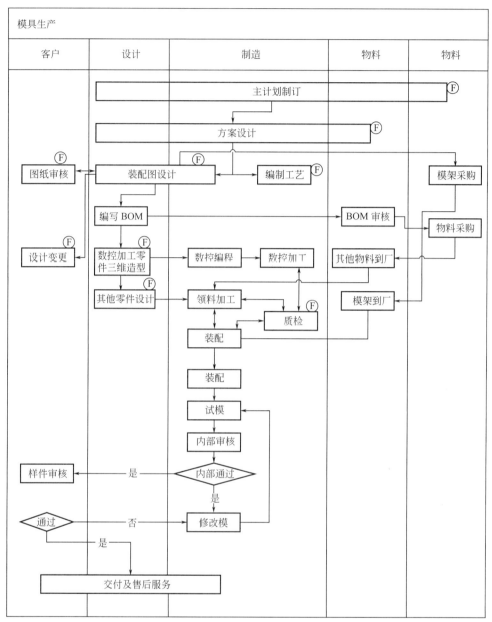

图 3-2　模具生产流程图

于模架供应期较长的模具企业尤其重要。在装配图设计完后，需要和客户保持沟通，进一步确认是否满足客户需求，并及早发现问题。

装配图设计完后，设计员编写 BOM，物料部门审核 BOM，做出采购计划，进行物料采购，同时有库存料的零件可以先进行下料，有的零件还可以进行粗加工。BOM 出来后，即可对数控加工零件进行数控编程，再进行数控加工。其他零件同样也可以做到设计和加工的并行，设计一个零件即可加工一个。根据工艺上的要求，质检员对需要质检的工序进行检测，若质检资源不够，则必须做自检并按照质检要求做出自检记录，下道工序操作工必须在质检通过或有自检记录时，才能进行加工。对于关键零件，操作工可能还要对上道工序的加工进行检测。所有的零件加工完成之后，进行模具装配和试模，满足设计要求后，可交付给客户并进入售后服务。

在以上模具生产步骤中，从设计开始就可考虑制造，做到面向制造的设计，可及早发现问题。在实际的模具生产加工中，以交货期、质量和成本作为优化目标，最大限度采用并行工程，可实现模具生产的整体优化。在模具企业中，如果在每个环节都考虑后续过程，才能保证模具设计制造的高质量。虽然这样会使前面的环节需要的时间加长，但却减少了返工和返修的时间和成本，整体来看，是符合缩短交货期、保证质量和减小成本的目标。

3.3　模具产品功能分解

3.3.1　功能分解的基本原理

(1) 功能的概念

20 世纪 40 年代美国通用电气公司工程师 Miles 首先提出功能（function）的概念，并把它作为价值工程研究的核心问题。学者 Miles 认为顾客要购买的是产品的功能而不是产品本身，功能体现了顾客的某种需要。

学者 Koller 将功能定义为输入和输出量之间的因果关系，即"什么"应当转变为"什么"，他定义了 12 对基本功能：

放出⇔吸收、传导⇔绝缘、集合⇔扩散、引导⇔不引导、转变⇔回复、放大⇔缩小、变向⇔变向、调整⇔振动、连接⇔隔断、结合⇔分离、接合⇔分开、储存⇔取出。Koller 认为技术系统中一切过程都可以归于这 12 对功能，也就是说它们可以构成一切复杂的系统。

(2) 功能分解模型

不论在产品的新设计还是再设计中，建立功能模型是产品设计过程中一个很重要的步骤。所有的功能建模都开始于产品总功能的描述，再将总功能分解为小的、容易解决的分功能。一个系统可以分解为一些子系统，它的出发点就是功能和功能分解。

功能分解的目的是将复杂的设计问题简化。关于如何将一个设计分解，研究人员有不同的观点。有学者将其分解分为两类，即层次分解 [图 3-3(a)] 和非层次分解 [图 3-3(b)]。

由于功能分解趋向于从最抽象到最具体，所以图 3-3(a) 中的层次分解模型对很多功能设计都是通用的。对于有些问题是不可能分清层次的，在这种情况下，系统功能分解模型是非层次的，这种类型的分解可以很好地反映不同功能之间的相互关系。

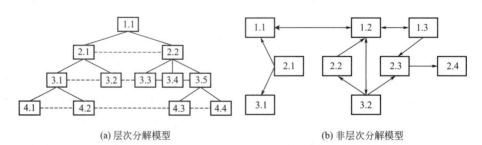

(a) 层次分解模型　　　　　　(b) 非层次分解模型

图 3-3　功能分解的两种模型

（3）功能分解的程度

产品或系统由它的总功能来定义，通过功能分解可以得到它的分功能，这一过程可以一直进行下去，从而形成功能层次。但是功能分解到什么时候终止，即分解到什么程度，这一直是个有争议的问题，多数研究人员认为，应该分解到功能元为止。

功能元是功能的基本单位，在机械设计中常用的基本功能元有：

① 物理功能元，它反映系统中能量、物料、信号变化的物理基本动作，如变换、复原、连接、分离等。

② 数学功能元，它反映数学的基本动作，如加和减、乘和除、乘方和开方、积分和微分。

③ 逻辑功能元，包括"与""非""或"三元的逻辑动作，主要用于控制功能。

3.3.2　模具产品功能模块划分

（1）确定总功能

产品总功能的确定可以采用任务抽象化方法或黑箱法，本书主要采用后者。随着现代设计方法的发展及应用越来越广泛，人们在对系统功能原理设计时常采用一种"抽象化"的方法"黑箱法"。它是根据系统的输入、输出关系来分析研究实现系统功能目标的一种方法，即根据系统的某种输入及要求获得某种输出的功能要求，从中寻找出某种物理效应或原理来实现输入、输出之间的转换，得到相应的解决办法，从而推求出"黑箱"的功能结构，使"黑箱"逐渐变为"灰箱""白箱"的一种方法。功能原理设计工作步骤见图 3-4。

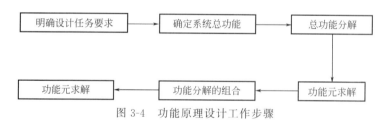

图 3-4　功能原理设计工作步骤

同时黑箱法并不关心系统的具体工作原理和内部结构，而是分析系统与外界环境之间的输入和输出，并通过输入和输出的转换关系来确定系统的总功能，如图 3-5 所示。一般来说，产品系统中的输入和输出量表现为如下的三种相互联系的形式：

① 物料：如毛坯、半成品等。

② 能量：如机械能、电能等。

③ 信息：如控制信号、测量值等。

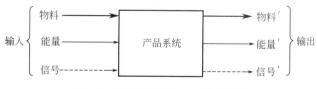

图 3-5　产品系统的输入、输出简图

对于不同的产品和系统，其输入和输出的具体能量流、物质流和信息流不同。

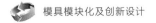

（2）功能分解

常规的产品的总功能可以分解为一级分功能：驱动、控制、执行、支承和连接及辅助功能。其中执行和驱动功能的实现还需要满足其他要求，因此可继续分解。执行又可以分为四个二级分功能，诸如喂入、牵伸、拉伸、卷绕成型，以便下道工序使用。不同产品的驱动系统由于加工中工作要求的复杂性，其功能结构也很复杂，对应的驱动系统可以继续分解为三、四级分功能。

如图 3-6 所示，这些单元构成功能模块有两种方式，其中 FM_i（$i=1,2,\cdots,n$）表示功能模块：

① 某一级一个分功能直接作为一个功能模块。

② 同一级的几个分功能或不同级的几个分功能按照一定的原则聚合为一个功能模块。

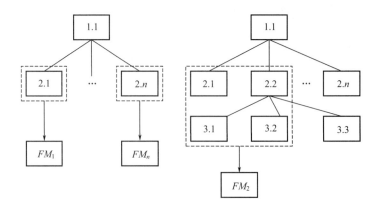

图 3-6　分功能构成功能模块的不同方式

对于常规的产品，划分得到的功能模块不仅要满足模块的基本特征、模块划分的基本原则，并且要方便功能模块向结构模块的映射，以及为产品平台的规划等后续工作奠定基础。

3.4　模具产品模块划分技术

3.4.1　功能模块划分方法

（1）功能结构图

把分功能或功能单元按照物料流、信息流和能量流的流程有序地连接成一个总体系统，表达整个系统分功能或功能元关系的图称为系统功能结构图。如图 3-6 所示是由一级和二级分功能构成的粗纱机产品的功能结构图。

（2）功能结构图的构成模式

如图 3-7 所示，在系统功能结构图中，分功能或功能单元的连接有三种基本结构模式：

① 串联结构：或称为顺序结构，如图 3-7（a）所示，它反映了物料流、能量流或信息流在分功能之间的因果关系或时间、空间顺序关系。

② 并联结构：又称分支结构，如图 3-7（b）所示，某一种形式的流被分为几个支流同时进入不同的分功能后继续下一个分功能。

③ 环形结构：又称循环结构，如图 3-7（c）所示，输出反馈为输入的结构即是循环结构。

系统功能结构图可以根据不同的功能设计要求，由这三种基本结构形式组合而成。

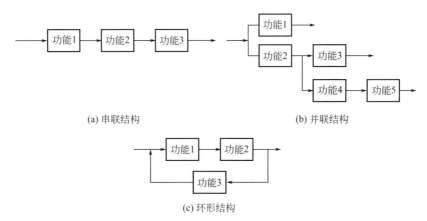

(a) 串联结构　　　　　　　　　　　(b) 并联结构

(c) 环形结构

图 3-7　构成功能结构图的三种基本结构

构建系统功能结构图，首先要确定产品系统的总功能并划分分功能及功能元，然后根据其物理作用原理、经验或参照已有的类似系统，首先排定与主要工作过程有关的分功能或功能元的顺序，通常先提出一个粗略的方案，然后检验并完善其相互关系，补充其他部分。为了选出较优的方案，可以同时考虑几个不同的功能结构图模型。

启发式方法是指利用人们在实际工作中总结、提炼出的很多行之有效的、科学的经验和规则来解决实际问题的方法。通过分析、研究、总结在机械、电子、家用电器等领域已有的、成功的模块化产品或产品族其模块划分的经验和规律，可以得到如图 3-8 所示的三条基

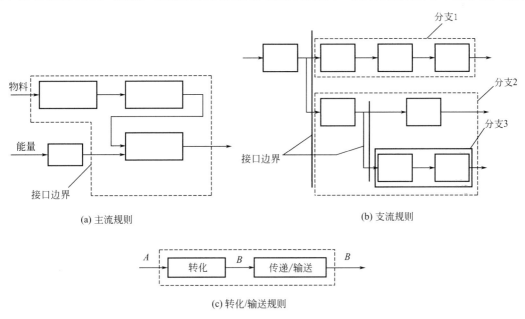

(a) 主流规则　　　　　　　　　　　(b) 支流规则

(c) 转化/输送规则

图 3-8　启发式功能模块划分规则

于功能结构图的模块划分原则，该原则以产品中的三种基本流为研究对象，根据其流程及转换进行模块划分，比较适合工艺型机器的功能模块划分。

① 主流规则　如图3-8(a)所示，当某种流输入系统功能结构图中的串联结构中的多个分功能后，最终退出系统或转变为其他形式，则这些分功能可以划分为一个模块，并且在该模块与其他功能的连接处形成了接口边界，其他流进入时需要接口。

② 支流规则　如图3-8(b)所示，系统功能结构图中的并联结构中的每个分支可以确定为一个模块，如果其中仍有分支可以继续划分，则流的分支处形成接口边界。

③ 转化/输送规则　如图3-8(c)所示，一个分功能在接收到物料、能量之后把它们转化为另外一种形式，这个分功能可以确定为一个模块，同时考察下游是否有传递或输送分功能，如果有则可以把该功能和转化功能合并为一个模块。

3.4.2　模具产品功能模块划分

基于以上思想，可对常规产品进行功能模块划分。常规产品中的信息流主要是机器的启动和停止等，功能比较简单。而能量流和物料流的处理过程则较复杂，因此，大多数产品主要分析能量流和物料流的流程、转换过程，并进行模块划分，不同产品不同，此内容将在第6章进行详细描述。

3.4.3　功能模块与结构模块

经过功能分解及功能流分析后划分得到的功能模块组成了产品的功能模块集合，它属于功能域，结构则是功能的载体，模块化产品的结构模块属于结构域。构成产品的结构模块是功能域上特定功能模块在结构域上映射的结果。

对于一个产品族而言，这种从功能域中元素到结构域中元素的映射有一对一和一对多两种关系，如图3-9所示，功能域中功能模块 FM_1 只对应结构域中一种结构模块 SM_{11}（图中阴影部分），该结构模块为产品族中一个产品专用或多个产品共用，FM_1 和 SM_{11} 是一对一

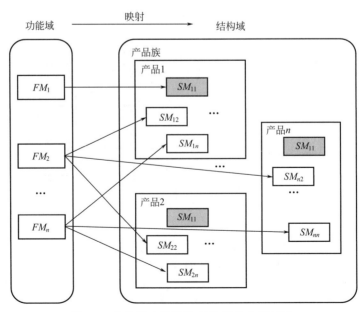

图 3-9　产品族功能模块-结构模块映射 FM_1

的关系；而功能模块 FM_2、FM_n 则分别可以映射为多个不同的结构模块 SM_{12}、SM_{22} 及 SM_{n2}、SM_{nn} 等，这些结构模块分别被产品族中不同的产品使用，所以，它们与 FM_2、FM_n 是一对多的关系。

　　本章基于功能结构模型的产品的功能模块划分，在对功能进行分解的基础上，建立了产品功能层次模型及功能结构模型，以该模型为基础提出了基于基本功能结构形式的启发式模块划分方法，并根据该方法对模具产品进行了功能模块的划分；在模块划分的基础上，研究了功能模块与结构模块的映射关系，结合具体的模具产品族对其进行了从上到下的模块系列、产品平台规划及从下到上的产品族规划研究。

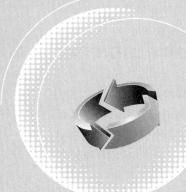

基于产品平台的注塑模具广义模块结构及其定制技术研究

对已有产品进行模块化设计时，产品已有众多的零部件供设计选用，当对产品族完成模块划分、模块系列的规划之后，需要进行结构模块的模型构建或创建，即指根据功能、性能、结构等设计参数的要求设计出一组能满足不同需求的结构模块模型。

本章着重对基于广义模块化设计的结构模块建模原理及方法进行了研究，并通过对注塑模具产品结构特征的分析，完成注塑模具产品的模块模型构建。

4.1 模具模块结构设计的类型

在模块化设计中，模块创建分为模块创成设计和模块变型设计两种不同类型。

（1）模块创成设计

模块创成是指开发新产品时，或现有的产品模型难于满足用户需求时，从设计任务出发，采用一系列的创建工具，经过一系列的创建步骤，最终得到满足相应功能要求的模块结构的过程。

模块创成与产品设计过程相同，可分为概念设计和详细设计两个阶段。概念设计阶段主要构建产品的功能结构模型。

（2）模块变型设计

为了使产品多样化，以适应不同用户群的需求，可以某一现有模块为基型来派生新模块，称为模块变型设计，常用的变型设计的方法有：

基于实例的推理作为一种相似类比推理方法，是通过查询、提取和调整实例库中过去同类问题的求解，推理出当前问题的解决策略。

参数化设计是利用产品结构的相似性，在产品基本结构不变的前提下，改变产品的一组或几组几何尺寸，从而快速产生另外一种或几种产品的设计方法。

变量化设计是指对象的修改需要更大的自由度，通过求解一组约束方程来确定产品的尺寸和结构形状的设计方法。

变量化设计与参数化设计最大的不同是：参数化设计只是通过几何参数，或用来定义这些参数的简单方程来得到结果，而在变量化设计中，模型的驱动尺寸用复杂的方程组来表达。这些方程组可以是几何参数变量，也可以是工程约束变量。

广义模块化设计中的模块创建着重研究面向产品族的、功能相同的、结构相似的模块结构之间的关系，从而确定一个抽象的、通用的参数化模型用于模块结构派生。

在利用计算机进行模块化设计时，一般都是在商用 CAD 平台上构建一个数字化图形信息模型。在概念设计时，可能是一个功能结构模型，也可能是一个参数化结构模型，视其用途不同，模型所包含的信息也有差别。对模型进行定制后确定的详细结构模型，在 CAD 平台上称为详细结构模型，本章的模型不特别指明，均属前者。

4.2　模具广义模块设计

一般模块化设计中，模块创建主要是指模块结构的方案创成，即完成功能模块向结构模块的映射，求解满足功能模块要求的模块模型。而广义模块化设计则不同，它的思想是：在面向产品族的设计中，研究多个功能相同、结构相似的模块在结构上的相互关系，并通过结构特征的分析，抽象出一个或多个通用的结构模型-广义模块，以它为基础可以实现不同模块结构的派生，实现模块结构快速设计的目的，进而完成产品的快速设计。

因此，广义模块化设计的核心是广义模块，以它为基础才可以实现模块结构的快速设计。

4.2.1　模具广义模块

（1）广义模块

广义模块是特定功能的结构载体，具有参数化的结构模型和接口特征。广义模块的结构是功能、几何结构约束、工程约束的函数，可以表达为：

$$GM = f(F, G, P) \tag{4-1}$$

式中，F 表示功能，模块作为功能的载体，特定的功能对应特定的结构构成；G 为几何结构参数，广义模块的结构模型是参数化驱动的，一组确定的几何参数确定具体的广义模块的结构；P 表示载荷、材料、应力、应变等工程约束，这些约束确定结构参数的取值。

广义模块又可分为柔性模块、虚拟模块和虚拟柔性模块，如图 4-1 所示。

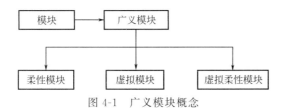

图 4-1　广义模块概念

① 柔性模块　功能独立、结构独立的参数化结构模块，称为柔性模块。

所谓柔性模块，是指产品结构用参数化和模块划分方法得到的一组具有典型模块结构的参数化模型，它具有特定的功能、结构拓扑关系和相对固定的接口特征。当柔性模块的所有约束参数根据设计要求给定后，即可生成一个具体的结构件，称为柔性模块实例，它是柔性模块的派生物。柔性模块的约束参数取值范围是根据模块结构参数化、变量化分析确定的。

柔性模块结构是功能、几何结构约束、工程约束的函数，模块结构信息可以表达为：

$$M_{ij} = f(g_I, p_J, h_K)(I, J, K \in \mathbf{N}) \tag{4-2}$$

式中，M_{ij} 为结构模块；g_I 为模块结构参数，描述该模块的结构几何参数约束；p_J 描述载荷、应力、应变等工程约束；h_K 描述结构的材料等特性参数。而结构参数 g_I 又是 p_J 和 h_K 物理参数的函数，即

$$g_I = g(p_J, h_K) \tag{4-3}$$

② 虚拟模块　在同一结构实体（零件）中，若结构复杂，结构可以进一步分解为若干独立的分功能，但结构上却无法进行分割，可把其划分为若干个 CAD 意义下的模块，称为虚拟模块。虚拟模块之间可在计算机上通过结构布尔运算连接，其接口称为虚拟接口。

③ 虚拟柔性模块　由一组参数值确定的虚拟模块结构，叫作虚拟柔性模块。其参数化的接口叫作虚拟柔性接口。

当模块的结构特别复杂时，在结构上已不能再分割，但为了在 CAD 平台上设计方便，按其各部分结构的子功能又可分为子模块，这种具有独立的子功能但实际结构上不可分割的参数化子模块，称为虚拟柔性模块或虚拟柔性子模块。输入设计约束参数后得到的虚拟柔性模块的实例称为虚拟模块。

由广义模块构成的产品叫作广义模块化产品。其中，柔性模块的引入使广义模块化设计能同时支持第一类和第二类机械产品的模块化设计，虚拟柔性模块的引入用以实现第三类机械产品的模块化设计，如图 4-2 所示。其中，第一类产品亦可用参数化柔性模块表示，其参数是按系列化标准定制后生成的系列化刚性模块；从这种意义上讲，刚性模块是柔性模块的特例。

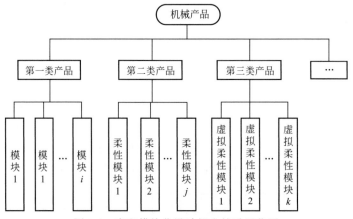

图 4-2　广义模块化设计概念的适用范围

（2）广义模块化设计

传统模块化设计一般从功能角度描述模块特征，其模块结构的尺寸大小和拓扑形式可表达为相应功能的函数。这种以功能为中心的模块划分方法支持第一类机械产品的模块化设计，对于后两类产品，虽然其结构组成也是产品功能的函数，但其结构尺寸的大小同时也是用户需求的函数，事先难以定制，无法实现模块化设计。

若一族机械产品，虽其产品结构按用户需求定制，但其仍具有明显的功能分级特性，拓扑结构形式较为稳定，各部分之间的接口形式也相对不变。这样的产品系统可按功能分解为不同分功能的柔性模块或虚拟柔性模块，不同的柔性模块或虚拟柔性模块可组合成产品模型，根据用户需求对柔性模块、虚拟柔性模块或产品模型进行定制后，便生成用户所需结构的产品，这种模块化设计叫作广义模块化设计。

广义模块化设计是传统模块化设计的拓展，两者的基本设计思想都是基于功能分析对产品结构进行模块划分，通过模块的组合快速构造满足设计要求的产品。广义模块化设计与传统模块化设计的基本技术构成相同，如模块系统规划、模块划分和模块综合技术，但是由于广义模块在概念上的拓展，各技术环节的具体内容和方法需要进一步发展和研究，使之适用于广义模块化设计的要求。

（3）广义模块的结构表达

结构模块模型可以表达为：$MCS = <GMS，A>$。其中，GMS 代表广义模块的参数化结构模型；A 代表一组参数的取值。

GMS 的构成可以表示为：

$$GMS = \left(\bigcup_{i=1}^{n} SS_i \right) \cup \left(\bigcup_{i=1}^{m} SC_i \right) \tag{4-4}$$

式中，
$$SS_i = \left(\bigcup_{j=1}^{Ni} DF_j \right) \cup \left(\bigcup_{j=1}^{Mi} DC_j \right) \tag{4-5}$$

$$DF_j = \left(\bigcup_{k=1}^{Ngj} GE_k \right) \cup \left(\bigcup_{k=1}^{Mgj} GC_k \right) \tag{4-6}$$

$$SC_i, DC_j, GC_k \in C$$
$$C = \{ADD, SUBSTRACT, INTERSECT\}$$
$$\cup \{COINCIDE, PARALLEL, ANGEL, CONTACT\}$$
$$\cup \{DISTANCE, LENGTH, ANGEL, DIA, POSITON\}$$
$$\cup \{Herizontal, Vertical, Center, Perpendicular\} \tag{4-7}$$

式(4-4)表明，模块结构模型由一系列子结构 SS_i（$i=1，2，\cdots，n$）及子结构间的关联约束 SC_i（$i=1，2，\cdots，n$）构成。子结构是指模块结构的各组成部分，如注塑模具中浇注模块由浇口（gate）、主流道（sprue）、分流道（runner）、冷料井（cold-slug well）等组成。

式(4-5)表明子结构由若干设计特征 DF_j（$j=1，2，\cdots，Ni$）以及特征间的关联约束 DC_j（$j=1，2，\cdots，Mi$）构成。结构设计特征是实体模型的组成要素，如成型零件又可以分为型芯、型腔两个设计特征。

式(4-6)表明设计特征由一些基本几何要素 GE_k（$k=1，2，\cdots，Ngj$）及几何要素间的约束关联 GC_k（$k=1，2，\cdots，Mgj$）构成。GE 是指点、线、面等各种基本几何元素。

式(4-4)～式(4-6)中的 SC、DC、GC 都是广义模块结构构造中的各种关联约束。约束种类包括：结构布尔关联，指结构体之间的交、并、差等关系；装配关系，指结构体之间的同轴、平行、对齐、角度等相对位置的约束；尺寸约束，指几何元素的长度、直径、位置等参数或几何元素间的距离、角度等参数；形位约束，指对几何元素竖直、水平，或几何元素间相互垂直、平行、同心等约束。

（4）广义模块的特点

如上可见，广义模块具有模块的一般特点，如模块的独立性、系列化等。广义模块除具备一般模块的特征外，还有一些新的特点，如：

① 为了便于进行参数化设计，广义模块的划分可以在结构特征域内进行，可将非结构独立但可参数化表达的结构部分定义为虚拟模块。

② 广义模块的结构模型是具有一定几何拓扑结构的参数化模型。根据具体的设计要求，定义特定的结构参数的值便可生成具体的结构模块，这一过程称为广义模块的实例化。一个

广义模块可对应于一族模块实例。

③ 广义模块必然对应相应的广义接口，接口除了具有规范的形状、尺寸约束外，同时也可用一组参数化尺寸来定义接口结构。

④ 由于虚拟模块和虚拟柔性模块概念的引入，实施广义模块化设计，需要用 CAD 手段来构造广义模块的结构模型，并开发计算机辅助模块化设计工具进行广义模块的数据管理及支持广义模块化设计流程（图 4-3）。

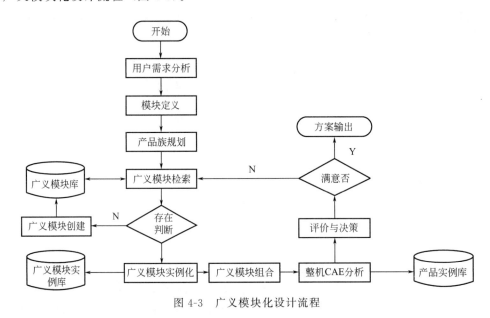

图 4-3　广义模块化设计流程

4.2.2　基于相似特征聚类的广义模块创建原理

(1) 概念说明

广义模块化设计中，一个功能模块可映射为一组不同的结构模块，一个广义模块是一组相似模块结构的抽象表达。相似性分析是广义模块创建的基础，因此，在讨论广义模块创建之前，首先对一些相似性分析的基本概念进行说明。

特征：从相似学角度定义，特征一般指一事物区别于其他事物的特别显著的征象。

相似特征：事物间存在的相似的特征，如产品组成部件之间相似的功能特征、几何特征、物理特征、精度特征等。

要素：任何系统都是由不同要素或子系统组成的，不同系统中的组成要素不同。

相似要素：在系统间存在共有属性和特征而在数值上存在差异的要素，称为相似要素。

相似元：系统间存在一个相似要素，便在系统间构成一个相似单元，简称相似元。

设相似要素 a_i 有 k 个特征，b_i 有 l 个特征，相似要素 a_i 与 b_i 之间有 m 个相似特征。$\pmb{u}$ 为 m 个相似特征的集合。

则相似要素特征数目相似度记为：

$$q(u_i)_n = \frac{m}{k+l-m} \tag{4-8}$$

特征相似度记为：

$$q(u_i)_s = \sum_{j=1}^{m} d_j r_{ij}, (j=1,2,\cdots,m) \tag{4-9}$$

式中，r_{ij} 为第 i 个相似元的第 j 个特征值的比例系数；d_j 为相似特征对元素相似的影响的权重系数。

则相似要素的相似度计算为：

$$q(u_i) = q(u_i)_n q(u_i)_s = \frac{m}{k+l-m} \sum_{j=1}^{m} d_j r_{ij} \tag{4-10}$$

相似要素的相似度表征两要素的相似程度。当 $q(u_i)=1$ 时，表明两要素相等；当 $0<q(u_i)<1$ 时，表明两要素相似，数值大小反映相似程度大小；当 $q(u_i)=0$ 时，表明两要素相异。

（2）基于相似性分析的广义模块创建

从相似学角度来看，对于一个产品系统，其组成要素为部件或分部件，具有相似特征的部件称为相似要素，在模块化设计系统中，功能模块是具有相同功能的部件的总称，因此可以将功能模块称为相似要素，功能模块所属的部件也为相似要素，且任两个部件构成相似元，广义模块划分即是进一步分析确定部件之间的相似特征及其取值，计算其相似度，并根据相似度进行部件的聚类，从中提取典型相似特征构成模块结构。

如图 4-4 所示为广义模块创建原理，模块 1_1 和模块 2_1、模块 j_1 和模块 m_1 属于同一功能模块，两两组成相似元，并具有相似特征 1 和 2，进一步确定其相似特征取值，根据相似特征值的不同，分别聚类出广义模块 1_1 和广义模块 i_1。

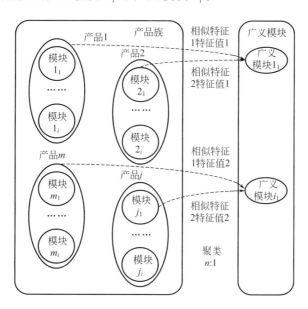

图 4-4　广义模块创建原理

在广义模块化设计中，上述过程分为两步进行：

① 基于功能模块的结构模块相似特征识别，即对功能模块所对应的结构模块的相似特征进行分类，这种分类是结构模块聚类的基础。结构模块相似特征分析一般是从整体到局部，首先分析其形状特征，包括结构布局特征、基本形状特征和一般形状特征；然后再分析形状特征中的尺寸特征、精度特征等详细信息，如图 4-5 所示。

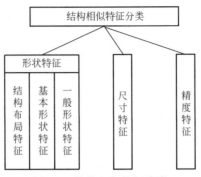

图 4-5　结构相似特征分类

② 结构模块相似特征值的确定，即对第一步中所识别的相似特征，按照式(4-8)～式(4-10)进一步对其进行取值分析，计算其相似度，根据相似度对部件结构进行聚类，从中提取典型相似特征及其取值，构成具体的广义模块结构。

4.2.3　模具广义模块创建

（1）模块创建的一般原则

① 主特征原则　创建柔性模块时，尽量简化模型结构，尤其是在后续的有限元计算中，过多的细节特征会使前处理过程复杂，计算精度降低。建模时，应保留主要特征，略去次要特征。

② 减少参数数量原则　在设计过程中会出现大量设计参数，在柔性模块创建过程中，如果参数过多，会造成参数管理和定制的混乱，也给造型工作增添很多麻烦。为此在设计之初，应减少参数的数量，确定哪些是主要参数，对一些有关联的参数，可以定义参数之间的约束关系来减少参数的数量。

③ 载荷简化原则　进行有限元分析计算时，载荷的施加应根据材料力学的理论进行简化，尽可能与实际受力工况相吻合或接近。对于无偏心要求的载荷，视其均匀作用于受力面；对于有偏心要求的载荷，根据材料力学理论将载荷分解为作用于不同受力面的不同均布载荷。

（2）柔性模块的创建方法

柔性模块是产品族构建的基础，其创建方法有两种：基于实例推理（case-based reasoning，CBR）的创建和基于柔性元结构的创建。

① 基于 CBR 的柔性模块的创建　以企业现有的典型产品实例作为设计依据来创建变形产品及其组成模块的模型。为此，可综合企业成功的产品实例，选出代表性的结构作为设计参考；对所选结构进行 CAE 参数化建模，通过 CAE 分析来确定其模型的适用参数范围；同时，对不合理的结构加以改进，从而得到对应于该参数范围的结构最优柔性模块。这种方法方便快捷，可以有效提高设计效率和可靠性。

② 基于柔性元结构的柔性模块创建　若企业不存在产品设计实例，则需要创建新的柔性模块，采用基于柔性元结构的柔性模块的创成方法。该方法首先要从已经建立的元结构库中检索出所需要的柔性元结构，输入设计参数后将其实例化，然后在 CAD 平台上装配调整，消除干涉，将其拼合成虚拟模块，最后再将虚拟模块和元结构拼合成柔性模块的实例。

基于柔性元结构的柔性模块创建一般流程如下：

柔性模块的创建以 CAD/CAE 技术为基础，主要包括柔性元结构/虚拟柔性模块的查询、创建、实例化和拼合以及柔性模块实例的分析两个阶段，这两个阶段交替进行，直至模块创建完成，如图 4-6 所示。其具体步骤如下：

a.柔性元结构查询。在柔性元结构库中检索所需元结构，若不存在，则进行新的柔性元结构的创建并将其实例化。

b.虚拟柔性模块查询。在虚拟柔性模块库中检索所需虚拟柔性模块并实例化，若不存在，则由柔性元结构实例拼合成虚拟柔性模块实例。

c.将柔性元结构和虚拟柔性模块实例拼合成柔性模块实例。

d.将设计信息传入有限元分析优化系统进行验证和优化。如果不满足设计要求，则重新进行创建，直到得到符合要求的柔性模块实例为止。

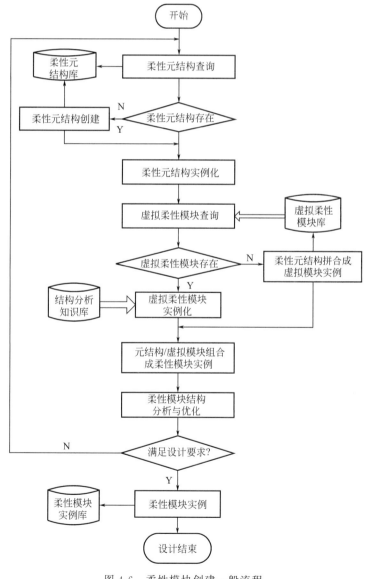

图 4-6　柔性模块创建一般流程

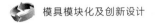

③ 将满足要求的柔性模块实例加入柔性模块实例库中备用。

4.3 模具广义模块参数化几何建模

4.3.1 参数化造型概述

参数化（parametric）造型系统是一种尺寸驱动（dimension-driven）系统。采用预定义的办法建立图形的几何约束集，指定一组尺寸作为参数与几何约束集相联系，因此改变尺寸值就能改变图形。其主要技术特点是：基于特征、全尺寸约束、尺寸驱动设计修改、全数据相关。

① 基于特征：将某些具有代表性的平面几何形状定义为特征，并将其所有尺寸存为可调参数，进而形成实体，以此为基础来进行更为复杂的几何形体的构造。

② 全尺寸约束：将形状和尺寸联合起来考虑，通过尺寸约束来实现对几何形状的控制。造型必须以完整的尺寸参数为出发点（全约束），不能漏注尺寸（欠约束），不能多注尺寸（过约束）。

③ 尺寸驱动设计修改：通过编辑尺寸数值来驱动几何形状的改变。

④ 全数据相关：尺寸参数的修改导致其他相关模块中的相关尺寸得以全盘更新。

采用这种技术的理由在于：它彻底克服了自由建模的无约束状态，几何形状均以尺寸的形式而牢牢地控制住。如打算修改零件形状时，只需编辑一下尺寸的数值即可实现形状上的改变。尺寸驱动已经成为当今造型系统的基本功能。

工程关系（engineering relationship），如重量、载荷、力、可靠性等关键设计参数，在参数化系统中不能作为约束条件直接与几何方程建立联系，它需要另外的处理手段。

参数化造型系统一般不能改变图形的拓扑结构，因此想对一个初始设计做方案上的重大改变是做不到的，但对系列化标准化零件设计以及对原有设计做继承性修改则十分方便。

目前具有参数化造型功能的主要 CAD 软件有：Pro/Engineer、CATIA、UG、I-DEAS、SolidWorks 等，这些系统都以参数化造型作为其基本功能，但又各具不同的特点。

如 PTC 公司的 Pro/Engineer 通过记录设计历史来捕捉设计意图，并具有全局设计参数、双向数据关联等特点，其参数化特征造型功能贯穿于整个产品，包括特征、曲面、曲线以及线框模型等。而 Dassault Systems 公司的 CATIA 具有一个独特的装配草图生成工具，支持欠约束的装配草图绘制以及装配图中各零件之间的连接定义。系统内部的一个机构设计软件能快速地创建、修改和分析装配草图，设计结果动态地显示在屏幕上，可以进行非常快速的概念分析。模型不必被完全约束。

以上各种 CAD 系统都具有强大的功能，在进行具体的产品设计时，根据产品特点和要求，对所采用的 CAD 系统进行二次开发，将充分发挥其功能并提高设计的效率，可以比较方便地实现面向特定产品的程序自动建模功能。

4.3.2 模具广义模块参数化几何建模

(1) 模块结构模型的参数分类

在广义模块设计中，其参数化结构模型的参数分为两类：

① 结构模型驱动参数：是用户提供的设计参数或结构设计本身所要求的参数，如注塑

模具中的浇口数、模板数和顶杆数等。这类参数是使模块结构发生变化的驱动因素，它们和其他参数之间具有一定的关系。

②结构被驱动参数：该类参数按照预定义的参数关系，根据广义模块结构模型驱动参数的变化而变化。

（2）约束及约束关系

约束是指事物存在所必须具备的某种条件或事物之间应满足的某种关系。约束说明设计问题中的需求、设计变量间应遵循哪些关系和存在什么样的资源限制等来描述设计问题。参数化设计中的约束关系表达的是几何形状特征之间的关系。

根据约束的形态可将约束关系分为：

①几何约束：描述各类图素的几何不变的信息称为几何约束。

②位置拓扑结构约束：描述图素之间的空间相对位置和连接关系的信息称为拓扑结构约束。

③尺寸约束：描述尺寸要求的信息称为尺寸约束。

在一般的参数化设计中，模块结构设计参数之间的约束主要是驱动参数的变化直接影响被驱动参数的大小变化，即模块的规格尺寸的变化。而注塑模具广义模块结构模型的参数化则是特征（分模块）数量的参数化。

（3）注塑模具广义模块建模

在注塑模具产品中，根据其模板数变化时产品结构变化的特点可以构建多个广义模块模型，在进行广义模块模型建模的时候，可把这些广义模块模型进一步分为多个分模块，如图 4-7 所示。广义模块根据浇口数进行参数化驱动，即定制，是通过改变广义模块中柔性分模块的数量来实现的。

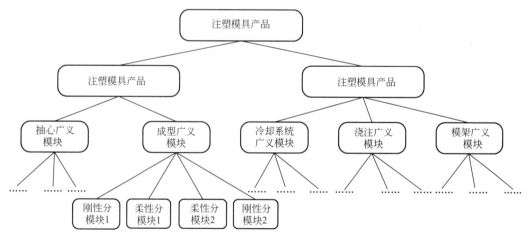

图 4-7　注塑模具广义模块模型构成

注塑模具中各广义模块模型的建模原理都相同，如图 4-8 所示：

①完成组成广义模块的各零件的零件模型的创建，并保存。

②按照分模块的划分结构对各零件进行装配，并保存。

③分析并确定驱动参数与被驱动参数的约束关系。

④装配分模块生成广义模块模型，保存该模型。

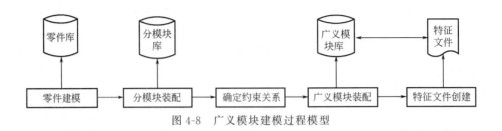

图 4-8　广义模块建模过程模型

4.3.3　模具模块有限元建模

有限元方法应用于模块的分析中有其优点，因为在同一模具中，不同模块所需承受的各种力有所不同，所以不同模块可以通过有限元网格划分及分析，用不同材料就可以满足每个模块的应力和强度要求，从而也可以减少贵重稀有材料的消耗。这里主要以 Pro/E（Pro/Engineer）阐述模具模块有限元建模。

Pro/E（Pro/Engineer）主要包括机械 CAD 参数化特征造型、曲面造型、装配造型和加工与仿真等几个部分。Pro/E 采用的是特征建模技术，其内部提供了二次开发工具 Pro/Program，在 Pro/E 的基础上进行二次开发，可以比较方便地实现面向特定产品的程序自动建模功能。

4.4　基于产品平台的注塑模具产品定制技术

4.4.1　基于广义模块的模块定制

基于广义模块的模块定制是指用广义模块根据用户需求参数生成特定的模块结构，这是一个基于知识的参数化结构设计过程，可以实现模块结构快速设计，其具体实现需要开发专用的系统来完成。图 4-9 是基于广义模块的模块结构设计系统原理图。

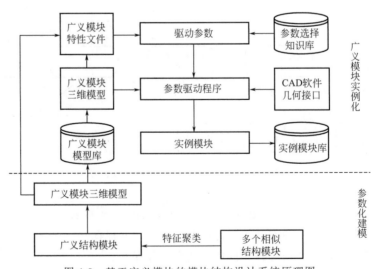

图 4-9　基于广义模块的模块结构设计系统原理图

广义模块实例化部分是以 AutoCAD 为平台，利用其提供的二次开发工具 Pro/Toolkit，采用 VC＋＋并结合数据库技术开发的，以上述的参数化建模部分为基础的设计平台。根据用户需求参数到广义模块模型库中选择合适的广义模块模型，每个广义模块模型唯一地对应于一个特征文件，其中含有广义模块的几何及属性信息。从特征文件抽取驱动参数，通过与知识库关联可以把专家知识映射到这些参数上；然后广义模块的图形信息与参数信息共同传递给参数驱动程序，利用 AutoCAD 的参数驱动机制快速生成模块实例，即满足特定要求的模块，该模块存入实例模块库，为产品设计提供数据。

4.4.2　基于产品平台的注塑模具产品定制

如前所述，注塑模具产品系统可以规划为以不同产品平台为核心的产品族，这里还是以注塑模具产品族为研究对象，分析基于产品平台的注塑模具产品定制技术。

在一个产品族中，产品的变型可以有如图 4-10 所示的两种方式。

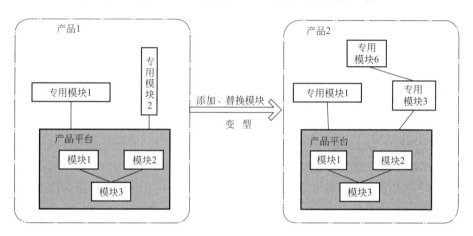

(a) 产品族中产品变型方式1

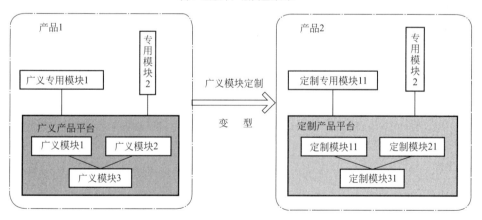

(b) 产品族中产品变型方式2

图 4-10　产品族中产品变型方式

（1）增加、删除或替换专用模块

在产品平台完全保持不变的情况下，根据不同的功能、性能等要求进行专用模块的替换［图 4-10（a）］。如在注塑模具产品族中，在产品平台不变的情况下，根据不同的加工塑件结构或浇注要求采用不同的浇注执行模块，或者根据不同的辅助模块要求，选用或不选用某一

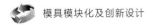

辅助模块。

完成这种变型后，两产品之间的功能模块有所不同。

（2）产品平台或专用模块结构的参数化变型

根据某一产品族的结构特点，总结其中的设计经验和设计知识，构建一个广义产品平台，这个产品平台内包含刚性模块和参数化的广义模块，根据用户需求，定制广义模块而构成的定制变型产品［图4-10(b)］。这种变化体现到产品平台或模块上就形成了不同的设计知识。

4.5 模块接口设计

由于注塑模具产品平台中包含刚性模块和广义模块，产品定制时要根据客户需求定制广义模块，模块与模块的组合计算、替换等操作关系到接口设计是否合理，因而影响到模块化产品的设计周期、产品性能等因素，因此，有必要对模块的接口及其相关技术问题进行深入研究。

4.5.1 模块接口的概念与性质

（1）模块接口的定义

回顾已往的研究，许多学者从不同的角度对模块接口的概念进行了描述：

模块接口是有着相互结合关系的模块在结合部位存在的具有一定几何形状、尺寸和精度的边界结合表面。这个定义主要考虑的是接口的组成特征。从功能传递的角度来定义接口，认为接口是系统各组成部分之间可传递功能的共享界面，物质、能量、信息通过接口进行传递，模块通过接口组成系统，系统中能有效地实现模块间功能传递所必需的一套独立于模块功能（即不随模块而异）的接口要素称为接口系统。

在广义模块化设计中，模块接口包括刚性模块接口和广义模块接口，由于广义模块模型是可定制的，因此，其接口也存在参数化的问题，在注塑模具中，广义模块的接口参数化主要是接口数量的参数化。

（2）模块接口的分类

对机械产品而言，根据接口所连接模块性质的不同，模块接口可分为机械接口、电气接口、软件接口以及不同物理量间的转换接口，如机电转换接口、光电转换接口等。本书所讨论的模块接口属机械接口。

按接口间是否存在相对运动，模块接口可分为静态接口与动态接口，动态接口根据相对运动形式不同又可分为滚动接口和滑动接口。此外，根据定位方式与夹紧方式的不同，各类接口又可作进一步的划分。

从接口的连接方式考虑，接口可分为直接接口和间接接口，直接接口是指相连接模块本身的接口能直接连接并满足功能要求，机械模块中的大部分是通过各种连接件及连接孔系进行连接的，这些接口均为直接接口；间接接口是指当两个模块无法直接匹配时，通过专门设计的接口模块来连接，这些接口模块可对信息或参数进行处理，使相连的模块能够匹配，它本身也可看作是一个模块，如电动机与传动轴之间的联轴器等。如图4-11所示为直接接口与间接接口。

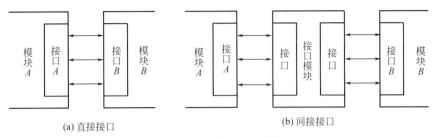

图 4-11　直接接口与间接接口

（3）模块接口的功能

模块接口的功能主要有两个，一是约束定位；二是物质、能量、信息的传递。

① 约束定位　设 m_1、m_2 分别为产品 P 的两个模块，它们之间通过接口 C 结合在一起，当 C 不存在时，m_1、m_2 分别具有全部自由度；当 C 对其施加作用后，它们将分别减少 n 个自由度，$0 < n \leqslant 6$。

由此可见，接口的功能之一是通过限制所连接模块的自由度，对所连接模块的空间关系进行约束，从而使其有序地存在于产品中，实现产品的特定功能。

② 物质、能量、信息的传递　如果将产品看作一个工厂，则每个模块均是它的一个车间，而车间之间的物流交换则是接口的主要功能之一。接口在实现这一功能时，不仅要完成物质、能量、信息的输入/输出，而且在某些情况下，还可以对其进行调整和转换，如齿轮副接口可以改变转速等。

在对注塑模具类产品的模块接口进行分析的基础上，文中归纳了机械模块接口的基本功能，如图 4-12 所示。

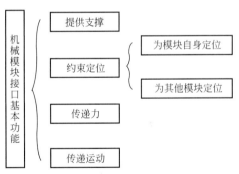

图 4-12　机械模块接口的基本功能

（4）模块接口的基本性质

模块之间的边界结合表面是成对出现的，这种性质称为模块接口的对偶性。成对的边界结合表面称为接口副。

4.5.2　模块接口的设计过程及其系列化、标准化

（1）模块接口设计的一般过程

模块化产品不是各组成模块的简单堆砌，而是通过接口系统构成的有机整体。要想把分立的模块连接成系统并协调地工作，必须进行正确、合理的接口设计，接口设计的质量对模块化产品的质量与效能具有举足轻重的作用，如图 4-13 所示为模块接口设计的一般过程。

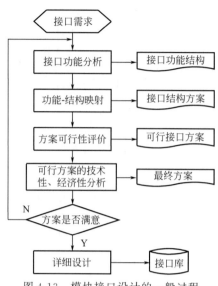

图 4-13　模块接口设计的一般过程

（2）模块接口的系列化与标准化

在模块化系统中，模块接口是作为一个接口系统而存在的，这个系统具有系列化与标准化的特点。对于广义模块的接口，可通过接口参数加以定制，其接口参数的定制是与广义模块的定制相对应的。

模块接口系列化的主要原则有两个，即模块接口集合形状的统一性原则和模块接口几何尺寸的优选性原则。此外，还有模块接口材料尽量相同的原则和模块接口几何尺寸的精度、表面粗糙度等尽可能统一的原则。

系统相似、尺寸与性能参数皆成一定比例关系的产品称为相似系列产品，对于同一系列的模块接口，其几何形状应是相似或类似的，不同的仅仅是具体尺寸的差异。因此，同一系列的模块接口构成了一个相似系列或者部分相似系列。相似系列产品不是按单个产品设计，而是在基型产品的基础上通过相似理论利用相似比关系计算出整个系列产品的尺寸和参数。解决相似问题的关键是找出相似系统各尺寸及参数的相似比。

注塑模具产品系列属于部分结构相似产品系列的范畴。部分相似产品系列是不完全符合几何相似的产品系列，各参数和尺寸根据使用或工艺要求可能有不同的比例关系。

因此，注塑模具产品模块接口系列化设计的总体思想是：基于模块接口系列化的原则灵活运用相似系列产品的基本相似理论，设计出标准模块接口几何结构和几何尺寸的系列原型，然后，再对系列原型进行技术经济分析和修正。

4.5.3　注塑模具模块接口的类型及其标准化

（1）接口类型

注塑模具模块的接口具有的特点是：类型不是很多，但同一类型的接口数量多，并且接口的结构较复杂，特别是其传动模块。

因此，在对注塑模具的模块进行创建的过程中，接口的系列化和标准化方面的工作量大、难度高。

（2）接口标准化

在注塑模具产品模块化设计中，需要对模块接口按上述基本规则进行标准化和系列化设计或改造。

通过对企业多个注塑模具产品的分析和对比可知，其产品变型或更新中某些部件的划分及设计已具有模块化设计的基本思想，因此，模块化设计的接口标准化就相对简单易行。如图 4-14 所示是浇注模块与模架之间的接口，分为头、中、尾三个接口件，它们起连接、固定作用，包括固定平面接口和圆柱接口。这些专门设计的中间过渡连接件，在模块化设计中就是模块接口。其平面接口是该模块与模架模块的连接面；而圆柱面接口是与浇注模块的连接面。这种类型的接口不经结构修改，直接标准化为模块接口，以保证产品变型可快速进行模块互换和组合。

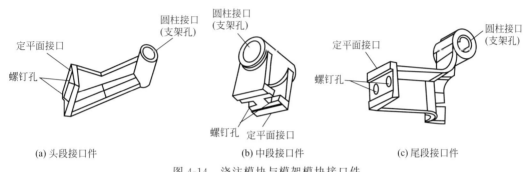

(a) 头段接口件　　　　　　　　(b) 中段接口件　　　　　　　　(c) 尾段接口件

图 4-14　浇注模块与模架模块接口件

对于一些比较特殊的接口，当参数需求不同时，模块接口可在建立参数接口模型后进行系列化定制。

对于部件之间接口不明显或已有的接口结构复杂、不利于模块化设计进行的情况，则需要根据模块的划分对接口进行重新设计或对接口结构进行修改。

4.5.4　注塑模具模架类型及其标准化

4.5.4.1　模架结构概述

模架是注射模具设计与制造的基础部件，它是由模板、导柱、导套和复位杆等零件组成但无加工型腔的组合体，模架的结构设计是整个模具设计的基础。标准模架是由结构、形式和尺寸都已经标准化且具有一定互换性的零件成套组合而成的。塑料注射模 CAD 的一个主要设计步骤就是根据型腔形状及布置方案确定注塑模的总体结构，即选定典型模架系列。标准模架作为 CAD/CAM 系统的重要组成模块，是提高注塑模结构设计的重要条件。国际上，塑料注射模的模架均已形成企业标准，主要有中国香港的龙记 LKM、美国的 DME，德国的 HASCO、日本双叶电子工业公司的 FUTABA 标准应用得较广。这几种标准之中，模架的基本形式相差不大，只是分类方法、命名方式以及底板的固定形式不同。

为提高模具质量、缩短模具生产周期、便于组织专业化生产、促进模架的商品化，国家技术监督局在 2006 年制定了《塑料注射模模架》（GB/T 12555—2006）标准。图 4-15 所示是标准模架的基本结构。

中小型标准模架以其所采取的浇注形式、制件脱模方法和定动模组成可以分为基本型和派生型两类，基本型代号为 A，分为 A1～A4 型；派生型代号为 P，分 P1～P9 型。各种模

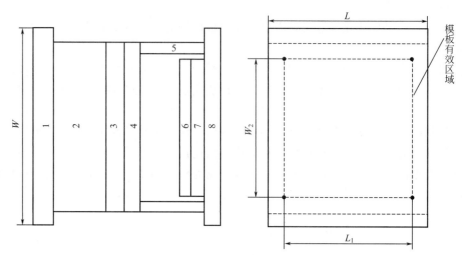

图 4-15 模架基本结构图

1—定模固定板；2—定模板；3—动模板；4—支撑板；5—垫板；
6—顶出固定板；7—顶出板；8—动模固定板

架的组合形式和使用情况如下：

A1 型：定模采用两块模板，定模采用一块模板，设置以推杆推出塑件的机构组成模架，适用于立式或卧式注射机上。单分型面，一般设在合模面上，可设计成多个型腔以成型多个塑件的注射模。

A2 型：定模和动模均采用两块模板，设置推杆以推出塑件的机构组成模架，适用于立式和卧式注射机上。其用于直浇道，采用斜导柱侧面抽芯、单型腔成型，其分型面可在合模面上，也可以设置斜滑块垂直分型面的注射模。

A3、A4 型：A3 型定模采用两块模板，动模采用一块模板，它们之间设置一块推件板用以推出塑件；A4 型的定模和动模均采用两块模板，它在动、定模板之间也设置一块推件板用以推出塑件。A3、A4 型均适用于立式或卧式注射机上，适用于薄壁壳体塑件，脱模力大，以及塑件表面不允许留有顶出痕迹的塑件成型模具。

P1～P4 型：P1～P4 型是由基本型 A1～A4 型对应派生而来，结构形式上的不同点在于去掉了 A1～A4 型定模板上的固定螺钉，使定模板部分增加了一个分型面，多用于点进料口形式的注射模，所以其功能和用途可按 A1～A4 型的要求。

P5 型：由两个模板组合而成，主要适用于直接点浇口的简单整体型腔注射模。

P6～P9 型：其中 P6 型与 P7 型、P8 型与 P9 型是互相对应的结构，P7、P9 型相对于 P6、P8 型只去掉了定模座板上的固定螺钉。它们均适用于复杂结构的注射模，如定距分型自动脱落浇口式注射模等。

4.5.4.2 模架设计程序

目前，模架的设计与选择都是经过人工计算，设计人员根据个人经验和企业自身积累的以往的知识进行选择，所以如何减少设计过程中的主观因素、实现自动化，一直是 CAD/CAM 软件开发商研究的课题。一套模架设计基本上需要确定以下三方面的内容：

① 模架类型的确定：它与制品基本形状、浇注系统、推件形式、有无侧抽芯有关。

② 模架系列（模板的周界尺寸）：它与模具的大小、分型面面积、模具的布置形式、型

腔地板厚度、型腔之间的间隔值有关。

③ 模架型号确定：它与制件从模具中推出的方式、型腔的深度、制品开模方向高度以及推出制品的一些要求有关。

在开发过程中，整体上将模架类型选择与尺寸确定分开来确定，但设计过程中两者并不是平行关系，而是按顺序进行的，即先确定模架的基本类型，针对不同的模架类型，代入不同的解决程序。基于此，将模架的设计分以下三部分完成。

(1) 模架种类的确定

模架的设计首先需要以制品特征确定浇口的形式、动模板的数量、脱模方式，从而确定模架的基本类型，建立了模架的通用模型。不同类型，对应不同模型。模架的通用模型包括了不同的组成部件，各部件的具体尺寸没有给出，但各个零部件间大体的拓扑关系已定。

按照标准 GB/T 12555—2006 规定的塑料注射模架的标记部分，开发主要针对周界尺寸≤560mm×900mm 的中小型注塑模架标准。模架类型确定流程图见图 4-16。

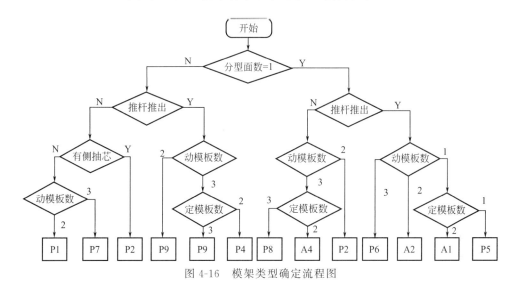

图 4-16　模架类型确定流程图

(2) 模架尺寸的确定

模架设计并不是孤立进行的，它是与模具的特点和尺寸相关的，只有确定了模具的尺寸和结构特点，才能从尺寸上确定模架，所以在这个阶段，针对上面确定的模架类型，通过制品的尺寸要求（并不需要精确确定成型零件的尺寸，确定单腔模具包围立方体、圆柱体的尺寸即可）、精度要求、模具的成本来确定模板的主要尺寸，然后确定各个零件如推杆、推板、导柱、垫块的尺寸。如果这些尺寸与零件库中的尺寸系列不一致，则采用一定的原则来选择处理，将选出的虚拟零件组合。

模架的尺寸设计应保证其满足在注射过程中模具与模具、模具与流道、模具与冷却管道之间不互相干涉，在保证面积尺寸的同时，还要保证注塑完之后，塑件能够顺利地取出，保证与注射机之间满足尺寸要求。

(3) 模架可行性校核

模架初步确定之后，需要进行校核，主要是看与压力机的规格参数是否冲突，如果满足要求则采用，否则予以修正。采用注射机校核模架，主要从三方面来考虑：

① 最大注射量的校核：塑件的质量或体积必须与所选择注射成型机的最大注射量相

适应。

② 注射压力的校核：注射机的最大注射压力应稍微大于塑件成型所需要的注射压力。

③ 型腔数的确定及锁模力的校核：注射机的最大注射力和锁模力制约着模具型腔数目的多少；其次需要保证注射机的锁模力必须大于型腔内熔体压力与浇注系统在分型面上投影面积之和的乘积。即

$$F_0 \geqslant F = p_c A \tag{4-11}$$

式中　F_0——注射机的公称锁模力，N；

　　　p_c——模内平均压力（型腔内的熔体平均压力），其与塑件的材料有关，参见表4-1；

　　　A——塑件、流道、浇口在分型面上投影面积之和，mm^2；

　　　F——注塑压力在型腔内所产生的作用力，N。

表 4-1　常选用的平均型腔压力

材料及要求	平均型腔压力/MPa
易于成型的 PE、PP、PS 等厚壁塑料件	25
薄壁普通塑料件	30
ABS、PMMA、POM 等中等黏度物料，且制品有精度要求	35
高黏度 PC、PSU，或制品有高精度要求	40
高黏度物料、流程比大、形状复杂	45

④ 模具与注射机合模部分相关尺寸的校核：主要是考虑喷嘴尺寸、定位孔尺寸、模具厚度和注射机模板的闭合厚度、模板规格与拉杆间距、安装螺孔尺寸。

⑤ 开模行程的校核：塑料注塑成型机的开模行程是有限的，开模行程应该满足分开模具取出塑件的需要，因此，塑料成型机的最大开模距离必须大于取出塑件所需的开模距离。

一般选择 d 和 e 作为校核的首要满足条件，其次是满足 a～c 三个条件，它的校核主要是装配的角度考虑模架能否正常安装，以及生产过程中与所选注射机是否发生干涉。

4.5.4.3　模架系列尺寸规格

注塑模在注射成型过程中，由于注射成型需要的压力很高，型腔内部需承受熔融塑料的巨大压力，这就要求型腔要有一定的刚度和强度，如果型腔的强度和刚度不足，则会造成模具的变形和断裂。型腔侧壁所承受的压力应以型腔内所受最大压力为准，由理论分析和生产实际表明：对于大型模具型腔，由于型腔尺寸较大，常常因此刚度不足而弯曲变形，所以应先确定许用变形量，按照刚度进行设计计算，然后用强度条件进行校核；对于小型模具的型腔，主要存在强度问题，型腔常常在弯曲变形之前，其内应力已经超出许用应力而发生塑性变形，甚至断裂破坏，所以应按强度进行设计计算，再依据刚度条件进行校核。

对多种样式的、型腔复杂的凹模板和垫块进行强度和刚度计算，需要计算机技术，以有限元和边界元的数值分析方法进行分析。此次研究主要是从力学的角度来解决大量的一般性的型腔强度和刚度计算，为此将多种多样的型腔结构形式模型化，归类为圆形型腔和矩形型腔的整体式及组合式，共四种凹模结构，如图4-17～图4-20所示。

（1）圆形整体式型腔厚度的强度和刚度计算

① 侧壁厚的计算。

根据刚度条件计算：

$$R = r \sqrt{\dfrac{1 - u + \dfrac{E[\delta]}{rp}}{\dfrac{E[\delta]}{rp} - u - 1}} \tag{4-12}$$

$$S = R - r \tag{4-13}$$

式中　S——侧壁厚，mm；

p——型腔压力，MPa；

E——弹性模量，MPa；

r——侧壁内半径，可取塑件半径，mm；

$[\delta]$——允许变形量，mm；

u——模具材料的泊松比，对于碳钢为 0.25。

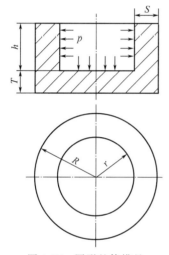

图 4-17　圆形整体模具

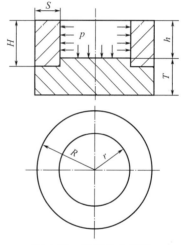

图 4-18　圆形组合模具

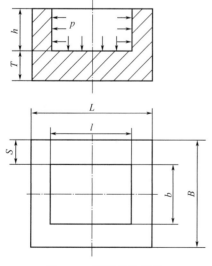

图 4-19　矩形整体模具

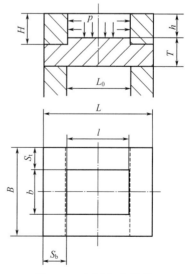

图 4-20　矩形组合模具

根据强度条件计算：

$$R = r\sqrt{\frac{[\sigma]}{[\sigma] - 2p}} \tag{4-14}$$

$$S = R - r \tag{4-15}$$

式中　S——圆形型腔的侧壁厚度，mm；

　　　r——侧壁内半径，可取塑件半径，mm；

　　　p——型腔压力，MPa；

　　　$[\sigma]$——模具材料的许用应力，MPa。

② 底板厚的计算。

根据刚度条件计算：

$$T = \sqrt[3]{\frac{0.175pr^4}{E[\delta]}} \tag{4-16}$$

式中　T——型腔底板厚度，mm；

　　　r——型腔半径，mm；

　　　p——型腔压力，mm；

　　　E——弹性模量，MPa；

　　　$[\delta]$——刚度条件即允许变形量，mm。

根据强度条件计算：

$$T = \sqrt{\frac{3pr^2}{4[\sigma]}} \tag{4-17}$$

式中　T——型腔底板厚度，mm；

　　　r——型腔半径，mm；

　　　p——型腔压力，mm；

　　　$[\sigma]$——模具材料的许用应力，MPa。

(2) 圆形组合式型腔厚度的强度和刚度计算

① 侧壁厚的计算。组合式型腔侧壁的强度和厚度计算方法和整体式方法相同，只不过所得的结果应有所保留。在同等条件下，组合式型腔的强度和刚度要求大于整体式型腔。

② 底板厚的计算。

根据刚度条件计算：

$$h = \sqrt[3]{\frac{0.74pr^4}{E[\delta]}} \tag{4-18}$$

式中　h——型腔厚度，mm；

　　　p——型腔压力，MPa；

　　　r——型腔半径，mm；

　　　E——模具材料的弹性模量，MPa；

　　　$[\delta]$——允许变形量，mm。

根据强度条件计算：

$$h = \sqrt{\frac{1.22pr^2}{[\sigma]}} \tag{4-19}$$

式中　h——型腔厚度，mm；

　　　p——型腔压力，MPa；

　　　r——型腔半径，mm；

　　$[\sigma]$——允许变形量，mm。

（3）矩形整体式型腔厚度的强度和刚度计算

① 侧壁厚的计算。

根据刚度条件计算：

$$S=\sqrt[3]{\frac{Cph^{4}}{\varphi E[\delta]}}\qquad\qquad(4\text{-}20)$$

其中

$$C=\frac{3(l^{4}/h^{4})}{2(l^{4}/h^{4})+96}$$

$$\frac{b}{l}=1\text{ 时，}\varphi=0.6$$

$$\frac{b}{l}=0.6\text{ 时，}\varphi=0.7$$

$$\frac{b}{l}=0.4\text{ 时，}\varphi=0.8$$

式中　S——侧壁厚，mm；

　　　p——型腔压力，MPa；

　　　E——弹性模量，MPa；

　　　h——侧壁的高度也即型腔的深度，mm；

　　$[\delta]$——允许变形量，mm；

　b，l——侧壁的内边长，mm。

根据强度条件计算：

$$\frac{h}{l}\geqslant 0.41\quad S=\sqrt{\frac{pl^{2}}{2[\sigma]}}\qquad\qquad(4\text{-}21)$$

$$\frac{h}{l}<0.41\quad S=\sqrt{\frac{3ph^{2}}{2[\sigma]}}\qquad\qquad(4\text{-}22)$$

式中　S——侧壁厚，mm；

　　　p——型腔压力，MPa；

　　　h——侧壁的高度也即型腔的深度，mm；

　　　l——侧壁的内长边长；

　　$[\sigma]$——模具材料的许用应力，MPa。

② 底板厚的计算。

根据刚度条件计算：

$$T=\sqrt[3]{\frac{Cpb^{4}}{E[\delta]}}\qquad\qquad(4\text{-}23)$$

其中

$$C=\frac{l^{4}/b^{4}}{32[(l^{4}/b^{4})+1]}\qquad\qquad(4\text{-}24)$$

式中　T——底板厚，mm；

p——型腔压力，MPa；

E——弹性模量，MPa；

b，l——侧壁的内边长，mm；

$[\delta]$——允许变形量，mm。

根据强度条件计算：

$$T = \sqrt{\frac{pb^2}{2[\sigma]}} \tag{4-25}$$

式中 T——侧壁厚，mm；

p——型腔压力，MPa；

b——侧壁的内短边长，mm；

$[\sigma]$——模具材料的许用应力，MPa。

(4) 矩形组合式型腔厚度的强度和刚度计算

① 侧壁厚的计算。

根据刚度条件计算：

$$S = \sqrt[3]{\frac{5pl^4h}{32E[\delta]H}} \tag{4-26}$$

式中 S——侧壁厚，mm；

p——型腔压力，MPa；

E——弹性模量，MPa；

h——侧壁的高度也即型腔的深度，mm；

H——侧壁镶块高度，mm；

l——侧壁的内长边长，mm；

$[\delta]$——允许变形量，mm。

根据强度条件，以长边和短边为对象计算方式不同：

以长边 l 为对象满足的条件：

$$\frac{phb}{2HS} + \frac{phl^2}{2HS^2} \leqslant [\sigma] \tag{4-27}$$

以短边 b 为对象满足的条件：

$$\frac{phl}{2HS} + \frac{phb^2}{2HS^2} \leqslant [\sigma] \tag{4-28}$$

式中 S——侧壁厚，mm；

p——型腔压力，MPa；

h——侧壁的高度也即型腔的深度，mm；

H——侧壁镶块高度，mm；

l，b——侧壁的内边长，mm；

$[\sigma]$——模具材料的许用应力，MPa。

② 底板厚的计算。

根据刚度条件计算：

$$T = \sqrt[3]{\frac{5pL_0^4}{32E[\delta]B}} \tag{4-29}$$

式中　T——底板厚，mm；

　　　p——型腔压力，MPa；

　　　E——弹性模量，MPa；

　　　L_0——侧壁的内边长，mm；

　　　B——模板的短边长度，mm；

　　　$[\delta]$——允许变形量，mm。

根据强度条件计算：

$$T=\sqrt{\dfrac{3pbL_0^2}{4B[\sigma]}} \tag{4-30}$$

式中　T——侧壁厚，mm；

　　　p——型腔压力，MPa；

　　　L_0——侧壁的内短边长，mm；

　　　B　模板的短边长度，mm；

　　　$[\sigma]$——模具材料的许用应力，MPa。

在依据强度进行确定或校核时，都涉及许用变形量，型腔许用变形量的确定通常从模具型腔不发生溢料、保证塑料件的尺寸精度、塑料件顺利脱模三方面考虑，此次研究主要是针对中小型精密模具的研究，所以主要是从塑件的尺寸精度方面考虑。从这个角度，模具型腔不能产生过大的、使塑料件超差的变形量，型腔壁厚的许用变形量为塑料件尺寸以及公差的函数，而模具的尺寸精度又跟塑料件的精度有对应关系，对此，表 4-2 提供了直接由尺寸的关系来计算的方法。

表 4-2　计算许用变形量[δ]的计算式

注塑件精度（GB/T 1800.1—2009）	2～3 级	4～8 级
模具制造精度（GB/T 1800.1—2009）	IT7～IT8	IT9～IT10
组合式型腔低黏度塑料如 PE、PP、PA	$15i$	$25i_1$
组合式型腔中等黏度塑料如 PS、ABS、PMMA	$15i_2$	$25i_2$
组合式型腔高黏度塑料如 PC、PSF、PPO	$15i_3$	$25i_3$
整体式型腔	$15i_2$	$25i_2$

注：1. $i_1=0.35W^{\frac{1}{5}}+0.001W$；$i_2=0.45W^{\frac{1}{5}}+0.001W$；$i_3=0.55W^{\frac{1}{5}}+0.001W$。

2. W 应是影响模具变形的最大尺寸。若是圆筒形则 W 为 r 或 h，若是矩形则 W 为长边长。

3. W 单位是 mm，i 单位是 μm。

4.5.4.4　模架设计数据的管理

在工程设计和产品制造过程中需要处理大量的数据信息，例如：各种各样的标准和规范、经验数据、试验曲线以及大量的图表等。在传统的设计中，这些数据往往是以手册的形式提供的，设计者需要手工查询。随着现代计算机技术的飞速发展，人们把各种各样的信息数据存储在计算机中，通过计算机来进行管理和处理。

信息在计算机中的存储与管理方式一般分为以下三种方式：数组、文件、数据库。

① 用程序或数组的方式来管理标准数据。该方式适合在程序模块的内部管理私有的、静态的、不活跃的数据。这种方式编程容易，但数据量较小，数据不易共享。数据查询速度较慢，导致程序的运行效率低，但这一缺点在微机性能高度发展的今天已经不很突出了。

② 以数据文件的方式管理标准数据。该方式的特点是实现方便，使用效率高，数据文件具有较高的开放性，相对于开发软件独立，但这也使数据的安全性得不到保证，开发用户需要对文件的物理存储细节有相当的了解。其关系如图 4-21 所示。

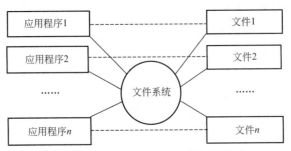

图 4-21　文件系统中程序和数据的关系

③ 采用数据库的方式。在这一方式下，数据具有较高的独立性和较少的冗余，且集合中的文件具有一定的关联性。根据模架库的具体情况，不仅可以使数据具有共享、独立及集中管理数据库的管理方式的优点，而且可以充分利用参数化的优点，使用户能够方便地对设计数据进行添加和职能修改。

考虑到模架标准针对不同厂商而不同，用户不可能去关心采用的软件系统的内部结构，这就造成不同模架数据知识或是一些新数据知识嵌入的困难，这样第一种方式不便采用。从先进性上，采用第三种方式最为理想，但 CADCEUS 软件与何种数据库链接，链接的接口是什么，现有的开发资料中没能提供，所以采用第二种数据管理方式将系列尺寸知识与开发平台分离，将设计尺寸知识独立的存储在 Excel 或是以一定的格式存储在 ＊.txt 文件中。针对模架尺寸系列数据，这种存储方式仍能满足要求，也不失效率，在文件系统中，应用程序通过某种存取方法直接对数据进行操作。

根据模板尺寸系列值的主从关系，采用层状结构。层状结构属于层次关系结构，由于一个宽度系列对应多个长度值，所以知识表中将模板宽度作为第一个层次，则模板长度可放在第二个层次。一旦将模板宽度确定，就可进入第二层次查找某一宽度合适的动模板长度，因为动模板的长度隶属于动模板的宽度，这就克服了文件数据管理的紊乱，降低了数据的冗余度，作为一个独立存在的外部文件，虽然安全不能保证，但在这里不是主要的考虑因素；从另一个角度考虑，这样反倒增加了数据文件的灵活性，例如模板系列值以数据文本的形式存储，根据层状结构特点，确定格式如下：

/ITEM　TAB1（龙记标准模架尺寸）

ITEM1（号）	ITEM2（有效宽）	ITEM3（有效长）	ITEM4（模板宽）	ITEM5（模板长）
1	90	114	150	150
2	90	150	150	200
3	90	214	150	250
4	110	158	180	200
5	110	188	180	230
6	110	208	180	250
……				

为实现软件自身与这些文件的链接和访问，在程序执行过程中，利用开发语言的

TREAD_SEQ()命令来读入相应的数据表信息，读取的过程中，将整个数据表作为一个数组进行处理。首先是读取有用的行或列，然后对行或列中的单个单元进行操作。

4.5.4.5　DKS 在模架设计中的应用

(1) DKS 的主要思想

随着近几十年人工智能，特别是专家系统和知识库等研究成果改变了计算机单纯地只能对数据进行处理的状况，事实表明计算机不但是一种数据处理工具，而且在知识处理方面也大有可为。

知识表示是研究用计算机表示知识的有效通用的原则和方法，以及存储知识的数据结构，以便于知识在计算机中的存储、检索、使用和修改，知识表示直接影响系统的知识获知能力和知识运用效率。

知识的表示通常应满足以下几点要求：

① 表达充分：能将问题求解所需的各种知识表示出来。

② 有效推理：能支持系统的控制策略，实现高效率推理。

③ 易于理解：使知识具有透明性、简洁性、明确性，并便于理解。

④ 便于管理：便于实现模块化，便于知识库的更新、扩充，便于检测和维护。

为满足上述这些要求，目前已经有多种知识表示方法，包括状态空间法、谓词逻辑法、语义网络法、框架和产生式规则法等等。这些知识的表示各有特点，都有各自适应的类型。

在模架的设计中主要牵涉一些工程技术上或经验上的规则和公式，主要采用规则式来描述。产生式规则的概念由 Post 提出，后经 A. Newll 和 A. Simon 在研究人类的认识模型中率先开发了一种基于规则的产生式系统。产生式规则在目前的知识表示中是比较广泛的一种知识表示方法，它的一般形式是：

$$IF\langle 前提\rangle THEN\langle 动作\rangle 或\langle 结论\rangle$$

规则的前提部分说明应用这个规则必须满足的条件或多条件的逻辑组合，THEN 之后部分被称为结果，在读到此语句时，如果条件满足了，该规则就被应用，结果将被执行。

DKS (design knowledge sheet) 的主要思想就是设计知识和 CAD 系统相互独立，由设计知识来驱动设计。将设计知识存储在 Microsoft Excel，为正在进行的设计提供设计辅助，并能进行即时的试行模拟，以达到最优化设计目的。

① 变量声明　采用 Excel 来记录设计知识，其中的一个优点就是 Excel 自身具有的强大的功能，仅仅依靠它就能进行一些数据和程序的处理，这些操作主要是针对单元表格或范围进行处理。如果直接使用单元的实际地址如 C1、D2 等来对表格进行操作，那么将来程序的可读性不强，不容易使用，可以将每个单元进行命名，把名称理解为工作簿中某些项目的标志符。所谓某些项目包括单元格、范围、图表、图形等，如果为一个单元或范围提供一个名称，就可以在公式中应用它。同时，在 Excel 中也能实现对常数和文本常数的命名，并且这个常数值可以随时被改变。

如图 4-22 所示的变量声明表，第一列中的内容为变量的名称，其主要用来注释说明，可将第 4 列的"值"对应的单元表格名称与之相对应设置，这样，如第 14 行、第 4 列对应的表格值就是第 14 行、第 1 列名称的值，这个名称可作为变量名在函数中被使用，它对应的值为：\ CADCEUS \ USER \ 模具尺寸设计.xls。

12	制品和模具		关联的变量声明				
13	用户变量名	系统变量名	关系式	值	特征类型	类型	标记
14	模具尺寸设计			"\CADCEUS\USER\模具尺寸设计.xls"		字符型	I
15	塑料制品X向投影长度	PRODUCT.X			数值	实数	I
16	塑料制品Y向投影长度	PRODUCT.Y			数值	实数	I
17	塑料制品Z向投影长度	PRODUCT.Z			数值	实数	I
18	塑料制品半径	PRODUCT.R			数值	实数	I
19	塑料制品的精度等级	PRODUCT.PRECISION			数值	实数	I
20	模具材料的强度	MOLD.B			数值	实数	I
21	模具材料的刚度	MOLD.E			数值	实数	I
22	模具X向投影长度	MOLD.X			数值	实数	I
23	模具Y向投影长度	MOLD.Y			数值	实数	I
24	模具Z向投影长度	MOLD.Z			数值	实数	I
25	模具半径	MOLD.R			数值	实数	I
26							

图 4-22 DKS 变量声明表

名称的声明按适用范围来分可分全局名称和本地名称两种。一般情况下，当命名一个单元格或范围时，可以在工作簿的所有工作表中使用这个名称，它们被称为全局名称或工作簿级的名称，默认状态下，所有的单元格和范围名称都是工作簿级名称；可以在工作表名称后面加！然后添加名称，那么这个名称就是本地名称或工作表级名称。同时当前工作簿可以使用链接引用其他工作簿中的单元表格和范围，格式为：引用工作簿名称！名称。如果被引用的工作簿没有打开，则需要明确指出被引用工作簿所在的完整路径。

② DKS 的定义 如图 4-23 所示，以一定的格式将设计规则、设计目标存储于 Excel 表上，设计知识主要是以规则（IF……THEN……）的形式存储，通过编写 Visual Basic 和 Excel 之间的链接程序接口，通过 VB 来读取 Excel 的规则来进行处理。设计表如图 4-24 所示，它利用 Microsoft Excel 自身的一些对单元格的函数功能，或通过 VBA 来实现对比较复杂函数的定义、调用以使 DKS 内容补充完善。由于它的操作简单，所以针对不同的用户，都易于实现。规则的编辑大部分依靠 Microsoft Excel 自身的功能完成，被编辑的知识规则通过用户接口生成可应用的 DKS。

12	IF(塑料特点=3){if(塑件精度=A){变形量:=CALDEFORM(3,B)}}	
13	IF(塑料特点=4){if(塑件精度=A){变形量:=CALDEFORM(4,A)}}	
14	IF(塑料特点=4){if(塑件精度=B){变形量:=CALDEFORM(4,B)}}	
15	模具X向尺寸:=零件X向尺寸+2*X向壁厚+经验值X	矩形模具
16	模具Y向尺寸:=零件Y向尺寸+2*Y向壁厚+经验值Y	
17	模具Z向尺寸:=零件Z向尺寸+2*Z向壁厚+经验值Z	
18	模具半径:=零件半径+2*壁厚+经验值R	圆形模具

模具轮廓设计表／变量声明表／规则程序表／

图 4-23 DKS 设计规则表

	1	2	3	4	5	6	7	8	9	10	1
2				输 入			输 出				
3											
4			单个模具块尺寸				单个模具块尺寸(圆形)				
5		零件X向投影	DX	30	mm		模具半径	WR		mm	
6		零件Y向投影	DY	20	mm		模具Z向尺寸	WZ		mm	
7		零件Z向投影	DZ	10	mm						
8			模 具 形 式				塑料特点和制品精度				
9		圆 形	FGCIR	FALSE			塑料特点	1			
10		组合式	FGASS	TRUE			精度等级	A			
11			材 料				单个模具块尺寸(矩形)				
12		弹性模量	E	210000	Mpa		模具X向尺寸	WX		mm	
13		许用压力	DET	160	Mpa		模具Y向尺寸	WY		mm	
14		泊松比	PSN	0.25			模具Z向尺寸	WZ		mm	

模具轮廓设计表／变量声明表／规则程序表／

图 4-24 DKS 设计表

③ VBA 在 DKS 中的应用　VBA（Visual Basic for application）是 Excel 的编程语言，它不是一个完全独立的语言，而是依附于某个应用软件的辅助编程工具，可以用它来创建各种自定义工作表函数，它是微软常用应用程序最好的脚本编制语言，在所有的 Office 2003 应用程序中都包括 VBA。其在 Excel 中主要有以下两个用途：

a. 可以使电子表格的任务处理更加自动化；

b. 可以使用它创建用于工作表中公式的自定义函数。

在 DKS 中，设计参数之间的关系仅靠 Excel 自身提供的一些函数不能完全满足要求，面对特定的工作对象，问题往往不是一个常见的函数就能描述或处理的，这就需要用户自定义函数，如图 4-23 所示的设计规则表中的计算允许变形量的函数 CALDEFORM(n_1, n_2)，其中 CALDEFORM 是函数名；n_1, n_2 是参数。

VBA 是一种完全面向对象的模块化语言，Excel 中每一项都被当作一个对象来看待，而不是数据结构的一个组合，每个对象都有自己的属性，对象的属性描述了对象的性质及特征。Excel 中包括的对象有很多，甚至 Excel 应用程序本身对 Visual Basic 来说也是一个对象。这个对象又包括了其他的小对象。如 Excel 工作簿、工作表、工作表中的数据区域，对 Visual Basic 来说都是对象，每个对象都可能被允许施加一些操作，这些操作可能引起对象属性的变化。

自定义的函数中包括一条或者多条的 Visual Basic 语句进行判断和利用传递给函数的参数值进行计算，如果需要将自定义函数的计算结果返回到工作表公式中，可以将结果赋给一个与函数同名的变量，但这些自定义的函数不能修改那些改变 Excel 环境的特性或执行过程，不能调用其他任何修改 Excel 环境的过程。

（2）DKS 体系的构建

DKS 包括动态和静态两种属性。如果它要提供设计支持，就需要一个后台支持，这个支持就是 DKS 所有的知识表，将所有通信的设计知识表称为总处理存储群，同时它需要用户和这些知识表之间实现信息交互的界面，这属于静态的属性；另外就是实现和这些知识表的信息交互，对这些知识的处理，以及实现和 CAD 系统之间的交互，由设计知识直接驱动图形的生成，这属于动态属性。根据实现 DKS 所需要的这些因素将 DKS 系统分为以下两部分：

a. 定义规则和用户接口，生成 DKS 应用表。

b. 利用所定义的 DKS 应用，进行设计操作。

① DKS 的静态架构　整个功能模块如图 4-25 所示，它是在 Windows 环境下进行实现，设计知识独立于 CAD 系统被保存在 MS-Excel（DKS）单元，用户可以很容易地基于 Excel 进行规则知识的创建和对知识进行更新。生成 DKS 应用表时，利用 Excel 自身的功能来实现编译规则。用户交互界面通过 VB 的 DKI（design knowledge interface）编辑器可以自由地完成界面设计，在界面上粘上部件，直观操作生成界面，它是在执行 DKS 应用时和后台的 "DKI 管理系统" 进行通信的接口。为实现由设计知识驱动图形自动生成这一目的，需要在 CADCEUS 平台上实现 DKS 系统和参数化模型之间的信息传递，为实现这一功能需要构造 API（application programming interface），通过它来实现访问图形要素和特征参数的功能。

在这里，CADCEUS、规则编辑、GUI 编辑程序都是独立的应用程序，可以自由地按照各自的顺序进行独立操作。

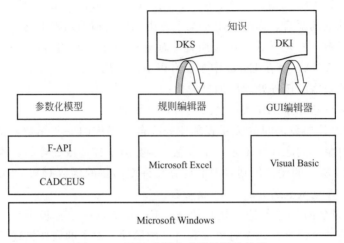

图 4-25 DKS 应用生成时的结构体系

② DKS 应用时的内部结构　DKS 用于设计时的内部架构如图 4-26 所示：DKS 系统为用户接口提供 DKI 以实现交互式操作。DKI 只向用户提供"表示"和"输入操作"界面，整体控制由 DKI 控制系统完成。DKI 控制系统完成 DKS 的读入和输入数据（尺寸值等）的解释，根据这些参数进行求解。

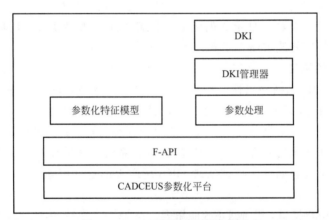

图 4-26 DKS 运行时的结构体系

参数运算是 DKS 的核心部分，它解决参数之间的约束关系及强弱关系，它具有两部分的功能，一是处理由 DKI 输入的变量，根据 DKS 的知识规则进行运算处理，并自动解决尺寸之间的冲突，把处理后的结果作为参数返回，如果不能正确求解，则返回错误信息提示。另外将参数传递给 CAD 数据模型，通过 F-API（Feature-API）的参与，实现参数化驱动 CAD 图形，以重新生成图形，这样将结果直观地反映在 CAD 形状上，便于用户及时调整设计意图。

③ 交互式的用户界面　基于设计表的设计过程当中，参与的变量很多，而在实际的设计中，用户没有必要看到所有的设计要素，所以要用合理简洁的界面体现出输入、输出要素，此次开发中通过 VB 来生成交互式界面 DKI，通过它实现 DKS 和软件的通信。

这涉及编写 Visual Basic 与开发平台之间的接口，以及 Visual Basic 与 Excel 表信息的通信，利用 Visual Basic 自身的插件功能，在工程中引用 Microsoft Excel 类型库，然后在通用的对象声明过程中定义 Excel 对象，代码如下，然后就可以在程序中对这些对象进行操作。

```
Dim xlApp As Excel. Application          '定义 Excel 类
Dim xlBook As Excel. Workbook           '定义工件簿类
Dim xlsheet As Excel. Worksheet         '定义工作表类
```

产品信息包括结构信息和尺寸信息两方面内容，编写的信息录入对话框如图 4-27 所示，这个界面和图 4-24 所示的 DKS 设计知识表相联系，它们之间实现相互的联动，通过上面介绍的技术实现 Visual Basic 和 Excel 的无缝链接。

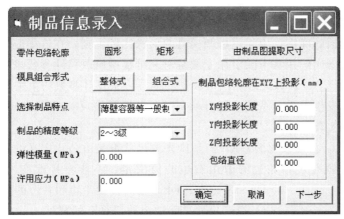

图 4-27　产品信息录入界面

④ 支持实时的试行设计　在参数化造型环境下，如果用户对生成的设计结果模型不满意，通过对图形参数直接操作即可以方便地修改图形，这确实提高了设计效率、减少了重复性工作，但设计问题的发现只能是在设计流程的最后，而不能在设计工程中实时地检测、修改设计意图。其次，在实际的设计过程中，设计目标的合理性牵涉多方面，它通常是一个多目标优化平衡的问题，涉及整体平衡、视觉印象、工程合理性等问题。传统的参数化造型只是主观地改变参数，对参数之间的制约关系不能充分体现，即使加入一些参数关系式，这些参数存在唯一的主从关系，图形的各个尺寸是在相互匹配状态下，各种设计规则和参数存在一种唯一的优先级关系，能进行改变的只有主参数，从参数的改变将会导致冲突。

一般的设计过程是用户事先确定整体的设计尺寸，尺寸之间存在各种关系，然后利用 CAD 提供的建模功能来实现构想的可视化模型化，最后可对设计结果作出评价，整个流程如图 4-28 所示。

图 4-28　一般的参数化设计流程

参数化技术的出现使得如果最后的评估不符合要求，用户可以通过对图形直接进行操作，改变其中的几个参数值，即可重新地生成图形。在实际的设计中，设计对象尺寸之间具有各种各样的关系，在构想设计阶段，各个元素之间经常会发生冲突。例如从保证性能方面考虑，尺寸应取极限即最大或最小，但从制品整体的尺寸考虑，相应的取值范围就应减小，这在所有的设计中几乎都会遇到。为了解决这个问题，设计者们一般综合以前的设计实例和自己的平衡感觉，考虑工程要求，给出一系列设计参数，但这个解决方案并不是数学上运算的最优化结果。

在 DKS 系统中，将设计构思阶段和图形生成同步进行，图形随着设计想法的改变而即时地进行变更，这样就可以一边进行试行，一边确定尺寸，增加了设计的灵活性。这些功能的实现，有赖于以下两方面问题的解决：

a. 图形的生成问题。图形的生成问题可分为两类，一类是过去设计过的，已经存在的；另一类就是这种图形过去不存在，必须重新通过设计生成的。针对某类型的模架，模架尺寸的确定，主要是模板的确定，由于模板和模具的形状比较规则，在这里应该可归为第一类问题，它的解决通过调用一些基本的宏命令或是对一个模型修改尺寸参数来实现。

b. DKS 应具有 CAD 参数处理和图形驱动功能。记录设计参数约束关系的全面性和完整性，即便尺寸之间发生矛盾，系统也能自动调整，并能直接反映到 CAD 的图形上。这里采用以下几种方式来实现。

• 尺寸关系式。在参数化的 CAD 图形中多数尺寸都是由公式定义的，即由等式右边的参数代入确定。也就是说，左边的值由右边的值决定，不能直接改变左边的参数，但在 DKS 系统中，DKS 制约公式左边和右边的数据都可以改变。

• 尺寸之间"强弱关系"的描述。一般的设计对象的尺寸是各自独立的，但并不是对等的，多少都有些从属关系，并且关联的强弱关系也很多。如在图 4-29 中出现的五个尺寸并不是独立的，固定"底边长"和"斜边长"，让"底角"发生变化，"顶角"和"高"也会随之发生变化，这时可以认为"顶角"和"高"是从属于"底角"的。使用设计者的语言的话，就是指定"底角"就确定了"顶角"和"高"。把这样的尺寸关系称为"竞争关系"，这在基于 DKS 的参数化设计过程中是非常重要的概念。

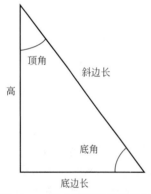

图 4-29 尺寸间强弱关系示例

• 尺寸之间强弱关系的变动控制和切换。DKS 在"管理单元"描述前面所述的强弱关系，另外，实际的设计中也经常需要改变这些强弱关系，为此，DKS 应具有这样的功能，在输入参数值时，可以动态地切换强弱关系。设计者固定某个尺寸，把与其有竞争的尺寸的强弱关系模式登录到 DKS，动态的应用模式中的 DKS 自动调整和那个尺寸有竞争的其他尺寸，同时 CAD 数据也发生变化。

总体而言，这一功能的实现达到了如下效果：

• 不对图形操作，通过用户交互界面调整与设计相关的参数，使设计能够更接近设计意图。

• 由于加入了参数之间的关系并对参数值能进行检验，所以能够自动解决图形元素之间的冲突和检验工作。

• 竞争关系之间能够互相进行切换，这使设计更具有柔性和创造性，这种竞争关系作为知识存储起来，能够重复地利用。

（3）需完善的问题

上述 DKS 体系的构建从一定程度上更加体现了 CAD 系统的辅助设计的功能，它不再仅仅是制图的工具；与 DKS 的链接和访问，充分对设计知识的利用，给设计者提供设计上的参考，更多地体现出一种智能化，但现在仍存在以下问题：

① 知识的获取　把隐含的知识转换成系统能够利用的形式知识，这就是知识的获取。关于设计知识的获取，就是从设计者的设计经验中或在设计过程中，试着抽出知识。分析设计过程，把设计对象知识分析操作形式化，即把设计中所必需的标准、规格、制约条件、过去失败的例子等信息数据格式化，这需要考虑如何简化转化过程及转化后能否被认知等问题。

DKS 基本的指导思想是设计知识和 CAD 系统相互独立，因此为了把设计知识形式化，考虑到知识的获取，需要把具体设计参数和 CAD 模型对应起来，因此如果能用简单操作方法使系统支持这个对应工作，就能实现知识获取的简易化。具体地，为了实现设计语言与 CAD 模型相对应的功能和使用具体的设计参数描述设计知识需要进行下面两方面的开发。

a. 设计者为了说明设计对象，定义必要的参数名，DKS 把与这些参数名相对应的 CAD 数据在 CAD 图形上指示出来。

b. 在 CAD 图上一经指示出的 CAD 数据，将指示的数据参数名登录到相对应的 DKS 系统，设计者将其变成设计变量或规则。

② 知识的管理　如果课题能顺利完成的话，将吸收相关领域许多设计行为知识。随着设计知识的增加和设计经验的积累，有时也需要对以往知识进行修改补充，如果知识只是杂乱的储存，则不利于这些知识的管理利用。因此在 DKS 体系结构中就要有对储存的知识进行管理的机构，使其便于再利用，另外还要有自动更新知识的能力。

4.5.5　注塑模具流道生成标准化

浇注系统的设计包括：主流道设计、分流道设计、浇口的设计、冷料穴和拉料杆的设计、排气和引气系统的设计。在这五部分设计内容中，首先浇口的设计是模架类型选择的一个决定因素，其次就是分流道的设计和模架尺寸之间存在联系，因为模板尺寸是由分流道的布局形式和单个型腔的投影面积确定的，相同的型腔数目，如果布局形式不同，模板尺寸也不同，所以为确定模架系列，有必要进一步研究分流道的布局结构。

（1）分流道设计知识

① 分流道截面　如果模具采用多腔形式，则需要分流道，除采用直浇口和无分流道点浇口外，其他情况均要有分流道。分流道截面最常见的是圆形断面分流道、梯形分流道和抛物线形断面的分流道。高成本的模具可以采用圆形截面分流道，一般的模具则采用梯形断面分流道或抛物线形断面分流道。不同截面形状可用圆形当量截面尺寸来统一表示，所替代的圆形流道的当量半径为：

$$R_n = \sqrt[3]{\frac{2A^2}{\pi L}} \tag{4-31}$$

式中　R_n——圆形流道的当量半径，mm；

A——实际流道的截面面积，mm^2；

L——实际流道截面的周边长度，mm；

流道的截面积越大，压力的损失越小；流道的表面积越小，热量损失越小；所以可以用流道的表面积和截面积的比值来衡量流道的效率，比值越小，设计越合理。表 4-3 所示是从等截面积和效率值等效角度对应的各种截面尺寸值。

表 4-3　各种截面的尺寸值

项目	圆形	半圆形	梯形	抛物线形
使截面积均为 πR^2 时应取的尺寸	$D=2R$	$r=\sqrt{2}R$	$H=0.76D$ $B=1.14D$	$r=0.459D$ $H=0.918D$
等效尺寸(使效率值均为 $0.25D$ 时应取的尺寸)	$D=2R$	$r=1.634R$	$H=0.871D$ $B=1.307D$	$r=R$ $H=D$

在多腔模中，分流道的布置有平衡式和非平衡式两类，对平衡布置浇注系统的推算方法有两个：

a. 根据流经的充模熔体质量 m 和流道长度 L，由经验公式(4-32) 确定当量直径，通常由上游向下游逐段推算。

$$d=0.27\sqrt{m}\sqrt[4]{L} \qquad (4\text{-}32)$$

式中　d——圆形分流道直径或各种界面分流道的当量直径，mm；

　　　m——流经的塑料物料质量，g；

　　　L——该分流道的长度，mm。

此式适合厚度在 3mm 以下、质量小于 200g 的塑料件。对于高黏度物料，如硬 PVC 和丙烯酸塑料，适当扩大 25%，一般分流道直径为 3~10mm，对于高黏度物料可达到 13~16mm。

b. 若 Q_n 为上游流道当量，Q_i 为下游 n 个支流道的流率，每个支流道具有相同的体积流率，即 $Q_n=nQ_i$，则有如下截面尺寸关系式：

$$R_n=\sqrt{n}R_i \qquad (4\text{-}33)$$

式中　R_n——上游流道的当量半径，mm；

　　　R_i——下游流道的当量半径，mm；

　　　n——下游流道的分支数。

② 分流道布局　分流道的布置形式，取决于型腔的布局，其遵循原则是：排列紧凑，能缩小模板尺寸，减少流程，锁模力要求平衡。在进行型腔的布置时应根据塑件的形状和大小来确定排列方式，型腔的布置和浇口的开设部位应力求对称，以防模具承受偏载而产生溢料现象，型腔排列宜紧凑，以节约钢材、减轻模具重量，在多型腔注射模具中，要求由各个型腔成型的制品表面质量和内部性能差异不大。型腔数一般取 2^n 个，即 2、4、8、16、…为佳，这样容易保证型腔关于浇口对称。

型腔的排列方式通常有圆形排列、H 形排列、直线形排列及复合排列等，型腔的圆形排列加工较困难；直线形排列加工容易，但平衡性能较差；H 形排列平衡性能较好，而且加工性能尚可，所以使用比较广泛。

在多型腔模中，分流道的布置有平衡式和非平衡式两种，一般以平衡式为宜。

a. 平衡式布置：从主流道末端到各个型腔的分流，其长度、截面形状和尺寸都对应相等。这种布置可使塑料熔体均衡地充满各个型腔，一起出模的各个塑料件的质量和尺寸精度的一致性好；但分流道长，对熔体的阻力大，浇注系统凝料多。圆周均布较适宜于圆形塑料件；而 H 形的排列适宜于矩形塑料件，如图 4-30 所示。

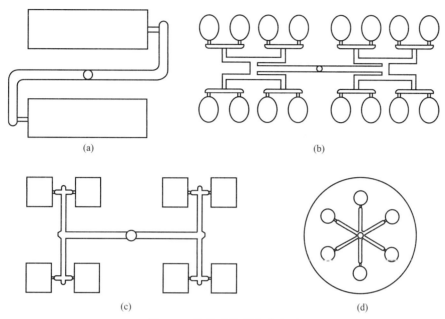

图 4-30　浇注系统平衡式布置

b.非平衡式布置：由于从主流道末端到各个型腔的分流道长度各不相等，流程短但不能保证制件质量的一致性，为达到均衡充模，需要将浇口尺寸根据主流道远近修正，如图 4-31 所示。

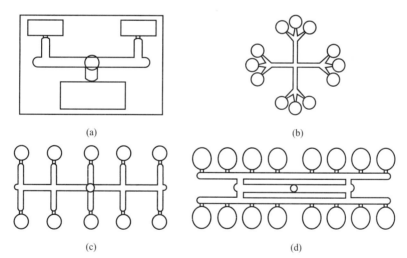

图 4-31　浇注系统非平衡式布置

（2）参数化技术

参数化技术用于处理具有相同或相似的结构图形，将大大提高效率，它们因设计变量的参数不同而发生变化。基于这些特点，采用参数化驱动方式来生成图形，来提高设计的效率。

常用的参数化图建立方法有三种：编程法、作图法、编程和作图相结合的混合法。

编程法是利用 CAD 系统提供的二次开发语言，编制出能生成拓扑结构相同的通用绘图程序。这种参数化编程方法的实质，就是将图形信息记录在程序中，用一组变量记录图形的几何参数，编写相应的赋值语句、关系式来表达这些几何参数与结构参数之间的关系，然后再调用一系列的绘图语句来描述图形的拓扑关系。通过人机交互，获得绘图所需要的几何参数值，然后传给绘图程序来生成图形，这种方法针对性强、可靠性好，原则上可以处理任意复杂关系的图形，图库占用的系统资源也较少，但对图形的局部修改能力比较差，程序完成，则图形的结构也就固定，改动图形需要修改和重新运行原有程序，一个程序的通过往往要经过编辑、编译、链接、运行等步骤多次地反复。

作图法是利用 CAD 系统提供的造型功能和参数化功能，直接建立图形的参数化模型。该方法通过记录参数和图形参数化过程建立参数化图库，图形的各种约束在作图的过程中由系统自动记录，拓扑约束通过参数彼此的联系或作图过程自动满足。给定一组新的参数驱动，参数图形便可以获得相应的新图形。该方法同样比较适合于结构复杂的图形，避免了编程实现的烦琐，但图库占用的计算机资源比较大。

混合法是先利用作图法建立图形参数化模型，再利用编程法定义图形的几何约束。图形的拓扑约束在作图过程中定义，图形间的尺寸约束在作图完成后运用系统提供的编成语言加以定义，混合法综合了前两种方法的优点，在目前的商品化 CAD 系统中都具有应用。

① 流道截面的参数化　鉴于流道截面形状的简单（基本上是由直线或圆弧组成的）、变量参数的简单，采用参数化编程在程序中实现。参数化编程的步骤如下：

a. 分析图形的拓扑关系及其结构变化规律，提炼出结构图形参数。根据流道界面的结构形状，如图 4-32 所示，确定其主要参数。

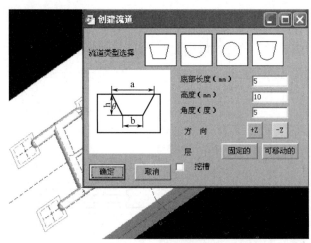

图 4-32　流道截面界面

圆形截面：半径 R。

半圆形截面：半径 R。

梯形截面：底边 a 和顶边 b 的长，侧边的倾角（一般取 $5°$）。

抛物线截面：半径 R、高度 H、倾斜角（一般取 $8°$）。

b. 建立图形结构参数和几何参数之间的关系，构建图形的参数化模型。

c. 编制调试截面生成程序。

根据软件专门开发语言进行编程，对于圆和半圆，直接利用它提供的宏命令，代入参数直接生成；对于梯形截面，通过四次调用生成直线的宏，代入参数生成；对于抛物线形截面，生成直线的宏和抛物线的宏结合，代入具体的参数，生成截面。

d. 添加 CADCEUS 加载模块和必要的菜单。

制作友好的界面，在其中体现决定流道的主要参数。对应的制作的界面如图 4-32 所示。

② 流道布局的参数化图库的建立　针对流道布局的多样性，用 CADCEUS 软件系统提供的工具，建立参数化图库以实现参数化绘图，建立流道布局图形库的具体步骤如下：

a. 首先建立参数化类型的 WS（workspace，工作空间）。在参数化的工作空间中，建立不同的 Object，每种参数化的布局图对应于一个 Object。应注意参数化图形只能存在于参数化类型 WS 中，在非参数化环境下建立的图形，图形文件中不记录图形的绘制记录。

b. 定义必要的系统变量以传递确定参数化图形的变量值，在参数化环境下，系统提供了五种类型的变量，它们的作用范围各有不同。

• 尺寸变量（dimension variable）：在草图状态下标注尺寸时，系统自动地赋给每个尺寸一个变量。此尺寸变量在一个零件图内唯一，变量名称用户可以修改，该变量称为尺寸的外部名称。此类尺寸变量以一定的规律命名，即线性尺寸、角度尺寸和半径尺寸的外部名称分别以 L（length），A（angle），R（radius）开头，后面是该尺寸生成的先后顺序号，用 1、2、3 表示。如图 4-33 所示，通过 CADCEUS 的 RELATION-EDITOR 可以查看并修改尺寸的变量名。

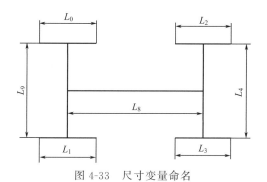

图 4-33　尺寸变量命名

• 系统变量（system variable）：系统变量又称为系统定义变量，它们的作用范围是一个零件图，在使用前必须预先定义。在关系表达式中使用时，必须在系统变量前加上前缀 "—"。可以随时根据需要添加系统变量，改变其初始值和属性。

• 全局变量（global variable）：全局变量的作用范围是每一个 WS，在使用前必须预先定义、赋初始值和进行使用声明。在关系表达式中使用时，系统自动在其前面加上 "～" 作为标志。

• 内部变量（internal variable）：内部变量在关系表达式中称为变量，在使用中可以随时定义，它的初始值为零，作用范围仅限于一个零件图。

• 系统常量（system constants）：在外部文件（REL＿SYS＿CNS.tbl）中定义的常量称为系统常量。顾名思义，它们的作用范围是整个系统。在关系表达式中使用时，必须在其前面加上 "＄"。如经常使用的圆周率，就可以定义为一个系统常量，在外部文件里给其赋予具有一定精度的数值。

c. 运行 CADCEUS 参数化环境，进入三维草图（3D Sketch）模块，作成二维平面图形要素并定义必要的拓扑约束和尺寸约束。如在双 H 形的布局图中，存在如下约束关系：

相等：在互相对称的尺寸之间，要保证在一个尺寸值的改变的同时要牵动其他与之对应的变量等量的变化，这可以通过 EquiValueDim 来实现，它通过选取相等的尺寸名，然后为之统一命名，如图 4-34 所示，通过选取 L_0、L_1、L_2、L_3 使其成为一组共有尺寸变量 Shar1，L_4、L_9 成为一组共有变量 Shar2，那么尺寸组 Shar1 中任何一个变量变化，都会引起同组其他尺寸值自动跟随变化。

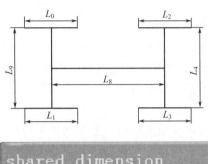

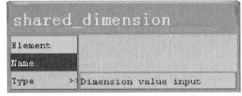

图 4-34　尺寸相等约束的定义

垂直、平行、对称：在双 H 形的结构的布局图中，图形元素 L_1 与 L_9、L_8 与 L_9 之间要保持互相垂直关系，L_1 与 L_0 之间要保持互相平行关系，图形的左半部分 L_0、L_1、L_9 与右半部分 L_2、L_3、L_4 之间要保持关于浇口对称（L_8 的中点）关系。这些约束可以通过 3D Sketch 模块的 constraint 来定义。

d. 重新生成所定义的流道布局图，针对运行过程中出现的问题如"过约束"和"欠约束"等，分别通过修改拓扑约束和尺寸约束加以解决。

e. 用具有代表性的多组数据测试所定义的布局图，确保所有合理的数据都能唯一的生成所需的流道布局，针对测试中出现的问题分别加以解决。

此次开发将流道确定的主参数以两种界面形式由用户提供，一种是针对简单的布局，只需用户直接提供参数，界面如图 4-35 所示；另一种是用户选择布局的拓扑结构后，通过输入必要的信息，进行优化后，提供给系统布局的主参数，从而确定布局图，这将在下一节介绍。

图 4-35　流道布局图界面

（3）流道布局的优化

① 优化设计概述　优化设计是 20 世纪 60 年代初发展起来的一门新学科，它将最优化原理和计算机技术应用于设计领域，为工程设计提供一种重要的科学设计方法。所谓的最佳往往表现为一个目标函数在满足一定的约束条件下的极大或极小。最优化找到的是最佳方案而不用检验所有的可能性，在于它应用了一定的数学方法，并在计算机上迭代计算获得。利用这种新的设计方法，人们就能从众多的设计方案中寻找出最佳的设计方案，从而大大提高设计效率和设计质量，优化设计在机械设计中的应用，即可以使设计方案在规定的设计要求下达到某些优化的结构。

机械优化设计包括建立优化设计问题的数学模型和选择恰当的优化方法与程序两方面的内容。首先要根据实际问题建立相应的数学模型，即用数学形式来描述实际的问题。在建立数学模型时需要应用专业知识确定设计的限定条件和所追求的目标，确定各设计变量之间的相互关系等，数学模型一旦建立，机械设计问题就变成一个数学求解问题，应用数学规划方法的理论，根据数学模型的特点，可以选择适当的优化方法进行求解。

② 优化方法　为了把最优化方法应用于具体的工程问题，必须定义被优化系统的性能指标和约束条件，必须选择代表优化因素的独立变量，写出各个变量之间的数学模型。这些就是工程最优化的建模过程。建模要素主要包括以下几方面内容：

a. 性能指标。给定一个最优化问题，首先就是选择性能指标，性能指标可以是一个或多个，处理多目标问题时，可以首先选择一个指标作为基本的指标，而把其他指标作为辅助指标；将基本的指标作为最优化性能的度量，同时将辅助指标化成可接受的最大或最小，把它作为问题的约束条件，或者采用不同程度加权的方法予以处理。在许多工程应用中，一般选择一个经济指标作为优化目标。指标确定之后，相应的优化问题就有了确定的结果。

b. 独立变量。在选择独立变量时有下列几点需要考虑：
- 区分变量中哪些是可变的，哪些是由外部条件决定的；
- 建模时应包括所有影响系统运行的重要变量；
- 选择变量时应该分清主次，以减少问题的烦琐程度。

c. 约束条件。实际问题中，设计变量的取值范围是有限制或必须满足一定条件的，这就是约束条件，它分为显约束和隐约束，显约束对变量进行严格约束，起到降低自由度的作用。

d. 系统建模。系统建模的最后体现是写出系统的数学模型，用以描述变量相互联系的方式及影响性能指标的方法。优化问题包括了各种不同领域，它们各自有不同的机理，然而它们却在数学模型上有一个显著相同的表达式，对于一般的问题：

$$\begin{aligned} &\min && f(x) \\ &\text{s.t} && h_k(x)=0, k=1,2,\cdots,k \\ & && g_j(x)\leqslant 0 \qquad j=1,2,\cdots,j \\ & && x_i^{(U)}\leqslant x_i\leqslant x_i^{(L)} \quad i=1,2,\cdots,N \end{aligned}$$

最小（或最大）化一个 N 个变量的实函数 $f(x)$，x 是 N 维向量 $[x_1,x_2,\cdots,x_N]$，它满足一组等式 $h_k(x)=0$，一组不等式 $g_j(x)\leqslant 0$ 和变量约束 $x_i^{(U)}\leqslant x_i\leqslant x_i^{(L)}$。

机械优化设计中的问题，大多数属于约束优化设计问题，根据求解方式的不同，可分为直接解法、间接解法等。

直接求解通常用于仅含有不等式的约束问题，其基本思路是在不等式确定的可行域内选择初始点，然后给予适当的步长，沿搜索方向进行搜索，得到一个使目标值下降的可行点，上述过程反复迭代，满足收敛条件后得到最优解，其求解过程是在可行域内进行的，因此，每次迭代的结果均优于前一次。它包括随机方向法、复合形法、可行方向法、广义简约梯度法。

间接法有不同的求解策略，其中一种间接法的基本思路是将约束优化问题中的优化函数进行特殊的加权处理后，和目标函数结合起来，构成一个新的目标函数，即将原来的约束优化问题转化成为一个或一系列的无约束优化问题，再对新的目标函数进行无约束优化计算，从而间接地搜索到原约束问题的最优解。它包括惩罚函数法和增广乘子法。

③ 流道优化的数学模型

a. 目标函数的建立。从经济的角度考虑，模具要排列紧凑，以尽量缩小模板尺寸，减少流程，降低从注射机喷嘴到型腔之间的压力损失，所以目标函数为：

$$\min(S_{面积}) \qquad S_{面积} 为模板的有效面积$$

b. 约束函数的建立。在浇注系统的各个环节中，塑料熔体可视为等温流动，约束函数的建立主要是从满足流道的剪切速率、允许的压力降、注射机的注射时间来考虑。根据热塑性塑料熔体流变性质和大量的注射充模计算得知，适当的剪切速率应为：

主流道：$\gamma = 5 \times 10^3 \, \mathrm{s}^{-1}$。

分流道：$\gamma = 5 \times 10^2 \, \mathrm{s}^{-1}$。

矩形类浇口：$\gamma = 5 \times 10^4 \, \mathrm{s}^{-1}$。

点浇口：$\gamma = 1 \times 10^5 \, \mathrm{s}^{-1}$。

对于各流道和浇口中的剪切速率，圆形截面用 $\gamma = \dfrac{4Q}{\pi R^3}$，对非圆形截面可用当量半径 R_n 代入，对于矩形浇口或流道用 $\gamma = \dfrac{6Q}{Wh^2}$。其中体积流量 Q（$\mathrm{mm^3/s}$）可用 $Q = \dfrac{V}{t}$ 计算，其中 V 为该段流道截面流经过的熔体体积，在整个浇注系统中，各个截面流道流经的体积与下级流道流经的熔体体积和流道本身的体积有关，各流道流经的熔体体积 V 之间的关系为：

$$V_i = K_i V_{i-1} + \pi R_i^2 L_i \tag{4-34}$$

式中，K_i 是下一级流道对上一级的贡献系数，由上一级流道末节点的分支数确定，$K_i = 1, 2, 3, \cdots$。注射时间 t，应根据适当的剪切速率 γ，用 Q 和 V 算出。

整个浇注系统中要保证从喷嘴到型腔之间的压力损失在允许范围之内，否则型腔的注射压力不足，不能完全地充满型腔而导致废品。在利用成型压力保证制品质量的同时，考虑到注射装置中损失的压力，流道系统允许的压力降为：

$$[\Delta p_r] = p_0 - \Delta p_e - \Delta p_c \tag{4-35}$$

式中 p_0——注射机的注射压力；

Δp_e——注射压力在注射装置中的损耗压降；

Δp_c——型腔的平均压降。

浇注系统的压力降与流道长度 L、材料在该段流道中的剪切应力 τ、各种截面的当量半径 R_n 有关，其式如下：

$$\Delta p = \frac{2L\tau}{R_n} \tag{4-36}$$

式中的剪切应力 τ，应由该段流道或浇口的充模熔体的 γ 值，直接从该塑料的表观稠度

K' 和幂律指数 n 表查得，再由 $\tau = K \times \gamma^n$ 计算。

最后是流道与流道、流道与模具尺寸之间不能发生干涉。

综上条件，所以约束方程就为：

$$\sum_{i=1}^{n} \frac{2L_i \tau_i}{R_i} \leqslant \Delta p_{\text{permit}} \tag{4-37}$$

$$f(x, y) \leqslant 0 \tag{4-38}$$

$$\gamma_i \geqslant \gamma_p \tag{4-39}$$

式中　Δp_{permit}——流道上允许的压力降，MPa；

$f(x, y)$——关于流道和模具尺寸的函数；

γ_i——每一流道支路的剪切速率，s^{-1}；

γ_p——每一流道支路适当的剪切速率，s^{-1}。

根据以上分析，可以归纳出流道优化的所必需的已知参数，通过对话框的形式由用户提供，编写的界面如图 4-36 所示。

图 4-36　优化参数设置界面

④ 优化实例　此次开发针对平衡式流道进行优化，以图 4-37 所示典型结构进行说明，取出浇注系统的一个分支进行分析研究，如图中所示的虚线框内部分。

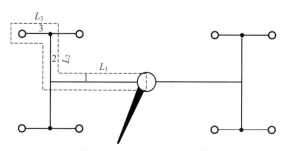

图 4-37　双 H 形浇注系统

已知条件：

模具的外轮廓尺寸分别为：$CWSX = 50\text{mm}$，$CWSY = 40\text{mm}$，$CWSZ = 15\text{mm}$。

型腔的注射体积为：15000mm^3。

标准模板库提供的最大模板尺寸为：$LX_{\max}=634\text{mm}$，$LY_{\max}=320\text{mm}$。

分流道允许的压力降：$\Delta p_{\text{permit}}=10\text{MPa}$。

根据式(4-34)，截面段1、2、3流经的体积为V_1、V_2、V_3，其关系为：

$$V_3=K_2V_4+\pi R_3^2L_3 \tag{4-40}$$

$$V_2=K_1V_3+\pi R_2^2L_2 \tag{4-41}$$

$$V_1=K_0V_2+\pi R_1^2L_1 \tag{4-42}$$

式中，V_4 为型腔注射体积；$K_0=2$；$K_1=2$；$K_2=1$。

目标函数的建立主要是从模板的经济性、模具布置的紧凑性的角度来考虑，所以最终目标就是要实现针对某一种流道布局样式，实现模板面积最小。由于区域划分对称的特点，使一条流道分支面积最小即能保证整个模板的面积最小，所以目标函数为：

$$\text{Min} \quad f(L_1,L_2,L_3)=(L_1+L_3)L_2 \tag{4-43}$$

从模具在模板上的装配的角度及与流道之间的关系，为保证流道和流道及流道与模具不发生冲突，尺寸上的约束条件为：

$$L_1+L_3+R_3<0.5LX_{\max} \tag{4-44}$$

$$L_2+0.5CWSY+R_1<0.5LY_{\max} \tag{4-45}$$

不同的流道支路，截面积不等，流道长度不等，其压力损失是不同的，通过式(4-31)可得出截面尺寸，但它是经验公式，只在一定范围内适用，所以要采取第二种算法，即$R_n=\sqrt[3]{n}R_i$，为了保证整个流道支路的压力降在允许的范围之内，特增加约束条件为：

$$\frac{2L_1\tau_1}{R_1}+\frac{2L_2\tau_2}{R_2}+\frac{2L_3\tau_3}{R_3}\leqslant\Delta p \tag{4-46}$$

将式(4-40)～式(4-42)及参数代入上式，可获得目标函数关系式(4-43)。

为保证各个流道具有恰当的剪切速率的约束条件为：

$$\gamma_1\geqslant\gamma_p \tag{4-47}$$

$$\gamma_2\geqslant\gamma_p \tag{4-48}$$

$$\gamma_3\geqslant\gamma_p \tag{4-49}$$

式中，γ_1、γ_2、γ_3 由式 $\gamma=\dfrac{4Q}{\pi R^3}$ 代入参数表示。

通过观察目标函数和约束函数，变量和目标函数的变化呈现方向的一致性，即随着变量值的逐步减小，目标函数同时接近最优化，这样的最优解就使得各个变量在各自范围内取得最小值时满足优化目标，这种情况下，整个流道和模具之间要紧凑地布排，则图4-37中的尺寸就等于流道支路3的半径，这在实际的设计过程中是不可能的，如果需要分流道，那么就要保证流道的剪切速率，同时还要满足一种平衡。针对这一优化问题，约束条件和变量的变化趋势比较明确，所以不采用随机产生的随机方向，而采用一种单一明确的搜索方向。由于各个变量之间联系不是很大，对于不同变量采用不同的搜索步长，以一种满足视觉上的平衡来确定不同的步长，针对流道L_1段步长可以相应地取大值，流道的L_3段步长相对取较小值，整个搜索过程流程如图4-38所示。

搜索初始点设置根据满足式(4-44)、式(4-45)的条件，取最小值$(LX_{\max}$，$0.5LY_{\max}$，$0)$，整个搜索呈上升趋势，优化的收敛条件为剪切速率与分流道恰当的剪切速率的逼近程度，此

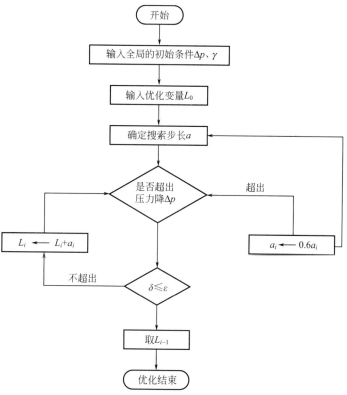

图 4-38　流道结构优化流程

例中取 $\varepsilon=0.05$，其数学关系式如下：

$$\delta=\left\{\frac{1}{k-1}\sum_{j=1}^{k}\left(\frac{\gamma_j-\gamma}{\gamma}\right)^2\right\}^{\frac{1}{2}} \tag{4-50}$$

$$\delta\leqslant\varepsilon \tag{4-51}$$

此优化实例采用的注塑材料为 PA1010，注射温度 $T=260℃$，其各项性能指标如表 4-4 所示。

表 4-4　塑料的表观稠度和幂律指数

名称	生产厂	温度/℃	$\gamma=10^2\sim10^3/s^{-1}$		$\gamma=10^3\sim10^4/s^{-1}$		$\gamma=10^4\sim10^5/s^{-1}$	
			n	$K'/Pa\cdot s$	n	$K'/Pa\cdot s$	n	$K'/Pa\cdot s$
PA1010	吉林石井沟联合化工厂	240	0.61	2200	0.42	8100	0.24	42500
		260	0.72	700	0.51	2900	0.28	24300
		280	0.77	300	0.62	800	0.36	8900

利用 Script 语言编写程序求解，结果如下：

步长为：$a=[1,0.5,0.25]$。

初始点：$L_0=[LX_{max},LY_{max},0]=[50,20,0]$。

优化结果为：$L_1=122mm$，$L_2=60mm$，$L_3=21mm$。

优化次数：$N=72$。

流道的截面和流道尺寸：$R_1=4mm$，$R_2=3mm$，$R_3=2.5mm$。

各个流道的剪切速率：$\gamma_1=505.8s^{-1}$，$\gamma_2=547.5s^{-1}$，$\gamma_3=448.6s^{-1}$。

分流道的整体压力降：$\Delta p = 7.4\mathrm{MPa}$。

由上述结果可知：分流道允许的压力降 $\Delta p \leqslant \Delta p_{\mathrm{permit}}$；各个流道的剪切速率与恰当的剪切速率 $5 \times 10^2 \mathrm{s}^{-1}$ 最大的出入不超过 10%，基本上满足条件，所以优化得到的参数可行。

将优化结果赋予对应的流道布局图的各个尺寸，通过重新执行参数化图形的绘制的履历，重新生成优化后的布局图，将单个模具通过交互式窗口布置在布局图的各个节点上，通过直接观察流道设计一旦合理就能确定模板的尺寸，然后通过程序来提取布局图信息（主要提取点图元的坐标的极坐标值）确定模板的尺寸，主要是通过图形要素识别，CADCEUS软件的图形存储格式包括有线段、线段上的点这些元素，通过逐点比较线段上点的坐标值，可以得到布局图的尺寸，考虑模具尺寸和模具到模板边界的经验值，即可确定模板尺寸，直接生成模板实体。进一步可以选择浇口的类型，输入需要确定的主要参数，对应的不同的流段，通过交互式选择流道线，通过布尔减操作，即时生成流道穴，这样就可以直观地检测流道与流道及流道与模具是否发生干涉，如果出现干涉，则通过重新选择布局或是改变布局图中的尺寸参数进行修正，直到定、动模板上流道和型腔布局合理为止。

本章以注塑模具产品为对象主要对以下内容进行了研究：

① 说明了广义模块化结构设计基本思想，提出了基于相似特征识别的广义模块的创建原理，并以注塑模具产品中浇注模块的广义模块创建过程进行了说明。

② 以注塑模具产品中的牵伸执行模块为实例，研究了在 Pro/E 环境下，使用 Pro/E 的二次开发工具 Program 进行广义模块几何结构参数化模型的创建方法、步骤；研究了基于广义模块的注塑模具模块定制及基于产品平台的注塑模具产品定制技术。

③ 对模块创建中的重要任务之一——模块的接口设计的相关内容进行了阐述和总结，给出了一般的模块接口设计流程。

④ 对注塑模具产品的模块接口类型进行分析，并对其中不同的具体接口的标准化、系列化进行了说明。

⑤ 对注塑模具的模架基本概念、设计程序、尺寸规格以及设计数据管理进行了说明。

⑥ 对多腔式注塑模具的流道基本概念、流道参数、流道布局进行了详细的阐述。

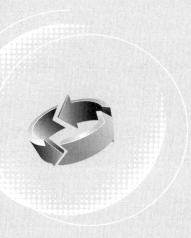

第5章
基于CBR技术的注塑模具模块划分

通过对现有模块划分方法的研究和总结，发现现有的模块划分方法在不同程度上都存在一定的问题，如模块划分方法的针对性不足，缺乏可操作实施性；模块划分方法考虑欠全面，缺少对某些类型产品的划分描述；缺乏柔性、可适应性等。因此，有必要研究一种新的模块划分方法来解决以上的问题。本章主要针对以上几点，提出了一种将 CBR 技术用于模块划分的方法。

5.1 CBR 技术用于注塑模具模块划分的可行性分析

在经济全球化的国际大市场背景下，注塑模具行业竞争激烈是不争的事实，要求企业必须快速做出反应，缩短模具开发周期，提高模具设计与制造质量，并能迅速设计出符合客户需要的模具。这也是模具企业参与国际竞争并赢得市场份额的重要条件。从上节中得知模块如何划分是模块化设计的关键环节，同样也是模块化设计中的关键。

注塑模具设计具有很强的经验性，经验设计在模具设计中具有举足轻重的作用。设计的成败在很大程度上依赖于模具设计者的经验。而企业已有的成功设计案例，即为最丰富、最具代表性的设计经验，利用也最为方便。这可以利用基于范例推理（case based reasoning，CBR）技术进行模具设计案例重用。CBR 技术已经得到广泛研究，并在工程设计、咨询系统中获得很大成功。基于范例的推理就是通过联想或类比，将解决过去问题的经验包括解答和解决过程用于解决当前问题。从 20 世纪 70 年代开始，就出现了一些体现 CBR 思想的计算机系统，比较典型的有 HACKER（Sussman，1975）、SAM（Gullingford，1978）、CYRUS（Kolodner，1980）和 IPP（Schank & Kolodner，1979）等。这个时期对情景记忆加以模拟的研究主要是自然语言理解领域，而此时基于规则的专家系统已取得了巨大的发展，并表现出越来越明显的缺点。基于案例推理作为克服基于规则系统不足的新选择，在 20 世纪 80 年代迅速得到发展。CHEF 系统全面讨论了案例的表示、检索、修改、测试及从失败中学习等问题，标志着 CBR 的基本框架已经形成，建造 CBR 的技术已经相对成熟。进入 20 世纪 90 年代，人工智能的理论进入了一个相对稳定的阶段，其发展更注重于应用方面。随着

CBR 技术的逐步成熟和推广，涌现了大量的 CBR 系统，广泛应用于商贸、医疗诊断、法律诉讼、工程设计、系统诊断及软件工程等领域。部分典型的 CBR 系统和其应用领域见表 5-1。

表 5-1　典型的 CBR 系统和其应用领域

领域	系统	功能	要点
知识获取 (knowledge acquisition)	REFINER	帮助人类专家实现领域知识的提取	采用案例和规则推理,对冲突进行分类并提出消解办法
	GENERALIZER	泛化案例、精化知识库、挖掘新知识	案例表示成特征表,系统从特征表中提取共性特征,组成源范例库的一个抽象层次
法律(legal reasoning)	JUDGE	司法判决	流程分解释、检索、差异分析,应用,修正和泛化五步,解释过程形成索引
	GREBE	工作场所工人受伤害的法律条文理解	采用规则和分类样本案例竞选新案例分类,用语义网络表示案例基于样本的推理,评判相似性等
自然语言理解 (explanation of anomalies)	SWALE	对人、动物异常死亡现象的解释	采用解释案例库,替换新问题发生的实际环境,找出合理解
诊断 (diagnosis)	PAKAR	建筑缺陷预测,提出补救措施	将文本信息与 CAD 图纸相结合
	CASEY	心脏疾病诊断	根据病人症状,构造因果网,产生病因与病症的中间状态,并诊断心脏病
仲裁调解 (arbitration)	PERUADER	劳资争执调解	当无相似案例时,系统利用备用计划自动生成全新调解方案
设计 (design)	JULIA	菜单设计	将当前问题分解为必要的约束和成本约束,利用约束满足进行旧案例改写
	CADET	机械设计辅助	将对设备设计要求的抽象描述转化为能对一系列满足设计规范的设计方案进行检索和生成的描述
	ARCHIE	建筑物概念设计	分类进行案例信息描述:设计目的、计划、目标及约束满足的程度,应注意的问题等
	KRITIK	基于案例的电路设计	将 MBR(电路模型)与 CBR 结合
	FIRST	基于案例的机械再设计	采用黑板结构作为系统框架,分类树定义距离表示相似程度,类比变换进行案例改写
	OPAMP	电路设计	将新问题分解为熟悉的子问题,结合 CBR 与 MBR
计划 (planning)	BOLERO	根据病人情况提供诊断计划	CBR 与 RBR 系统相结合
	TOTLEC	复杂产品加工工艺计划	采用动态记忆结构进行案例存储,层次化基于案例的计划方法,采用三阶段递增式相似案例检索
	CBPLAN	简单机械零件的 NC 代码生成	将基于特征的零件描述作为案例库关键字,利用 CBR 生成 NC 代码
教育 (tutoring)	DECIOER	帮助学生理解或解决教学问题	采用数据库进行案例管理

众所周知，模具设计具有明显的经验性特点，而模块的划分也继承了这一特点，设计经验具有举足轻重的作用，从材料选择、塑件结构设计，到模具结构设计、分析和注塑过程，都有经验作为指导。设计的成败在很大程度上取决于模具设计者的经验。而 CBR 最适合对设计经验进行重用，便于用户方便组织自己的数据，扬长避短，将合理实用的经验性数据、结果结论直接提取，运用到现在的模具设计中，从而获得更加理想的设计结果，故而适用于注塑模具的模块化设计。因此，将 CBR 技术应用到这一关键环节也必能得到较好的效果。其原理如图 5-1 所示。

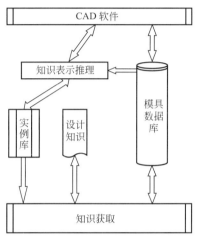

图 5-1　系统原理图

5.2　基于 CBR 模具范例检索自动匹配算法

CBR 中范例检索匹配是非常关键的环节，通过检索得到的范例数量和质量直接影响问题的解决效果。当接受了一个求解新问题的要求后，利用相似度知识和特征索引从范例库中找出一组与当前问题相关的符合要求的范例，并从中选择一个最佳范例。

注塑模具设计制造单位往往积累了数以千计的模具案例，这个数目在不断扩张中，涵盖了各种门类的塑料件和典型的成功模具案例。从众多的模具库案例中搜索匹配出当前设计所需的已有模具，需要优化、快速、精确的算法支持。

5.2.1　注塑模具范例匹配属性设计

由于模具库中案例众多，因此构造一个良好的模具和塑件检索用特征、属性显得尤为重要。模具库中每个模具实例都包含塑件和相应的注塑模设计方案，要综合考虑这两者相组合产生的模具描述。其中注塑件的特征属性包括塑件材料、注塑件类型、注塑件整体结构、最大径向外轮廓尺寸、壁厚、表面质量要求等而模具设计方案的特征属性包括模具重量、外形尺寸、模具材料、型腔数量和排布方式、冷或热流道、侧抽芯形式、模架类型等，如表 5-2 所示。这些特征属性将根据需要作为检索案例的依据。

表 5-2 给出的塑件和模具特征属性中，各个属性在判断两个事例之间的相似性时的重要程度是不一样的。一般来说，对于影响模具结构及动作原理的主要因素如塑件类型、材料种类、进料位置、模架类型、流道形式等应取较大的权重；最大尺寸、最小壁厚等只影响型腔

数目及布置等的次要因素应取较小的权重。权重选取还要考虑企业规范和长期设计惯例。

表 5-2　模具范例匹配性

塑件特征属性	最大轮廓尺寸	长×宽×高
	壁厚	$T{\leqslant}1mm,1mm{<}t{\leqslant}2mm$ 等
	材料	聚氯乙烯(PVC)、聚乙烯(PE)、聚苯乙烯(PS)、ABS塑料、聚丙烯(PP)、尼龙、聚甲醛(POM)、聚碳酸酯(PC)
	类型	盘、盖、套、轴、箱体等
	表面质量	粗糙度等
模具特征属性	模具名称	
	质量	kg
	外形尺寸	长×宽×高
	材料	
	流道形式	热流道、冷流道等
	模架类型	A、B、C、D型
	抽芯形式	
	型腔数量和排布方式	直线、方形、环形等

5.2.2　相似度算法

相似度计算主要由两个方面决定，即范例每个属性的权重以及每个属性与目标属性的匹配度。假设模具范例具有 N 个特征属性，这 N 个属性的权重分别为 ω_1，ω_2，$\cdots$，ω_n，$0{<}\omega_i{<}1$，而且 $\omega_1+\omega_2+\cdots+\omega_n=1$。模具各属性的权重大小配置在上节中已有论述。每个属性匹配度取值对不同的特征有不同的计算方法。特征属性基本上可分为两种：定性描述类特征属性和定量描述类特征属性。设某个特征属性 i 的匹配度为 a_i，则对定性描述类特征如材料类型、进料位置、流道形式等，若两事例对应特征相同，则 $a_i=1$，否则 $a_i=0$；对定量描述类特征，如重量、壁厚、尺寸等，由于都是数值型的，可以通过计算得出。针对某一属性，设目标解的某属性值为 X_1，案例属性值为 X_2，给出如下定义：

① 认为只有当 X_2 处于 $0.5X_1 \sim 1.5X_1$ 之间时，该属性相似度才有意义，而在此范围之外，该属性的相似度可视为0；

② 由①的假设，可设计如下相似度计算算法：

a. 当 $X_2{<}0.5X_1$ 或者 $X_2{>}1.5X_1$ 时，相似度 $a_i=0$。

b. 当 $0.5X_1{\leqslant}X_2{\leqslant}X_1$ 时，相似度 $a_i=|X_2-0.5X_1|/(0.5X_1)$。

c. 当 $X_1{<}X_2{\leqslant}1.5X_1$ 时，相似度 $a_i=|X_2-1.5X_1|/(0.5X_1)$。

从而，模具库中某个范例 j 与求解目标的相似度为：

$$S_j = \sum_{i=1}^{N} a_{ji}w_{ji}(j=1,2,\cdots,M) \tag{5-1}$$

式中，S_j 表示范例库中第 j 个范例与目标值的相似度；M 为所要比较的范例数量；a_{ji} 表示该范例第 i 个属性的匹配度；ω_{ji} 表示该范例的第 i 个属性的权重。在未做优化处理时，M 就是范例库中所有范例的数量。

5.2.3　基于时间权重的范例匹配

在长期模具设计过程中，企业都积累了多年的模具案例。过去最佳的设计方案，在目前不一定还是最好的，因此在范例检索中，不仅要检索到相似范例，还要保证该范例在当前是最好的。例如某国家大型企业已经积累了十余年的模具设计经验，存储了各个时间段的大量案例，由于这十多年间技术进步，导致设计工具、设计方法、设计理论和加工设备都发生了巨大变化，对于某种类型的产品，其模具设计方案也被优化，这些都是在范例检索时要考虑的。为此，考虑两种情况：一是在检索时认为所有范例都是可行的，即不考虑时间问题，所有范例具有相同的时间权重（因此可以忽略）；二是将考虑范例生成的时间因素，为各个时间段赋不同的时间权重，从而相应调整匹配度。

为表示时间对范例检索的影响，文中引入时间影响因子 λ_t 来表示时间权重。时间权重用来表示过去的范例、解决方案与当前问题的紧密程度，λ_t 的值介于 0 和 1 之间，范例存在时间被划分为若干时间段，每个时间段上分别赋予一定时间权重。根据实际情况，离当前时间越近的范例，一般来说其重要性越高，因此 λ_t 值也越大。

设 λ_{tj} 为某时间段 t 的某个范例 j 的时间权重，则考虑时间权重时，相似度计算公式(5-1)应该修正为公式(5-2)：

$$S_j = (\sum_{i=1}^{N} a_{ji} w_{ji}) \lambda_{tj} \quad (j=1,2,\cdots,M) \tag{5-2}$$

5.2.4　特征权重的调整

在模具案例检索中，特征权重会因为各种因素导致变动，需要对某个特征属性权重进行放大或缩小，其他属性权重值相应做比例变换。关于权重调整的前提条件、规则等，有些文章中也做了讨论，本文主要讨论如何实现快速、简洁的权重调整算法。

由于时间、条件的不同，某些属性权重有所变化，需要调整，但是其总权重仍旧满足 $\omega_1 + \omega_2 + \cdots + \omega_n = 1$ 这一条件。因此当某权重调整变大（或变小）后，其他属性权重也要做相应的同比例缩小（或放大）。为方便算法实现，引入权重调整因子 θ_i，用来表示某个权重 i 的缩放比例。当扩大时，$\theta_i > 1$；反之，则 $\theta_i < 1$。则有：

$$w_i' = w_i(\theta_i - 1) \tag{5-3}$$

$$S_j' = \sum_{m=1}^{n} w_m - w_i \theta_i \tag{5-4}$$

式中，ω_i' 为 ω_i 变化的权重量，可能为正（当 $\theta_i > 1$ 时），表示该权重被扩大，也可能为负（当 $\theta_i < 1$ 时），表示该权重被缩小；S_j' 为范例 j 除属性 i 外的其他属性权重之和。于是可得到：

$$w_j = w_j \theta_i \quad (j=i)$$
$$w_j = w_j - w_i' w_j / S_j' \quad (j \neq i) \tag{5-5}$$

则在利用公式(5-1)进行相似度计算时，其中的权重可以根据公式(5-5)进行调整后，再做求解，可以得到修正权重后的匹配案例。

5.2.5　检索过滤机制

前面循序渐进地分析研究了范例相似度的算法，根据算法不难看出，它的检索范围是整个实例库，没有经过过滤和有条件的限定范围，因此要对每个范例都进行相似度计算。对于拥有大量数据的企业来说，这个检索过程往往是难以容忍的，而且往往没有必要检索所有数据后才得到有用结果。因此有必要在相似度计算前，首先对检索范围进行合理限定，以提高效率。

过滤机制的关键在于如何科学地限定检索范围。这可根据需要，限定检索某个时间段、某种塑件材料、某种模架类型、某种浇道形式等，将这些搜索条件用 SQL 搜索引擎进行条件过滤，然后在搜索结果范围内，再进行相似度计算。经过过滤的模具范例，其规模将被大大缩小，更加符合范例推理的思想，加快了模具范例匹配重用的速度。

5.2.6　注塑模具库案例结构信息数据获取

为了对检索到的相似范例做最终判断，以及对最终选中后的范例进行局部结构数据修改，进而深入研究了模具范例拓扑结构、装配关系和这些信息的获取方法。

对于其中的零件来说，主要是零件拓扑结构；对于装配来说，主要是零部件间的相互关系、包括结构关系、配合关系、尺寸关系以及功能关系等。由于这些设计数据已经存在，需要通过程序从 CAD 系统中读取出相关数据。

① 产品结构关系：直接从设计状态数据中获得产品零部件间的结构关系，并获得每个零部件的 ID。

② 零部件文件属性：在产品结构的基础上，遍历每个零部件，并获得部件文件的基本属性。

③ 配合关系：自动实现约束求解和零件定位，获得所包含的约束、约束所描述的组件特征间的配合类型、具有的自由度等。通过配合关系，建立起产品的拓扑结构关系；合理的配合，是实现组件装配重用的关键。

④ 零件参数：零件拓扑结构、尺寸参数，是零件建模的关键；获得这些数据，并在用户界面进行调整，是零件重用的关键。

⑤ 设计师的经验总结：将成功案例和案例说明相结合，给出案例中关键尺寸、结构、配对关系的合理化建议，是具有建设性的工作。这项工作的成果应用于设计过程，就是知识工程在 CAD 领域的成功应用。

产品结构关系、部件属性、配合关系、零件参数等都可以通过 CAD 系统函数开发而获得，而第⑤条，由于设计经验需要从设计师处获得，这不仅仅是技术问题，同时还是需要制定制度规范促使设计师共享其经验的问题，需要设计、管理、软件开发人员共同完成。一个模具知识管理系统提供了强有力的支持。利用模具结构关系、拓扑结构、描述信息等，帮助模具设计师判断推理结果的有效性，并为后续在 CAD 系统中修改、调整提供了支持。

5.3　基于 CBR 技术的注塑模具模块划分方法

传统的模具设计中，通常是设计者按照用户需求从头开始进行模块的设计，进行模块的划分等，因而不仅浪费设计者的精力，同时也浪费时间。通过运用 CBR 技术进行注塑模具模块化设计，首先将注塑模具进行一级模块划分，然后再将一级模块进行细化，划分成二级模块，依此类推，将注塑模具整体划分为以零部件级模块为基本单位的一系列模块，直至达到模块单元化的目的。这些模块是构成注塑模具的基本单元。对于注塑模具的一级模块介绍参见 6.2 节的描述。

本节将 CBR 技术运用到模块单元的划分中，根据对注塑模具模块特点的了解以及对所需模块单元特征数据的提取，通过对 CBR 模块数据库中模块案例的检索，提取模块库中相似度最高的模块，然后重用模块中能够适应现在需求的部分，再根据相关规则修正与现在需求不相符合的部分，使之适应现在需求。这样就得到了满足现在需求的基本模块单元。在此以图 5-2 所示模块按级别划分来表达注塑模具中各类基本模块单元的划分情况。当然模块划分所得到的基本模块单元并不一定都是同一级别的模块，有些模块通过两级或三级的划分便可得到模块单元，而有些模块则需经过多次的模块划分才能得到满意的模块单元。

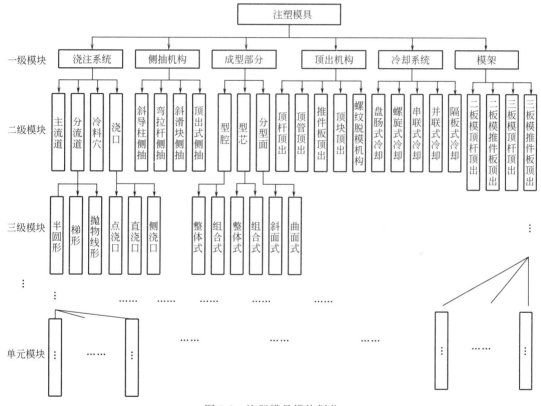

图 5-2　注塑模具模块划分

前面已对注塑模具主要的几个一级模块进行了简要介绍，为了方便注塑模具模块化设计，还需要对各个系统进行二级模块化划分。以下以侧向抽芯机构为例，进行二级模块化划分。

一般情况下，侧向抽芯方式按其动力来源可分为手动、机动、气动或液压分型抽芯模块。

① 手动侧向抽芯模块。模具开模后，活动型芯与塑件一起取出，在模外使塑件与型芯分离，或在开模前依靠人工直接抽拔，或通过传动装置抽出型芯。

② 机动侧向抽芯模块。开模时依靠注塑机的开模动力，通过传动零件，将活动型芯抽出。

③ 气动或液压传动侧向抽芯模块。活动型芯靠液压系统或气动系统抽出，有的注射机本身就带有抽芯液压缸，比较方便，但是一般的注塑机没有这种装置，可以根据需要另行设计。

以上模块划分方法过于笼统，不利于模块化设计的进行，因此，运用 CBR 技术，根据侧向抽芯的不同功能和特点，对侧向抽芯机构模块进行重新模块划分。所得到的模块单元共有 A1～A12，12 个基本型。

A1 型：斜滑块侧向抽芯模块。其特点是：利用推出机构的推力，驱动斜滑块按其所设定的斜度和推出距离，在推出制品的同时，完成垂直分型面的垂直分型和抽芯；适用于抽芯距不大但侧凹的成型面积较大、需要较大抽芯力的制品。其结构如图 5-3 所示。

A2 型：滚轮式变角弯销抽芯模块。其特点是：抽芯起始需较大抽拔力，斜度小、磨损小，抽拔力大，弯销的起始角 α 较小；当抽动一定距离后，因有脱模斜度，用大角度快抽芯，磨损已不大，且可提高速度，还可缩小弯销长度；滑块上的滚轮使弯销与滑动块原来的面接触，滑动摩擦改善为线接触滚动摩擦，大大减小了两者的相互摩擦。其结构如图 5-4 所示。

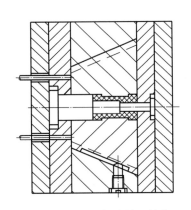

图 5-3 斜滑块侧向抽芯结构

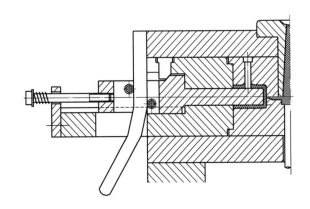

图 5-4 滚轮式变角弯销抽芯结构

A3 型：斜销抽芯、分型面斜面锁紧模块。其特点是：滑块由分型面斜面锁紧；注射机应有足够的锁模力。

A4 型：弯销二级抽芯模块。其适用于制品侧孔较薄的塑件。

A5 型：斜推杆瓣合抽芯模块。其特点是：在推出时，推板件推动斜推杆沿动模板内的斜孔滑动，从而推动滑块在推出制品的同时完成抽芯。

A6 型：斜推杆式内抽芯模块。其特点是：支架成 α 角固定在推杆上，使推出力的方向与斜推杆的轴向一致，消除了侧向分力，从而减小了滑动的摩擦力。

A7 型：推杆平移式内抽芯模块。其特点是：在出模时，当推杆右移一定距离后，其前端的斜面已移出型芯的右端面；继续右移推杆靠左面的斜面与动模板接触而被迫向模具中心方向移动，从而在顶出制品的同时，完成侧抽芯；合模时，推杆的斜面使其复位。

A8 型：连杆式顶出抽芯模块。其特点是：型芯固定在支承板上，连杆一端与型芯相连，另一端与型芯相连；推杆推动动模时，完成抽芯。

A9 型：斜推杆的内抽芯、弹簧复位模块。其特点是：脱模时，推板推动斜推杆和内镶块沿垫板的导滑斜孔滑动，在与中心推杆推出制品的同时，完成内侧抽芯；弹簧使斜杆、推杆、镶块复位。

A10 型：内部连杆式液压抽芯模块。其特点是：具有内部空腔的支座，可以固定在模具的动模或定模恰当位置；三个连杆可在腔内活动；液压缸活塞与连杆相连并操纵连杆，而且通过连杆带动拉杆作往复运动，完成三个侧抽芯。

A11 型：斜向液压抽芯模块。其特点是：油缸用螺纹连接固定在支承板上，其斜度与制品斜孔的要求一致。

A12 型：顶出式斜面内抽芯模块。其特点是：脱模时，推杆推动动模板和滑块右行，斜板斜面使滑块右行的同时向模具中心移动，完成制品的内凹的内抽芯。

模块划分之后，可将其更新到 CBR 模块数据库中，以备之后数据的重用。通过 CBR 技术在模块划分中的应用，对比现有的几种模块划分原则更具优越性，如表 5-3 所示。

表 5-3　基于 CBR 的模块划分与现有模块划分原则比较分析

评价指标 序号	通用性	可操作执行性	模块的继承性	面向产品全 生命周期性
1	较弱	一般	一般	较弱
2	较强	较弱	较弱	较弱
3	较强	较弱	较弱	较弱
4	较强	较强	较弱	较弱
5	较弱	一般	较强	较弱
CBR 方法	较强	较强	较强	较强

5.4　基于 CBR 技术的注塑模具模块划分实体模型

前面以侧抽机构模块为例进行了注塑模具二级模块划分的介绍，下面以 CBR 技术为基础，按照模块检索规则对模块进行实例检索及实例模块的修正，得到单元模块。这里以成型模块、导向机构与定位机构模块、脱模及顶出机构模块以及侧向分型与抽芯机构模块为例，进行注塑模具模块划分实例展示。

(1) 成型模块

成型零部件是指构成模具型腔的零件，型腔是模具上直接用以成型制件的部分。成型零部件通常包括：凹模、凸模、成型杆、成型环等。成型零部件直接与塑料接触而成型塑件，承受着塑料熔体的压力，决定着塑件的形状与精度，是模具设计的重要组成部分。设计时，应首先根据材料的性能、制件的使用要求确定型腔的总体结构、分型面、排气部位、脱模方式等，从机械加工及模具装配角度确定型腔各零部件之间的组合方式，然后根据制件尺寸计算成型零件的工作尺寸。此外，由于塑料熔体有很高的压力，因此还应对关键成型零件进行强度与刚度校核。

在此以几种典型的成型模块为例，进行划分模块结果举例，成型模块包括简单的型芯模块、型腔模块、组合成型模块、螺纹成型模块、镶件模块、成型杆模块等，如图 5-5～图 5-8 所示。

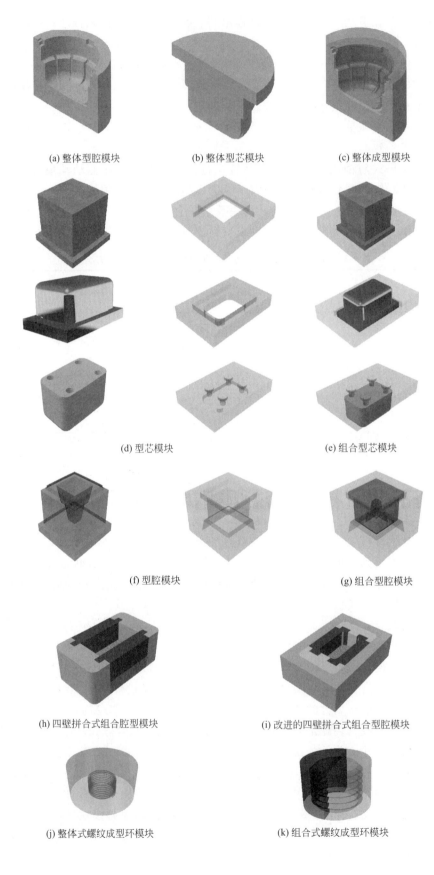

(a) 整体型腔模块   (b) 整体型芯模块   (c) 整体成型模块

(d) 型芯模块   (e) 组合型芯模块

(f) 型腔模块   (g) 组合型腔模块

(h) 四壁拼合式组合腔型模块   (i) 改进的四壁拼合式组合型腔模块

(j) 整体式螺纹成型环模块   (k) 组合式螺纹成型环模块

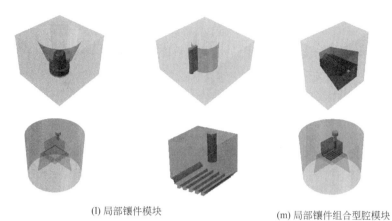

(l) 局部镶件模块　　　　　　　　　(m) 局部镶件组合型腔模块

图 5-5　成型模块

(a) 大面积镶件模块　　　　(b) 大面积镶件组合型腔模块

图 5-6　大面积镶件模块

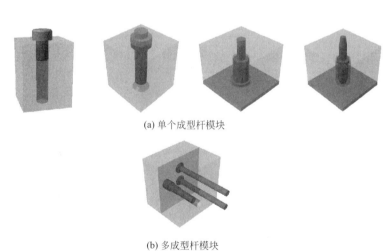

(a) 单个成型杆模块

(b) 多成型杆模块

图 5-7　成型杆模块

图 5-8　螺纹型芯及螺纹型芯固定模块

（2）导向机构与定位机构模块

导向、定位机构是保证动模与定模合模时正确定位和导向的重要零件，主要有合模导向装置和锥面定位两种形式。通常采用导柱导向，主要零件包括导套（图 5-9）和导柱（图 5-10、图 5-11），有的不用导套而在模板上镗孔代替导套，称为导向孔。图 5-12 和图 5-13 所示为导柱分别与导套和导向孔配合模块。另外，还有具备导向定位作用的定位模块（图 5-14、图 5-15）。

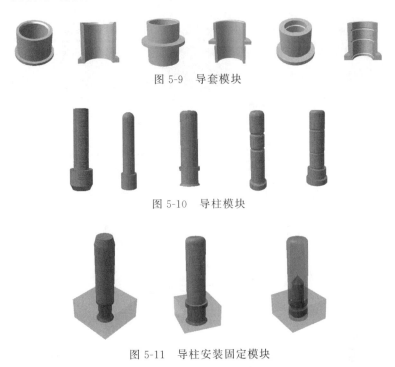

图 5-9　导套模块

图 5-10　导柱模块

图 5-11　导柱安装固定模块

图 5-12　导柱与导套配合模块

图 5-13　导柱与导向孔直接配合模块

图 5-14　斜面定位模块　　　　　图 5-15　斜面精定位模块

（3）脱模顶出机构模块

在注射成型的每一个循环中，制件必须从成型模具型腔中取出，完成取出件动作的机构称为脱模机构或顶出机构。脱模机构的作用包括脱出、取出两个动作，即首先将塑件和浇注系统凝料等与模具松动分离，称为脱出，然后把塑料和浇注系统凝料等从模内取出，有时脱出、取出两个动作之间并无明显的动作。

这里将脱模顶出机构模块分为图 5-16 所示模块单元。

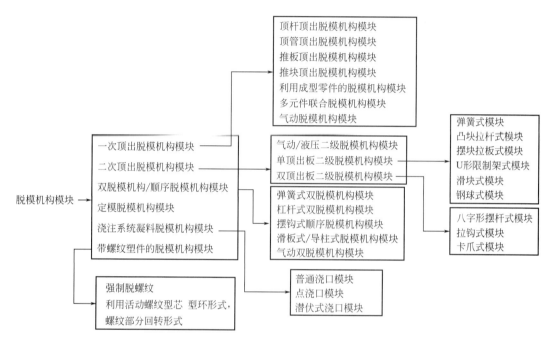

图 5-16　脱模顶出机构模块划分

简单脱模机构中，通常由推杆完成脱模，其中按照推杆（顶杆）截面形状可分为圆形截面顶杆和其他形状截面顶杆模块，如图 5-17 和图 5-18 所示。

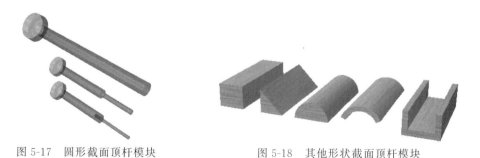

图 5-17　圆形截面顶杆模块　　　　　图 5-18　其他形状截面顶杆模块

顶杆的复位通常是由弹簧复位模块来完成的。另外有些制件可由推管、推板（图 5-19）、推块、成型零件及多元件等模块联合脱模。

推管特别适用于圆环形、圆筒形等中心带孔的塑件脱模，具有推顶平稳可靠；整个周边推顶塑件，塑件受力均匀，无变形、无推出痕迹；同轴度高等优点。但其加工困难且易变形，对于壁厚过薄（壁厚＜1.5mm）的塑件不宜采用推管推出。

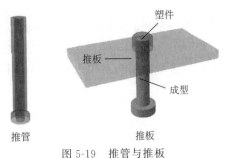

推管与推板
推管　　　　　　　　　推板
图 5-19　推管与推板

推板适用于大筒形塑件、薄壁容器及各类罩壳形塑件。推板脱模特点是顶出均匀、力量大、运动平稳、塑件不易变形、表面无顶出痕迹、结构简单无须设置复位装置；但对于非圆形塑件，其配合部分加工困难，并因增加推板使模具重量增加对于大型深腔容器尤其是采用软质塑料时，要在推板附近设置引气装置，防止脱模过程中形成真空。

推块具有较高的硬度、较低的表面粗糙度，推块与型腔、型芯之间具有良好的间隙配合，滑动灵活且不溢料，推块所用的顶杆与模板的配合精度要求不高。

（4）侧向分型与抽芯机构模块

当塑件具有与开模方向不同的内侧孔、外侧孔或侧凹时，除极少数情况可以强制脱模外，一般都必须将成型侧孔或侧凹的零件做成可动的结构，在塑件脱模前，先将其抽出，然后再从型腔中和型芯上脱出塑件。完成侧向活动型芯抽出和复位的机构称为侧向抽芯机构。从广义上讲，它也是实现塑件脱模的装置。这类模具脱出塑件的运动有两种情况：一种是开模时优先完成侧向分芯或抽芯，然后推出塑件；另一种是侧向抽芯分型与塑件的推出同时进行。

侧向分型与抽芯机构模块主要可按图 5-20 所示分类。

螺纹手动抽芯、齿轮齿条抽芯及斜弯销抽芯模块如图 5-21 所示；斜滑块分型抽芯模块如图 5-22 所示。

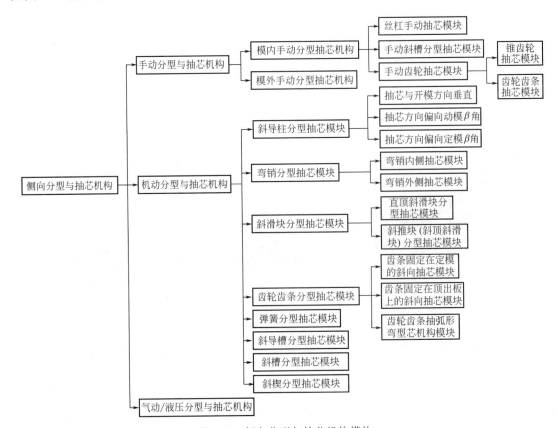

图 5-20　侧向分型与抽芯机构模块

(a) 螺纹手动抽芯模块　　(b) 齿轮齿条抽芯模块　　　　　(c) 斜弯销抽芯模块

图 5-21　抽芯模块

图 5-22　斜滑块分型抽芯模块

5.5　基于 CBR 技术的注塑模具模块划分实例

在上一节中，针对广泛模具模块划分结果进行了简单介绍，接下来以一个三通管件（图 5-23）的注塑模具为例，展示其基于 CBR 技术的部分模块划分过程。

首先，通过 CATIA 三维软件建立相关模型。

三通管件注塑模具整体结构与分解图如图 5-24 所示。通过三通管件模具整体结构装配模型能够直观了解其模块构成与配合方式，以便于之后的模块划分。

图 5-23　三通管件

通过对以上一些单元模块的划分过程及结果，通过运用 CBR 技术对三通管件注塑模具多级模块实例的提取，可将此注塑模具划分为图 5-25 所示的几个模块。侧向抽芯机构模块也可作为成型模块的一部分，但为了得到更加细致的模块划分，将其单独划分为侧向抽芯模块。

此外还有其他单元模块，主要有螺钉、螺杆、导柱等，如图 5-26 所示。

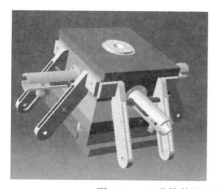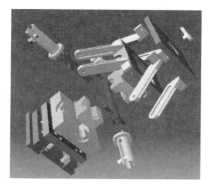

图 5-24　三通管件注塑模具整体结构与分解图

这样，经过模块划分之后，可将新的实例更新到现有的模块库中，以备将来模块实例的

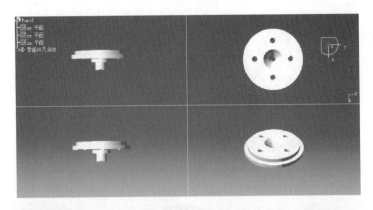

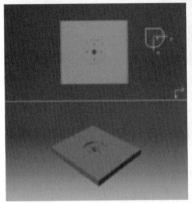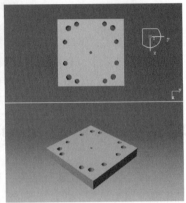

(a) 浇口模块

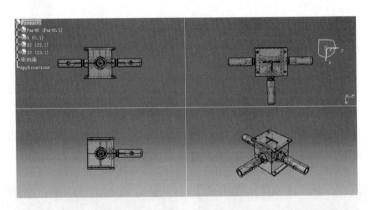

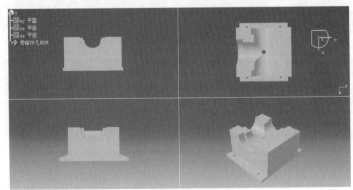

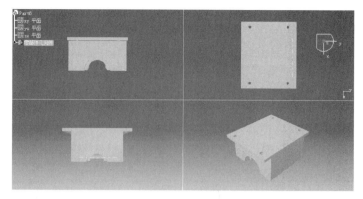

(b) 成型模块及上下模模块

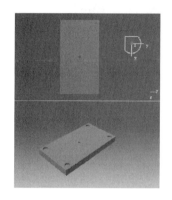  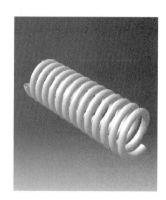

(c) 顶出机构模块

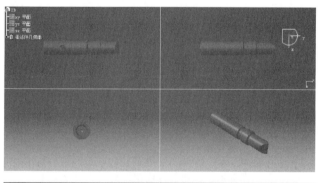

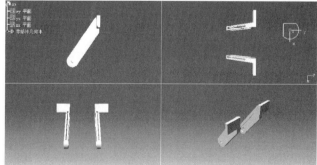

(d)

图 5-25

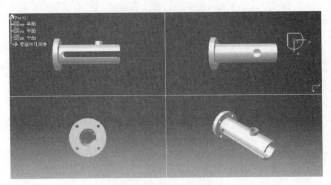

(d) 侧向抽芯机构模块

(e) 模架模块

图 5-25　三通管件注塑模具模块划分

图 5-26　其他单元模块

提取和重用。

　　作为模块化设计的基础与关键，模块划分一直是国内外学者研究的热点。通过研究相关文献，提出了从一个新的起点对模具进行模块划分的方法。

　　本章主要对 CBR 技术、模具范例检索自动匹配算法、模块划分方法进行了概述；列举了几种典型的模块划分原则，并从中发现缺点和不足；对 CBR 技术在模块划分中应用的可行性进行分析，得出其合理性和可行性；运用 CBR 技术对三通管注塑模具进行模块划分，得出其单元模块，期望提出的模块划分方法对模具模块化设计起到推动作用。

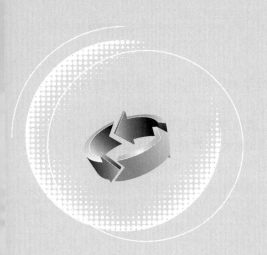

第6章

注塑模具柔性模块化编码技术研究

前面对柔性模块化设计技术，包括模块划分方法、模块系列及产品族规划方法、模块组合及模块拼装方法的基本概念和原理进行了研究，本章以注塑模具为对象，对其进行柔性模块化设计。

6.1 注塑成型原理与制造工艺

注塑成型具有可一次成型多个结构复杂、形状相同或不同、尺寸一致性好、质量稳定的塑件的特点，因而成为塑料加工领域的一种重要工艺方法。在各种塑料制品中约有 35％ 以上是由注塑成型加工的。注塑成型几乎可成形所有的塑料种类，生产效率高，可实现大批量自动化生产。

注塑成型的基本原理就是利用塑料的可模塑性，将松散的粒状或粉状塑料原料，经注射机的料斗输入料筒内，再经料筒外部加热器和螺杆旋转的剪切摩擦作用，使逐渐软化熔融至黏流态的塑料存于料筒前端，然后在注射机螺杆的高压力推动下，将熔融塑料以一定的速度通过注射机喷嘴注入闭合的模具中，经一定的保压与冷却定型时间后，打开模具即可取出具有一定形状和尺寸精度的塑料制品。

传统的模具设计方法更需要人为因素的参与。与传统的注塑模具设计相比较，现代模具工业所使用的注塑模具设计方法是以计算机技术为基础的设计方法，这种方法使注塑模具的设计水平得到了显著提高，在模具制造的精度与质量方面也有很大的提高，而且降低了模具产品的生产成本，缩短了研发和生产发周期。因此，在当代以 CAD/CAE/CAM 技术为设计工具的注塑模具设计制造技术是模具工业获得经济效益与社会效益的根本保障。注塑模具 CAD/CAE/CAM 系统如图 6-1 所示。

6.1.1 注塑模具的 CAD 工艺

注塑模具的结构建模是注塑模具 CAD 技术的基础，主要内容包括：注塑模具零件设计、注塑模具结构设计以及辅助零件的设计等。

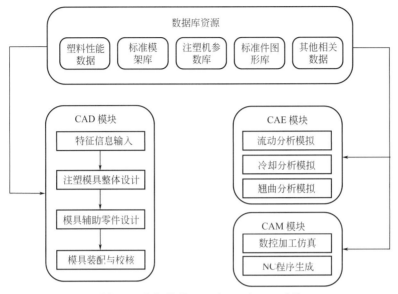

图 6-1　注塑模具 CAD/CAE/CAM 系统

（1）注塑模具 CAD 技术的特点

① 能够描述物体几何形状　注塑模具的结构是由塑料产品的几何形状所决定的，这就要求注塑模具 CAD 技术具备几何造型的能力，能够根据塑料产品的几何形状构造出注塑模具的三维模型，能够利用注塑模具 CAD 技术的具体方法进行三维建模。

② 能够对模具设计数据进行整理与编排　在注塑模具 CAD 设计过程中，在建模之前必须对注塑模具所设计的数据进行处理，这些数据包含表格、曲线、直接测量的数据以及由公式推导出来的数据等。然后将这些数据转化成计算机能够识别的语言形式，由计算机对设计准则进行编排和处理，实现设计的自动化与人机一体化。

③ 标准化的模具零件库　在注塑模具 CAD 设计过程中，注塑模具的型芯与型腔结构完全取决于塑料产品的几何形状，这是 CAD 设计部分的主要内容，而其他模具的辅助部分基本上都可以在 CAD 设计的标准零件库中直接找到，这样设计人员在进行注塑模具设计过程中可以直接调用模具标准零件库中的标准化零件进行模具辅助零件部分的设计操作，这大大简化了注塑模具设计步骤，有效地缩短了注塑模具设计研发周期。

④ 广泛的适应性　在现代工业生产中，由于计算机技术已经广泛应用在工业生产中的各个方面，因此以计算机技术为设计工具的现代设计手段在工业生产中具有更加广泛的通用性以及适应性，有利于现代注塑模具工业的发展。

（2）注塑模具 CAD 技术的工作内容

① 塑料产品的几何建模　塑料产品的几何建模是利用计算机 CAD 软件的建模模块，在 CAD 建模系统中对塑料产品的几何结构进行三维建模。CAD 建模所包含的内容有：线框建模、实体建模及特征建模等。

② 型腔、型芯的生成　在利用计算机 CAD 软件对塑料产品完成三维建模后，将创建好的塑件模型导入注塑模具设计模块，设计模具的分型面，分型面可以根据模型的具体形状进行设计，不同模具具有不同的分型面，然后利用模具分型面进行模具分模，自动生成型芯和型腔的体积块，构成注塑模具的初步型芯和型腔。由于塑料材料具有自身的收缩率问题以及

考虑到注塑模具磨损及机械加工等因素，所设计的初步型芯和型腔的尺寸需要经过相应的转换处理才能获得最终的型芯和型腔表面形状。

③ 型腔、型芯布局设计方案　在进行模具型腔设计时，可以使用注塑模具设计软件的专家系统进行设计定型，注塑模具的专家系统提供了多种设计方案供设计人员选择使用，可以帮助设计人员在设计模具型腔时确定型腔的位置、布局、数目、分型面、流道、冷却水路以及顶出机构等。

④ 标准模架的选择　现阶段在标准模架设计与选用方面，已经实现了标准化。采用EMX6.0软件进行模架设计是通过 EMX6.0 软件标准模架库为设计人员作引导，添加标准模架，然后进行辅助零件的设计及选用。标准模架库的建立具有诸多优点，如：企业可以根据不同产品的需要建立符合自身情况的标准模架库；模具行业内也可以根据通用模具零件建立标准模具库，加强模架的互换性与通用性，有利于行业的发展。

⑤ 总装图与部装图的生成　在 EMX6.0 软件标准模架库中选择好标准模架后，依据选用的标准模架类型结合模具型腔的设计方案，再利用 Pro/E 软件帮助设计人员导出模具总装图和部装图。

⑥ 生成模具零件图　设计人员根据导出的模具总装图和部装图，生成模具的零件图，在模具零件图上完成对模具零件进行设计、绘图和尺寸标注等。

⑦ 运动仿真模拟　在完成型腔、型芯设计与标准模架的调用后，选择 EMX6.0 软件中的模具运动仿真功能模块对设计完成的注塑模具进行运动仿真，在软件中设置开模距离与循环次数，以检查注塑模具结构设计的合理性以及运动的可靠性。

⑧ 模具强度、刚度计算校核　在完成整个注塑模具设计后，还要对模具强度、刚度进行校核计算，以确保注塑模具在浇注过程中具有足够的抵抗破坏与变形的能力。在进行注塑模具强度、刚度校核计算时，应用强度与刚度理论计算与模具专家的实际经验相结合的方法，对注塑模具的定模、动模以及辅助装置进行全方面的校核计算，保证模具具有足够的刚度、强度以及结构的正确性。

（3）注塑模具的 CAD 软件的应用

① 设计手册的计算机化　在设计注塑模具时，设计人员需要通过模具设计手册查询大量的图表、数据和公式，这种工作既烦琐枯燥又费时费力，而且容易由于人为因素出现差错，因此需要对模具设计手册进行计算机化。模具设计手册的计算机化大大简化了查询的繁杂步骤，有效地避免了人为错误的发生，通过将数据、图表进行计算机化，减少了人为劳动，提高了生产效率。

② 几何建模的计算机化　几何建模的计算机化就是根据注塑产品的形状、尺寸、布局等几何信息，利用 CAD 技术进行三维建模，生成注塑产品的三维模型。然后根据该模型的具体特征完成模具型芯、型腔模型的设计、浇注系统与冷却系统的设计以及辅助零件的设计。最后将设计好的型芯与型腔模型和浇注系统、冷却系统以及辅助零件进行组合，完成注塑模具整体设计。

③ 专家知识的计算机化　专家知识的计算机化是指设计人员在模具软件的专家系统的引导下对注塑模具进行的设计操作。一个完整的专家系统通常由数据库模块、推理模块以及解释分析模块组成。专家系统的作用是引导设计人员在已有的数据库和设计理论的基础上，参与注塑模具的设计工作，其具体内容包括：注塑材料的选择、注塑模具浇注系统设计、注塑模具冷却系统设计、注塑模具缺陷分析诊断等。

6.1.2　注塑模具的 CAE 工艺

注塑模具的 CAE 技术是模具设计过程中的核心部分。CAE 技术主要是使用注塑软件的有限元分析技术对注塑模具整个注塑成型过程进行模拟分析。其目标是通过对成型过程的填充、冷却、保压以及翘曲分析，对注塑模具设计、注塑材料的选择以及成型工艺的制订提供科学依据，有利于对注塑模具新产品的设计与开发，大大缩短新产品的研发周期。

（1）注塑模具 CAE 的成型分析

注塑模具 CAE 软件能够对注塑成型过程进行的模拟分析主要有：模具填充过程分析、保压过程分析、冷却过程分析以及气体流动分析等。

① 模具填充过程的模拟分析　充模过程的模拟分析包括在模具注塑过程中的填充分析与浇注系统的流动分析，是模具注塑过程的第一个分析阶段，对充模过程的模拟分析的目的是得到合理的型腔布局和形状，确定浇注系统的布局、流道尺寸、形状以及浇口的位置、数目和充模方式等信息。

② 保压过程的模拟分析　保压过程的模拟分析是在模具注塑过程中浇注系统流道内的塑料熔体在受到注塑机注塑压力的情况下流动状态的分析，包括塑料熔体在浇注系统流道内的温度、阻力、流动速度以及压力分析。流动分析的目的是确定注塑机的种类和型号，以保证在注塑生产中注塑产品能获得足够的注塑温度及压力。

③ 冷却系统的模拟分析　冷却系统的模拟分析是对注塑模具在注塑过程中冷却系统的冷却效果进行模拟分析，冷却模拟分析的目的是确定更加合理的冷却系统，进而达到最优的冷却效果。其内容包括：冷却水路的直径尺寸、布局设计，以及冷却液的种类选择、流量、流动循环速度的控制等。

④ 气体流动分析　气体辅助注塑成型制品的 CAE 模拟是注塑过程中塑料熔体在流道中流动所受到的气体压力作用的模拟分析。其目的是分析模具型腔内的气体流动以及气压分布情况，保证模具型腔内的气流因素不影响注塑产品的成型质量。其内容包括：优化注塑模具结构，合理布局型腔，设计高效的引气与排气系统，避免注塑产品由于气体流动造成的缺陷。

（2）注塑模具 CAE 内容

注塑模具 CAE 内容主要包括：充填流动分析、保压分析、冷却分析、结晶取向分析、翘曲分析和应力分析等。

① 充填流动分析　充填流动分析是通过 Moldflow 软件对注塑过程进行有限元分析，根据分析结果，对填充流动的过程进行优化设计。对填充流动的分析包括：浇口位置、数目、形状、流道的尺寸、布局以及模具浇注型腔内的压力、温度、时间、速度等。Moldflow 软件分析的结果将以图表的形式表示出来，为设计人员对注塑模具的优化设计以及对浇注成型过程的控制提供参考。

② 保压分析　保压分析实质上就是对注塑模具型腔内的塑料熔体进行压力保持，求解型腔内流体的非等温流动问题的过程。保压分析的主要内容是：在模具型腔在填充完成后，分析注塑机对型腔内流体持续进行加压过程中，型腔内流体的压力、温度的变化曲线，以及流体在流道中流动时的剪切应力。保压分析的目的是能够为设计人员在确定注塑工艺条件时，提供合理的依据。其工艺条件具体包括：确定保压方式、保压时间以及保压曲线；确定浇口的位置、数目、尺寸；确定注塑模具的温度以及塑料熔体的流动性等。

③ 冷却分析　在注塑成型过程中，冷却过程占据着十分重要的地位。一般而言，冷却阶段是注塑成型周期中时间最长的阶段，大概能占到整个成型周期的 2/3 左右，所以冷却效果将直接影响到整个注塑模具生产的效率。冷却分析的主要内容是通过对注塑过程中的冷却效果进行分析，合理布局冷却系统，确定冷却回路的数目与尺寸以及冷却液的类型。其目的是注塑件在注塑过程中得到均衡的冷却效果，并对需要特别加强冷却的部位进行集中冷却，以确保注塑产品的质量，为实际生产中冷却参数的设置提供科学依据。

④ 结晶取向分析　注塑成型的结晶取向分析属于注塑产品的微结构分析，主要的分析内容是注塑模具在成型过程中注塑产品内部的微架构在经历了高温、高压等复杂物理过程后所产生的微观结构变化。由于注塑产品自身的微架构发生变化，因此对注塑产品结构以及质量有一定影响。

⑤ 翘曲分析　翘曲是指注塑产品的形状偏离注塑模具型腔所规定的范围而导致塑件质量不合格的现象。翘曲分析的目的是在模拟给定注塑工艺条件下，分析出导致注塑产品出现翘曲问题的主要原因，然后对注塑模具进行优化设计，重新定义工艺条件，进而达到减少注塑产品翘曲的目的。翘曲分析的主要内容有：冷却不均分析、收缩不均分析以及结晶取向分析。

6.1.3　注塑模具的 CAM 工艺

注塑模具 CAM 技术主要是指利用计算机技术控制加工设备对生产资料进行加工制造的技术。注塑模具 CAM 技术主要包括：计算机直接参与生产资料的加工制造过程，对生产过程进行实时在线监控；还有就是计算机也可以不直接参与生产资料加工制造，而是以离线的方式进行辅助生产操作，如加工工艺过程设计、编订生产计划以及数控编程等。

(1) 注塑模具的 CAM 工艺特点

注塑模具 CAM 系统一般包括零件毛坯工件设置、加工刀具选择、工艺参数设定、刀位轨迹自动生成、后置处理、NC 编程、动态仿真等基本功能。

① 导入加工零件的三维模型　将建立好的注塑模具模型导入 Pro/E 软件的 CAM 模块（NC 模块），建立注塑模具零件的待加工毛坯，并根据所加工的注塑模具型腔与型芯的具体形状确定工艺参数及加工方法。

② 刀具轨迹生成　确定好具体的加工方法后，设置加工工艺条件，根据设置好的加工工艺要求选择合理刀具分别进行粗、精加工。其中应在保证加工零件的表面质量和加工精度的前提下，使刀具轨迹的数值运算尽可能简单、刀具路径与进给路径尽可能地短。

③ 仿真优化　在数控加工完成后，利用 CAM 模块仿真功能进行整个加工过程模拟，加工仿真的目的是判断是否会出现加工干涉现象、刀具轨迹是否连续、刀具选择是否合理以及刀位计算是否正确等。

④ 后置处理　在仿真优化结束后，根据校验后的刀具轨迹生成 NC 数据，再将 NC 数据通过 Pro/E 软件的后置处理器转换成不同类型数控设备所能识别的加工程序。

⑤ 数控加工　将 Pro/E 软件的后置处理生成 NC 数控加工程序通过数控机床的通信接口输入到数控机床的存储单元，然后数控机床的中央处理器对程序数据进行处理，将处理好的数据以命令的形式传送到数控机床的执行单元，进而实现对毛坯的加工。

(2) 数控加工的特点

数控加工适用于普通加工设备难以加工的复杂零件加工，具有效率高、精度高、自动化程度高等特点。

（3）数控编程的内容和步骤

① 分析零件二维图纸。根据二维图纸所标注的内容，对加工零件进行分析，确定加工设备。

② 确定加工工艺过程。根据已确定好的零件材料、加工设备、装夹方式来确定加工方法及制订加工工艺路线。

③ 编写加工程序单。确定加工方法以及工艺条件后，使用数控设备上的程序编写命令编写数控加工程序。

④ 输入程序。程序的输入可以利用数控加工设备控制面板进行手动输入，也可以将事先编辑好的程序通过数控设备的计算机接口进行输入。

⑤ 数控加工程序校对。

6.2　注塑模具模块化原理及功能模块创建

在模具设计领域，计算机辅助设计已被普遍应用。它提高了设计速度，减轻了工作强度，传统的设计方法是每设计一套模具，都要重新设计各个零部件，这样设计者的重复性劳动花费了大量的设计时间。为了提高模具的设计效率，采用模块化设计思想，把设计手册中的各种常用结构做成模块库，加载到设计软件中去，在进行模具设计时，设计者根据需要调用各种结构，实现设计的标准化和规范化。这种设计方法的原理如图 6-2 所示。

图 6-2　注塑模具模块化制作的分解与合成原理

模块化设计的关键是要设计一组能同时满足基型和变型设计要求的模块，因此，模块的创建首先必须通过分析用户提出的功能要求，进行功能分解与组合，实现从功能到结构概念的过渡。可以说，模块创建是模块化设计的核心内容，也是决定模块化设计方案优劣的重要过程。

注塑模具结构的特点是部件的功能明确、结构相似，便于根据功能原理确定产品的机构，进行模块划分，实现快速设计。在分析注塑模具零部件结构、功能的基础上，根据模块划分的原则，将注塑模具划分为浇注系统模块、成型部分模块、模架模块、侧抽机构模块、顶出机构模块、冷却系统模块等六大功能模块，如图 6-3 所示。通过模块间的不同组合就可以形成不同类型的注塑模具结构。

（1）浇注系统模块

注塑模具浇注系统是将注射机料筒中的熔融塑料从喷嘴高压喷出后，稳定而顺畅地充入并同时充满型腔的各个空间的流道。它由主流道、分流道、浇口、冷料穴和排气槽或溢流槽等部分组成（图 6-4）。在注塑模具设计中对浇注系统进行合理布局和形式的选择是一个重要的环节，因为它的设计正确与否直接影响着注塑过程中的成型效果和塑件质量。

主流道是指由注塑机喷嘴出口起至分流道入口止的一段通道，呈圆锥形，通常取其锥度为 $2°\sim4°$。分流道是主流道与浇口之间的通道，截面形状常用的有圆形、梯形和矩形（图 6-5），其中效率中的 S 表示分流道截面面积，L 表示分流道截面周长。分流道的布置形式取决于

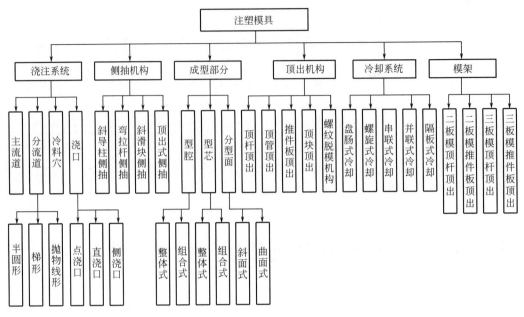

图 6-3　功能模块划分

型腔的布局，其遵循原则是：排列紧凑，能缩小模板尺寸，减少流程，锁模力要求平衡。分流道的布局形式有平衡式和非平衡式两种，在节主要研究的是平衡式布局。

（2）成型部分模块

成型部分是塑料注塑模具的核心部分。它由型腔、型芯、分型面等诸多成型零件组成，它们是根据塑件的不同结构而形成的相互对应的结构形式。同一件塑件的注塑模具的成型方法可以有多种结构形式，但必须选择以成型性能好为前提，并充分考虑现有设备条件下工艺性强、制造简单、易于保证精度、模具制造成本较低的一种。型腔包括整体式型腔、组合式型腔；型芯有整体式和组合式两种形式；分型面有平面式、阶梯式、斜面式、曲面式等多种

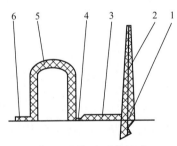

图 6-4　浇注系统组成

1—冷料穴；2—主流道；3—分流道；
4—浇口；5—塑件；6—排气槽或溢流槽

形式。图 6-6 所示为成型部分的不同结构形式。

（3）模架模块

模架是注塑模具设计与制造的基础部件，它是由模板、导柱、导套和复位杆等零部件组成但无加工型腔的组合体。模架的结构设计是整个模具设计的基础。标准模架是由结构、形式和尺寸都已经标准化且具有一定互换性的零件成套组合而成的。塑料注塑模的主要设计步骤就是根据型腔形状及其布置方案确定注塑模的总体结构，即选定模架的结构。标准模架作为 CAD/CAM 系统的重要组成模块，是提高注塑模结构设计的重要条件。国际上，塑料注塑模具的模架均已形成企业标准，主要有中国香港的龙记 LKM，美国的 DME，德国的 HASCO，日本双叶电子工业公司的 FUTABA、NIKATA 标准。这几种标准中，模架的基本形式相差不大，只是分类方法、命名方式以及底板的固定形式不同。

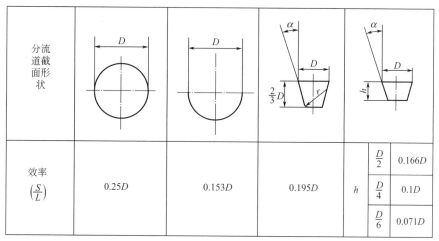

分流道截面形状					
效率 $\left(\dfrac{S}{L}\right)$	$0.25D$	$0.153D$	$0.195D$	h	$\dfrac{D}{2}$	$0.166D$

图 6-5　分流道截面形状与效率

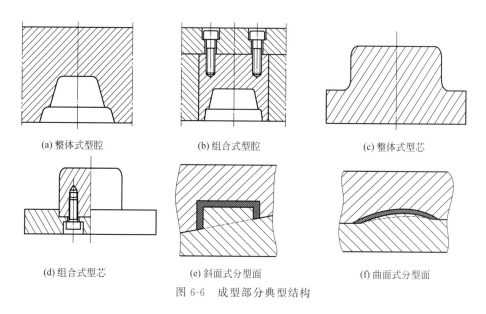

(a) 整体式型腔　　　　(b) 组合式型腔　　　　(c) 整体式型芯

(d) 组合式型芯　　　　(e) 斜面式分型面　　　　(f) 曲面式分型面

图 6-6　成型部分典型结构

（4）顶出机构模块

塑料制品注塑成型并在模腔中冷却固化后开启模具，将制品从模体中顶出，是靠模具顶出机构的动作来实现的。顶出机构应在相当长的运动周期内平稳顺畅、无卡滞现象的前提下，被顶出的塑件完整无损，没有不允许的变形，不影响塑件表面质量。

顶出机构按驱动方式分为：手动顶出、机动顶出、气动顶出。按模具结构分为一次顶出、二次顶出、螺纹顶出、特殊顶出等方式。无论哪一种顶出方式都离不开顶杆、顶管、顶板和顶块等几种基本的结构形式。图 6-7 所示为顶出机构的典型结构。

顶出机构在设计过程中，要满足以下几点规则：

① 保证塑件外观完美无损。一般顶出机构应设置在塑件的内表面以及不显眼的位置。

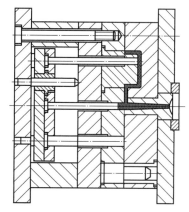

图 6-7　顶出机构典型结构

② 避免顶出损伤。顶出力作用点应在塑件承受顶出力最大的部位，即不易变形或损伤的部位，尽量避免顶出力作用于最薄的部位。

（5）侧抽机构模块

塑件的侧壁带有孔、凹槽或凸台时，成型这类塑件的模具结构需制成可侧向移动的零件，并在塑件脱模之前，将模具的可侧向移动的成型零件从塑件中抽出。带动侧向成型零件作侧向移动（抽拔与复位）的整个机构称为侧抽机构。

根据抽芯动力来源，注塑模侧抽机构主要分为手动抽芯、机动抽芯和液压抽芯三大类。最常用的侧抽机构是斜导柱侧抽机构、弯拉杆侧抽机构、斜滑块侧抽机构等。在设计侧抽机构时，最主要的是抽芯力和抽芯距。塑件由于冷缩的原因产生包紧力、塑件与型芯之间存在黏附力和摩擦力及型芯机构本身的运动摩擦合力统称为脱模力，在侧抽芯中称抽芯力，在顶出动作中称为顶出力。设计侧抽机构时，除了要计算脱模力以外，还要确定抽芯距，通常抽芯距等于侧成型孔的深度或成型凸台的长度 S 加上 2～3mm 的安全系数。

（6）冷却系统模块

塑料注塑成型是将熔融状态的塑料向模腔高压注塑，其后这些熔料在型腔中冷却到塑料变形温度以下固化成型。在塑料固化过程中，由熔融状态冷却到固化状态是由熔料温度和模具温差来实现的，而且一般说来，模具温度应在塑件热变形稳定以下才能达到迅速固化成型的目的。但是模具的温度既不能过高，也不能过低。模温过高会造成溢料，脱模困难，并使塑件固化时间延长，延长注塑成型周期，降低生产效率；模温过低则会影响注塑熔料的流动性，使塑件应力增大，并可能出现熔接痕及缺料等制品缺陷，影响塑件质量。模具温度不均会使塑件变形，以及产生收缩率偏差等诸多问题，影响塑件的质量。为此，控制模体温度是塑料注塑成型中的重要环节，冷却系统就是为了完成这些功能而设置的。模具的冷却包括型腔冷却和型芯冷却，其基本冷却方式如图 6-8 所示。

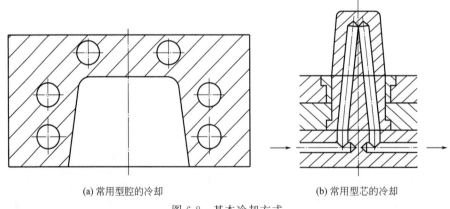

(a) 常用型腔的冷却　　　　　(b) 常用型芯的冷却

图 6-8　基本冷却方式

冷却系统的主要作用就是使模体温度保持平衡，将熔融状态的熔料传给模具的热量尽可能迅速全部地传递出去。其主要目的如下：

① 缩短成型周期；

② 提高塑件质量；

③ 适应特殊要求。如注塑结晶性塑料或用大型模具注塑成型时，对有特殊需要的模具等进行预热或局部加热。

6.3　模块的编码

模块的编码，也就是对模块的命名。编码的目的就是用规定的字符来代表复杂的概念。良好的编码规则，即命名规则，可以最大限度地消除因对模块的命名、分类和功能等的描述不一致而造成的误解和分歧，减少一名多物、一物多名，减少编码的二义性。模块编码着重于反映模块的功能以及相关连接和接口的特征。

6.3.1　编码的基本原则

编码的基本原则是唯一性、可扩性、简短、格式一致、适应性、含义性、稳定性、识别性、可操作性等。

唯一性：尽管编码对象有不同名称、不同描述，但编码必须保证一个编码对象仅被赋予一个代码，一个代码只反映一个代码对象。

可扩性：代码结构必须能适应编码对象不断增加的需要。

简短：代码位数尽量少，代码结构应尽量简单。

格式一致：格式规范化，提高代码的可靠性。

适应性：代码设计应便于修改，以适应编码对象的特征或属性以及相互关系可能出现的变化。

含义性：代码应具有最大限度的含义，反映模块主要的一些功能特性。

稳定性：代码不易频繁变动，编码时应考虑其变化的可能性，尽可能保持代码系统的相对稳定性。

识别性：代码能够充分反映编码对象的特点，并能做到一目了然，有助于记忆，并便于人们了解和使用。

可操作性：代码应尽可能方便设计师工作，减少其处理时间。

6.3.2　模块编码规则

编码规则的好与坏，将影响设计人员对模块的识别以及设计人员对新开发功能模块的命名。为了适应模块编码的基本原则，本次设计制定了一种 11 位码的模块编码规则，采用的是 0～9 数字编码技术，基本结构和说明如图 6-9 所示。

图 6-9　编码的构成

各个码位说明如下：

码位 1、2：模块结构信息码；用于明显地标识注塑模具结构是立式还是卧式，是单型腔还是多型腔。

码位 3～8：模块信息码；前 2 位表示模块类别码，后 4 位表示模块结构码。

码位 9～11：模块图纸管理码；码位 9、10 表示零件图纸序号，码位 11 表示修改次数。

在模块的编码过程中，11 位编码必须全部填满，不足之处，用 0 进行填补。

6.3.3 注塑模具功能模块编码

注塑模具功能模块编码由模块主码和模块图纸管理码两部分组成。其中主码主要完成日常的管理，包括模块的基本信息，用于确定模具结构信息和模块的结构参数信息等，主要包括两部分：模具信息码和模块信息码。其详细信息见表 6-1～表 6-8。模块图纸管理码见表 6-9。

表 6-1　模块主码

码位	1		2		3	4	5	6	7	8
名称与分段	模具信息码				模块信息码					
	结构形式		型腔形式		模块类别码		模块特征码			
内容	1—立式注射模 2—直角式注射模		1—单型腔 2—多型腔		见表 6-2		见表 6-3～表 6-8			
举例	1		2		1	1	1	5	1	5

表 6-2　模块类别码

编码	0	1	2	3
1		模架模块	顶出机构模块	
2		成型部分模块	顶抽机构模块	
3		浇注系统模块		冷却系统模块

注：横向码与纵向码组合即为模块类别码，如模架编码为 11。

表 6-3　浇注系统模块结构特征码

模块名称	布局特征码	型腔数目码	分流道截面码	浇口类别码
浇注系统模块	1—平衡式布局 2—非平衡式布局	1—1　2—2 3—4　4—8 5—16　6—32	1—圆形 2—梯形 3—抛物线	1—直浇口 2—点浇口 3—侧浇口

表 6-4　成型部分模块结构特征码

模块名称	有无侧抽机构	分型面个数	型腔结构特征	型芯结构特征
成型部分模块	1—有 2—无	1—单分型面 2—双分型面 3—三分型面	1—整体式 2—整体组合式 3—局部组合式 4—完全组合式	1—整体式 2—整体组合式 3—局部组合式 4—完全组合式

表 6-5　侧抽机构模块机构特征码

模块名称	动力特征码	结构特征码
侧抽机构模块	01—模内手动侧抽 02—模外手动侧抽 03—机动侧抽 04—液压侧抽 05—弹簧式侧抽 00—无侧抽	01—斜滑块　06—斜推杆式内抽芯　12—顶出斜面内抽芯 02—滚轮式弯销　07—推杆平移式内抽芯 03—斜销抽芯、分型面斜面锁紧　08—连杆式顶出抽芯 04—弯销二级抽芯　09—斜推杆内抽芯、弹簧复位 05—斜推杆式瓣合抽芯　10—内部连杆式液压抽芯 00—无侧抽芯机构　11—斜向液压抽芯

表 6-6　顶出机构模块结构特征码

模块名称	驱动力特征码	结构特征码	复位特征码
顶出机构 模块	1—手动顶出 2—机动顶出 3—气动顶出	11—顶杆顶出 12—顶管顶出 13—推件板顶出 14—顶块顶出	1—复位杆复位 2—弹簧复位

表 6-7　模架结构特征码

模块名称	结构特征码	尺寸参数码(模架宽度×模架长度)/mm
模架模块	11—F3-S　12—F3-E 13—F3-G　14—F3-D 15—F3-F　16—F3-H 21—N2-S　22—N3-K 23—N3-H	11—150×150　12—200×200 13—250×250　14—300×300 15—350×350　16—400×400 21—500×500　22—600×600 23—700×700　24—900×900

表 6-8　冷却系统模块结构特征码

模块名称	模具是否需加热	冷却水道形式	连通方式	水道尺寸参数以水管直径分类/mm
冷却系统 模块	1—需要 2—不需要	1—沟道式 2—管道式 3—导热杆式	1—串联 2—并联	1—ϕ8 2—ϕ10 3—ϕ12

表 6-9　模块图纸管理码

码位	1	2	3	4	5	6	7	8	9	10	11
名称与 分段	模具结构信息码		模块信息码						模块图纸管理码		
内容	结构形式	型腔形式	模块类别码		模块特征码				零件图纸序号		模块修改次数
	1—立式注射模 2—直角式注射模	1—单型腔 2—多型腔	见表 6-2		见表 6-3、表 6-8				01,02,03,04, 05,06,07……		1,2,3,4……

6.4　注塑模具模块化设计举例

以三通管件为例进行注塑模具模块化设计。塑件三通管件的三维模型如图 6-10 所示。

图 6-10　三通管件的三维模型图

6.4.1 分析塑件

(1) 确定分型面

打开模具取出塑件或浇注系统的面叫分型面,注塑模有一个分型面和多个分型面。分型面应设在塑件断面尺寸最大的部位。为了提高生产效率,改用一模四腔(或多腔)、三个方向侧抽芯的布置方法。将制品的布置方式由原来的平行于分模面改为垂直于分模面,分模面选择为直通部分的轴线所在面。

(2) 确定抽芯方式

由于制品为塑料三通接头,需要在三个方向同时抽芯,同时,考虑到塑件的抽拔距离较长、抽拔力较大的特点,本模具采用滚轮式弯销抽芯机构(侧抽机构的 A2 型)。这样,模具的结构紧凑,抽芯稳定可靠,选取大抽拔角度,能满足较长的抽拔距离,同时,采用滚动轴承与滑板导槽相配,摩擦阻力小。

(3) 浇注系统设计

综合考虑塑件的性能要求、材料(ABS)的黏度和黏度对剪切力的敏感程度等因素,本模具设计采用点浇口方式,在定模板背面制作 U 形流道,同时由于必须脱凝料,需多开一次模,模具采用三板式结构。

主流道应和注塑机的喷嘴在一条直线上,断面为圆形,有一定的锥度,锥角为 $2° \sim 4°$。同时主流道与喷嘴对接处设计半球形凹坑。由于主流道要和高温的塑料熔体和喷嘴反复接触,因此加上可拆卸的主流道衬套。分流道采用平衡式布置、U 形断面结构,流道设计的原则是尽可能地短,以减少流道中的凝料及压力损失,使塑料不至于因降温过多而影响其注射成型。

6.4.2 对模具各系统进行编码

① 模架系统编码根据以上的编码规则,以及塑件尺寸,可知模架系统编码为:12111111011。

② 浇注系统编码根据以上的编码规则,以及对塑件的分析,可知浇注系统编码为:12311332011。

③ 成型部分编码根据以上的编码规则,以及对塑件的分析,可知成型部分编码为:12211221011。

④ 侧抽机构编码根据以上的编码规则,以及对塑件的分析,可知侧抽机构编码为:12220302011。

⑤ 顶出机构编码根据以上的编码规则,以及对塑件的分析,可知顶出机构编码为:12122112011。

⑥ 冷却机构编码根据以上的编码规则,以及对塑件的分析,可知冷却机构编码为:12332221011。

通过塑件的分析及对模具各系统的编码,快速选择合适的功能模块进行组合。这样,在设计模具时就有了依据和方向,不至于毫无目的、不知所措。进而,在以后的模具设计中,如遇到相似的塑件,经过略微修改,就可以直接拿来用(如两通件、四通件)。三通管件注塑模具结构的三维分解模型如图 6-11 所示。

本章详细介绍了注射成型原理与工艺流程,针对注塑模具机构特点,建立注塑模具功能

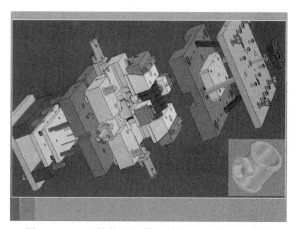

图 6-11　三通管件注塑模具结构的三维分解模型

模块划分和创建体系；将注塑模具整体结构划分为浇注系统模块、成型部分模块、模架模块、顶出机构模块、侧抽机构模块、温控系统模块六大功能模块；确定了注塑模具功能模块的编码规则、采用 11 位数字编码对注塑模具各个功能模块进行编码，包括模具结构信息码—模块信息码—模块接口特征码或模块图纸管理码；并给出了注塑模具模块化设计实例。

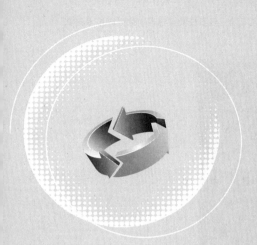

第**7**章
面向广义模块化设计的
模具产品数据建模

在基于产品平台的柔性模块化产品方案设计系统中，数据模型是其进行管理和操作的基本单元，数据模型的建立是系统开发的基础。

本章在注塑模具产品族结构层次模型的基础上，研究其数据模型的信息构成，以建立统一的数据模型，并重点研究柔性模块的设计知识信息表达及其建模技术。

7.1 产品建模技术研究概况

7.1.1 产品数据建模

产品建模的目的是建立计算机能够理解的有关产品信息的统一数据模型，即数字化产品模型（digital product model）。该模型是基于计算机技术，在现代设计方法学的指导下，支持先进制造系统，定义和表达产品全生命周期中的产品资源所必需的产品数据内容、数据关系及活动过程的数字化的信息模型。数字化产品模型可以完善表达产品的信息和数据，来支持产品开发过程中的各种活动。

数字化产品建模技术的研究最早可以追溯到 20 世纪 60 年代初。从计算机图形学技术的诞生开始，随着人们对零件信息描述和表达完整性的追求，产品建模经历了几何建模、特征建模、智能建模和集成建模的发展过程。

（1）面向几何的产品数据模型

这一模型包含线框模型、曲面模型、实体模型以及曲面和实体混合模型几种类型，它们可以定义为计算机内部模型，其主要目的是表达产品的形状，也可用于有限元分析和数控加工应用。由于几何模型的数据结构是专门设计表达产品几何拓扑关系的，对非几何属性数据以及机械设计中的一些附加形状描述信息无法合理表达，也就满足不了 CAD/CAM 集成化的要求，更无法实现系统级的概念设计。

（2）基于特征的产品数据模型

这一模型充分考虑了形状、精度、材料、管理、技术等方面的特征，不仅使设计者能利用具有明显工程含义的体素（如孔、槽等）来表达产品，提供更自然的词汇表达设计对象，以捕捉设计者的意图，而且可为整个设计制造过程的各个环节提供统一的产品数据模型。

（3）基于知识的产品数据模型

使用人工智能技术，如面向对象的编程语言、基于规则的推理技术、约束及真理维持系统等建立起来的模型。通过使用人工智能技术、专家设计经验和产品设计过程及环境的知识，为实现产品设计自动化和生产自动化提供了有力的支持。

（4）集成化的产品数据模型

把上述各模型所有功能、类型的产品信息集中存储在一个集成的产品数据模型中，除产品信息的统一表示和集成管理外，产品的开发过程受产品历史数据、产品开发规则、用户模型等一般性产品知识的支持，它将产品生命周期中不同阶段的信息都包容进去，因而是理想、完整的产品数据模型。

随着人工智能技术的发展，产品建模技术也逐渐向更高层次的智能建模方向发展。产品智能建模分为约束建模、搜索建模、推理建模和三者混合运用的知识建模四类。约束建模将设计看成是对变量的约束，而设计则要使结果满足所有的约束条件。

搜索建模的设计方法有原型法和基于实例的设计方法两种。

知识建模是应用人工智能技术如基于规则的推理技术和约束技术等进行产品建模，将专家的设计经验、产品设计过程和环境的知识存储起来，建立合理正确的知识提取和使用方法，用来进行产品建模。

产品知识建模通过捕获（capture）产品设计和制造过程信息，使企业能够对产品设计全过程进行建模，实现该模型整个或部分过程的自动化处理。它强调提供产品信息的完整表达，并集成于产品模型中。这种产品模型表达了产品设计制造背后的工程意图，并存储了设计制造的如何（how）、为什么（why）和是什么（what）等信息。

知识建模通过使用人工智能技术、专家设计经验和产品设计过程及环境的知识，为实现产品设计自动化和生产自动化提供了有力的支持。

7.1.2　面向对象的产品建模方法

面向对象方法具有很强的刻画数据结构的能力和很好的一致性、有序性。同时，它通过信息封装、继承、关系构造等方式将系统中的易变因素隐藏起来，使变化局部化，从而取得系统的稳定性。这些特点使得面向对象方法比较适合对复杂机械产品进行数据建模。

面向对象方法的基本要素主要有对象、对象类、类层次、消息与方法等。

① 对象　对象是面向对象方法的最基本、最重要的要素。一般对象的定义为问题的概念、抽象或具有明确边界和意义的事物。对象的作用有两个：一是促进对现实世界的理解；二是为计算机实现提供实际基础。

② 对象类　对象类是具有相同结构、操作并遵守相同约束规则的对象聚集的抽象。建立类的概念后，类中的一个具体对象称为实例。采用类的概念，可以统一描述具有相同语义性质的众多对象，从而可显著地简化对象定义的工作。对象类实现了数据与操作的封装，类中的对象具有相同的属性、行为模式。类与类之间的关系可构成类层次结构。处于上层的类称为基类（或超类），下层类称为子类。

③ 方法和消息　对象类的操作特性在面向对象中称为方法，而消息是用来请求对象执行某一处理或回答某些信息的要求。其消息的传递通过接口实现。

一个对象的形式化定义可以用一个四元组表示：

对象：$=<ID,DS,MS,MI>$

其中：ID（identifier）为对象的标识符，又称对象名；DS（data structure）为对象的数据结构，用于描述对象当前的内部状态或所具有的静态属性，常用一组<属性名，属性值>表示；MS（method set）为对象的方法集合，用以说明对象所具有的内部处理方法或对受理的消息的操作过程，它反映了对象自身的智能行为；MI（message interface）为对象的消息接口，是对象接受外部消息和驱动有关内部方法的唯一对外接口。

随着基于面向对象的数据建模技术的日益完善和成熟，产生了许多有效的 OO 建模分析和设计方法。目前，比较有代表性的如：Shlaer & Mellor 方法、Booch 方法、Coad & Yourdon 方法、Rumbaugh 方法、Wirfts-Brock 方法、IDEF4 方法等。这些 OO 建模分析和设计方法采用真实世界的概念来组织模型，符合人类认识客观世界的方式，正在成为工程建模的有力工具。

7.2 基于产品平台的模具产品族信息构成

对于一个注塑模具产品族而言，它包含的信息是很复杂的，因此，在使用面向对象的方法进行产品建模时，首先要对产品族进行分层建模，以便于对其进行信息分析和管理。

图 7-1 所示为注塑模具产品族的构成层次模型，不同的层次包含不同的信息内容，而且信息的复杂程度也不相同，相对而言，层次越高其信息构成越抽象，信息表达也越简单，较低的层次模型包含的信息具体而复杂。

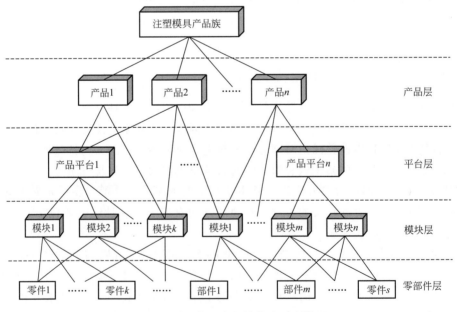

图 7-1 注塑模具产品族构成层次模型

在注塑模具产品族中，模块是设计系统的基本单元，由模块构成了不同的产品平台，产品平台派生产品，众多的产品进而形成产品族。这里主要研究模块、产品平台和产品的数据模型，图 7-1 中的零部件层作为模块的构成信息。

虽然在注塑模具产品族中模块层、产品平台层、产品层的信息所包含的具体内容各不相同，但是信息的类型是相似的，如图 7-2 所示。其中，产品特性信息、结构特征信息是模块、产品平台、产品所共有的信息类型。

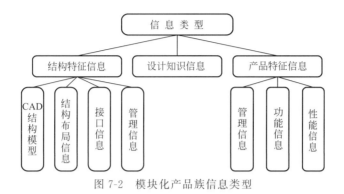

图 7-2　模块化产品族信息类型

（1）描述信息

描述信息是对某一对象的特征进行整体概括说明的文字或数据，包括：

功能信息：产品、平台或模块的基本功能属性，如注塑模具产品中的加捻模块的功能是使牵伸后的棉条获得一定的捻度，一般情况下，功能信息是一些定性的描述信息。

性能信息：表达产品、平台或模块的主要技术性能参数，如某一产品平台的锭距、锭数等。

管理信息：是指产品、产品平台或模块的类型、名称、编码、设计日期、设计者。

（2）结构信息

结构信息表达某一对象的几何结构模型，包括：

CAD 结构模型：描述产品、产品平台、模块的结构形状和尺寸等，用点、线、面、体等几何要素的构成产品形状，并以尺寸、关联、层次等约束条件建立要素间的拓扑关系；CAD 模型需要在一定的 CAD 软件平台上构造，在数据模型中则包含相应的结构参数信息，并通过 CAD 接口工具与 CAD 模型建立关联。

结构布局信息：描述产品内部的模块之间的布局连接关系，如注塑模具的左手车、右手车布局，其功能模块相同但模块之间的连接关系不同。

接口信息：它是描述产品平台、模块的结合要素的信息集合，它包括接口名称、编码、连接件的形状、尺寸，与之连接的接口件的信息以及它们之间的配合或接口参数等。

管理信息：描述产品、产品平台、模块由哪些下一级的单元构成，以及这些单元的名称、编码等信息，如构成产品的产品平台和专用模块的名称、编码；产品平台所包的模块名称、编码；模块所包含的零部件的名称、编码、图纸号、数量、类型等。

（3）设计知识信息

在注塑模具广义模块化设计中模块类型由前文可知分为两类，即刚性模块和广义模块，刚性模块数据模型中的所有信息类型的值都保持不变；对广义模块而言，根据定制参数的不同，其数据模型的信息要发生相应的变化，生成对应特定参数的定制模块数据模型。所以，广义模块的数据模型除了包括上述的四项信息之外，还包括一类信息，即设计知识信息。

设计知识信息描述广义模块数据模型中的相关信息随用户需求的不同变化时的规则、方法等。下一节中对该信息中的知识表示及知识建模进行了研究，这里不再赘述。

7.3 基于 UML 的模具产品数据模型创建

根据上述信息分析，本节将分别对模块化产品、产品平台及刚性模块进行基于 UML 的面向对象数据建模，并重点研究基于知识的广义模块数据模型的建立。

7.3.1 UML 标准建模语言

标准建模语言 UML（unified modeling language）是 OMT（object modeling technology）方法 OOSE（object-oriented software engineering）方法的基础上发展起来的，是一种定义良好、易于表达、功能强大且普遍实用的面向对象建模语言。UML 定义了 UML 的表示符号，为建模和建模支持工具的开发提供标准的图形符号和正文语法，图形符号如图 7-3 所示。

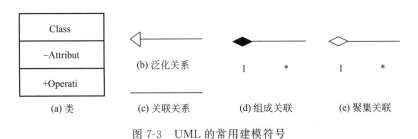

图 7-3 UML 的常用建模符号

UML 采用的是一种图形表示法，是一种可视化的图形建模语言，通过定义建模语言的文法，例如，类图中定义了诸如类、关联、多重性等概念在模型中的表达，并运用元模型对语言中的基本概念、术语和标识方法进行严格的定义和说明，进而给出准确的含义。

7.3.2 基于 UML 的模具产品数据模型

从上面的分析可知，在模具产品族中根据产品、产品平台、刚性模块、广义模块在设计和管理中的不同要求，可以抽象出三种不同的数据模型的构成信息类型，产品族中不同层次的数据模型分别由这三种信息类型中的部分或全部构成。

从模块化产品的构成角度来看，产品、产品平台可以被看作是一个大的模块，模块则是一个小的产品。因此，模块化产品、产品平台及模块可以建立一个数据模型来作为它们的数据模型，并根据需要对数据模型中的信息类型进行选择。

本文利用面向对象的建模方法，对产品、平台及模块进行抽象分析，建立集成化的面向对象的模块数据模型。如图 7-4 所示是用 UML 语言建立的数据模型，它由设计知识信息模型、数据模型、描述信息模型、结构信息模型、管理信息模型、功能信息模型、性能信息模型等聚集而成，各模型中又分为不同的子模型或包括不同的数据项。

对于广义模块的数据模型所特有的信息类型——设计知识信息模型，将在下一小节对其包含的知识类型、知识的表达方式及知识模型的创建进行研究，用于支持知识化的模块设计过程。

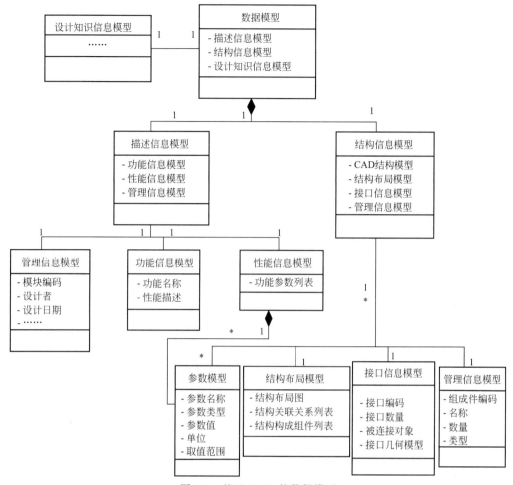

图 7-4　基于 UML 的数据模型

7.3.3　模具广义模块设计知识信息建模

(1) 基于广义模块的知识化模块设计过程分析

广义模块化设计中创建广义模块的目的是实现功能相同、结构相似的不同模块的快速设计。

在设计系统中实现这一目标的过程是：首先根据输入的工程参数或应用要求，设计系统搜索到合适的广义模块的数据模型，然后依据与该广义模块相关的设计知识，自动推理、构造出符合特定要求的新的模块数据模型，即实例模块数据模型，如图 7-5 所示。

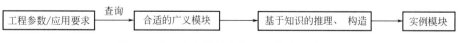

图 7-5　基于广义模块的知识化模块设计过程

上述设计过程中包括了广义模块设计知识的应用，建立合理规范的知识信息模型是应用知识首先要解决的问题。知识模型的建立过程如图 7-6 所示，首先收集、整理、归纳、抽象出设计过程中所要用到的知识，然后用规范的知识表示方式建立产品的知识模型，并将这些知识存入知识库，以便设计过程中使用。

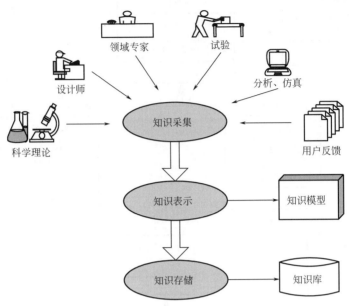

图 7-6　建立知识信息模型的过程

（2）注塑模具广义设计知识的类型

知识是人类长期的生产和实际活动中所积累的认识和经验的总结，知识的来源主要包括：数学、物理、化学、材料等各个学科领域的理论知识；设计人员在长期产品设计过程中积累的的设计经验；领域专家的知识，以及在产品设计过程中通过样机试验、数字仿真等结果找到的解决产品设计问题的途径，总结出的有用经验等。

根据在问题求解过程中知识的作用不同，上述知识通常分为说明性知识、问题求解知识和控制知识。

① 说明性知识：是描述问题的概念、定义、事实、状态、环境、条件等方面的知识，以及某些常识性的知识，如在注塑模具中，对某一类或某一个广义模块的基本特征进行描述的知识，根据该知识进行广义模块的选择。

② 问题求解知识：主要指与领域相关的知识，通常看起来是过程性知识，它说明如何处理与问题相关的数据以获得问题的解，即描述问题求解过程中求解方法、操作、演算、行动等方面的知识。如在选定某一注塑模具广义模块后进行实例派生时，派生的规则和方法。

③ 控制知识：主要描述问题求解的策略，控制问题求解的过程，即描述如何选择相应的操作、演算、行动等的比较、判断、管理、决策等的知识。例如，表达如何在一个注塑模具广义模块类中比较、判断并选择一个合适广义模块的知识。

在注塑模具广义模块化设计中，广义模块的设计知识按照知识表示的抽象程度可将设计知识分为设计实例知识和设计规则知识。

① 设计实例知识　设计实例是指过去一定条件下满足特定要求的产品解决方案或设计结果。一个典型的设计实例一般包含两部分信息：一部分是问题的初始条件，反映该实例产生的环境属性，它们与结果的产生密切相关；另一部分是问题求解的结果，反映该实例求解的目标和达到该目标的解决方案。

在广义模块化产品设计中，广义模块化的产品和模块就是典型的设计实例。广义模块是集成了一定设计思想、设计经验、经过优化和实践检验的实体，是设计知识和制造、工艺知识的集中体现。广义模块的结构是满足一定工程约束的广义单元，根据设计要求和设计规则知识对广义模块进行约束求解，使广义的模块结构具有确定的参数取值，即可派生出新的产品设计所需的模块实例。如，对于一个注塑模具中的浇注广义模块而言，其本身就包含了已有的几个浇注模块的结构设计规律、方法和经验等知识。

②　设计规则知识　设计规则知识通常有以下几个方面：构型规则知识、工程规则知识、几何造型规则知识。这些规则可以是数学公式（formula）或条件语句，尽管概念上很简单，但通过组合可以构成复杂而强大的表达式。

a. 构型规则知识：广义模块构型规则知识是指广义模块中各个零部件之间的相互关系，包括装配关系、几何关系和参数关系等，它是广义模块装配设计过程中所要用到的工程知识。这种形式的规则描述了合理的部件配置所必须遵循的条件。

b. 工程规则知识：工程规则知识是用来计算产品性能的设计规则知识，根据用户的需要，可以建立由这些工程规则组成的设计引导过程，从而实现从工程参数到几何参数的驱动过程。

c. 几何造型规则知识：几何造型规则知识反映了 CAD 模型中几何元素之间的关联，可以使 CAD 绘图中单一元素的改变能够反映到图形的其他部分，使设计不再进行重复性工作。

（3）注塑模具广义模块设计知识的层次模型与表达

图 7-7 所示是注塑模具广义模块结构设计知识的层次模型，即知识库的关系结构。经过这种分类的知识脉络清晰，易于知识数据的组织整理。

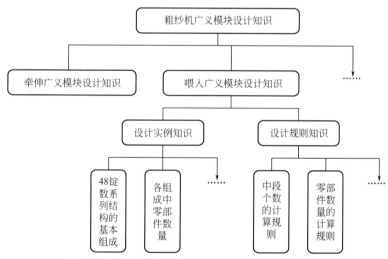

图 7-7　注塑模具广义模块结构设计知识的层次模型

知识模型中第一层为设计知识的分类，如描述不同部件设计知识的规则组。

知识模型中第二层是对第一层知识的细化，按照广义模块设计知识类型，不同的部件在每种类型下有不同的具体内容。广义模块是根据对功能要求和设计参数分析的总结与归纳得到的典型结构，是已有设计结果的抽象，因此，它的设计实例知识中包含了设计思想、设计经验、制造工艺知识等。在进行新的实例模块设计时，通过对设计需求的分析及对设计实例知识的推理得到满足条件的具体广义模块，然后在与该模块相对应的设计知识与经验的支持下完成模块设计。如图 7-8 所示是浇注广义模块的结构形式、锭数系列的推理过程。

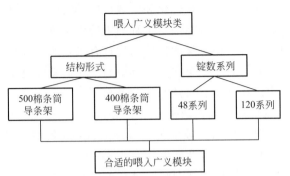

图 7-8 设计实例知识推理过程

（4）基于框架表示的知识模型

所谓知识表示（knowledge representation）就是研究用什么形式将有关问题的知识描述出来，以便进行处理，是把知识符号化的过程。

知识表示与知识的获取、管理、处理、解释等有直接的关系，对问题能否求解以及问题求解的效率有重大的影响。一个恰当的知识表示通常应满足：适用性，能明确、简洁地表示与问题有关的知识并便于知识的获取；扩充性，便于知识的增删、修改、扩充、维护等；有效性，保证语法、语义正确性，以提高问题求解的效率。

目前，知识表示方法主要有：谓词逻辑、语义网络、框架、产生式规则、状态空间等。

① 谓词逻辑（predicate logic） 谓词逻辑是最早使用的一种知识表示方法，是一种叙述性的知识表示方法，具有简单、精确、灵活的特点。它的推理机制采用归结原理，主要用于自动定理证明。

② 语义网络（semantic network） 语义网络最初用于描述英语的词义。它采用结点和结点之间的弧表示对象、概念及其相互之间的关系。

③ 产生式规则（production rule） 产生式规则把知识表示成"模式-动作"对。它的推理机制以演绎推理为基础，目前已是专家系统中使用最广泛的一种表示方法。

④ 框架（frame） 框架理论是 Minsky 于 1974 年提出的，把知识表示成高度模块化的结构。框架是把关于一个对象或概念的所有信息和知识都存储在一起的一种数据结构。框架的层次结构可以表示对象之间的相互关系。

除了上述几种知识表示方法以外，还有如直接表示法、过程表示法、概念从属表示法、剧本、Petri 网、面向对象表示法等很多方法。在不同应用领域，求解不同性质的问题时，上述方法各有优势。

框架是表示固定形式的概念或情况的复杂数据结构，是一种面向对象的知识表示方法。本文的设计系统中采用框架表达方式描述广义模块设计知识信息，建立其模型。

在框架中把所要表达的对象称为单元，框架通常由若干个槽（slot）组成，每个槽表示对象的一个属性，槽的值即为对象的属性值。一个槽可以由若干个侧面（facet）组成，每个侧面可以有若干的值（values），如图 7-9 所示是知识框架的基本结构。

其中，属性槽表达单元的静态属性如结构参数、性能参数或指向其他框架的指针，一个单元通常要包含多个属性槽；关系槽表达不同框架之间的继承关系，如框架 *a* 的父框架为框架 *b*，则框架 *a* 继承框架 *b* 的槽结构，同时框架 *a* 还可以有局部的槽，框架间的继承关系具有传递性；规则槽中存储产生式设计规则集，规则描述了信息实体间直接的关联关系；方

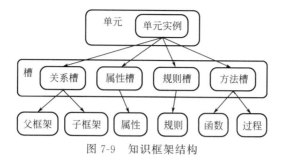

图 7-9　知识框架结构

法槽中存储方法或过程来说明单元的行为。

知识框架的 BNF 范式表示为：

＜框架＞::=＜框架名＞

＜槽＞,｛＜槽＞｝

＜槽＞::=＜槽名＞

Value：＜槽值＞

Valueclass：＜槽值类型＞

Range：＜范围类型＞＜槽值＞｛,＜槽值＞｝

Default：＜槽值＞

Unit：mm|deg|s|N

Inheritance：＜继承属性＞

＜槽值＞::=＜数值＞|＜字符串＞|＜方法名＞|＜规则名＞|＜框架名＞

＜槽值类型＞::=Integer|Real|String|Rule|Method|＜类框架名＞

＜范围类型＞::=Continuous ｜ Enumerating

＜继承属性＞::=Override ｜ Union ｜ NULL

＜框架名＞::=　＜字符＞｛＜字符＞|＜数字＞｝

＜槽名＞::=　　＜字符＞｛＜字符＞|＜数字＞｝

＜数值＞::=＜整数＞|＜实数＞

＜字符串＞::="＜字符＞｛＜字符＞|＜数字＞｝"

＜字符＞::=A…Z|a…z

＜数字＞::=　　0…9

其中 ｛｝ 表示出现 0 次到多次。

一个框架可以通过在槽中包含下一级框架的名与下一框架相连，也可以将它的框架名放在上一级框架中与上级框架相连。这样相互连接的框架就组成了树状结构的框架系，可用于表达复杂的结构。

下面为注塑模具浇注广义模块设计规则的框架对象语言的具体描述。规则槽作为槽的一个值，用来存放产生式规则集，一个规则集由若干条规则组成。按规则完成任务的不同和服务对象的不同进行分组，从而有效地进行推理。在规则组定义中描述了规则组名称、推理方式、相关实体及其属性、规则组说明等信息。规则描述信息实体直接的关系，由若干规则元组成。对不精确规则采用可信度（certainty factor，CF）描述。

Unit:浇注模块类 in 浇注模块类.fra;/＊ Unit:框架名 in 知识库名 ＊/

Memberslot：锭数 from 浇注模块类；

Inheritance：OVERRIDE；

Valueclass：real；

Value：Unknow；

ValueUnits："个"；

end slot；

……

Memberslot：中段个数 from 浇注模块类；

Inheritance：OVERRIDE；

Valueclass：real；

Value：Unknow；

ValueUnits：mm；

end slot；

……/* 属性槽 */

Memberslot：中段个数选择规则 from 浇注模块类；

Inheritance：OVERRIDE；

Valueclass：rule；

values：｛

rule 1；

fact _ FRAME. 浇口数＝"88"；

then _ FRAME. 中段个数＝(88－11－9)/20；

rule 2；

fact _ FRAME. 浇口数＝"108"；

then _ FRAME. 中段个数＝(108－11－9)/20；

……

｝

end slot；

…… /* 规则槽 */

……

end Unit；/* 框架描述完毕 */

本章的研究内容如下：

① 创建了注塑模具产品族构成的层次模型，基于该模型分析了注塑模具产品族的信息构成，在此基础上建立了面向对象的注塑模具产品统一数据模型，用于表达和组织设计系统中模块化产品、产品平台和模块的各类信息。

② 研究了注塑模具广义模块数据模型中的设计知识信息模型的建模，对注塑模具广义模块设计知识的类型及层次模型进行了分析，并提出了基于框架的注塑模具广义模块设计知识表示。

第**8**章

TRIZ智能支持若干方法研究及在注塑模具设计中的应用

8.1 方案设计智能决策支持系统

8.1.1 智能决策支持系统概述

决策支持系统（decision support system，DSS）是综合利用大量数据、有机组合众多模型、通过人机交互辅助各级决策者实现科学决策的工具。DSS 是在管理信息系统（management information system，MIS）和运筹学（operation research，OR）的基础之上发展起来的，是为了解决由计算机自动组织和协调多模型运行对数据库中大量数据的存取和处理，以达到更高层次的辅助决策能力。同时增加了模型库和模型库管理系统，把模型有效地组织和存储起来，并使模型库和数据库有机结合。它不同于 MIS 数据处理，也不同于模型数值计算，而是由它们有机集成的。

智能决策支持系统（intelligent decision support system，IDSS）是人工智能（artificial intelligence，AI）技术与 DSS 相结合的产物，是 DSS 发展的高级阶段。由于 AI 技术，特别是专家系统（expert system，ES）技术引入到 DSS 中，为 DSS 的发展注入了新的血液，使 DSS 焕发了新的生机。IDSS 已成为当今复杂问题求解不可缺少的辅助工具，它能使决策者在专家的水平上进行工作。

DSS 主要由人机交互系统、模型库系统、数据库系统组成。ES 主要由知识库、推理机构和动态数据库组成。DSS 和 ES 集成的 IDSS 具有以下特点和功能：

① 由于 IDSS 具有推理机构，能模拟决策者的思维过程，所以能根据决策者的需求，通过提问会话、分析问题、应用有关规则引导决策者选择合适的模型。

② IDSS 的推理机构能跟踪问题的求解过程，从而可以证明模型的正确性，增加了决策者对决策方案的可信度。

③ 决策者使用 DSS 解决半结构化或非结构化问题时，有时对问题的本身或问题的边界条件不是很明确，IDSS 可以询问决策者来辅助诊断问题的边界条件和环境。

④ IDSS 能跟踪和模拟决策者的思维方法和思路，所以它不仅能回答"what…if…；而

且还能够回答"why""when"之类的解释性问题，从而使决策者不仅知道结论，而且知道为什么会产生这样的结论。

总之，IDSS 充分发挥了 ES 以知识推理形式解决定性问题的特点，又发挥了 DSS 以模型计算为核心解决定量分析问题的特点，充分做到定性分析和定量分析的有机结合，使解决问题的能力和范围得到了一个大的发展。因此，采用 IDSS 技术来开发产品方案设计的 ICAD 系统是十分适宜的。

8.1.2　方案设计智能决策支持系统的特点

在产品方案设计过程中设计者必须根据设计信息和自身的经验和知识，形成若干个设计方案，并对所有方案进行分析和评价，以产生最终满足设计要求的设计方案。因而，一个智能化的方案设计支持系统是一个集 DSS 技术、AI 技术和方案设计理论与技术于一体的计算机系统，具有 IDSS 的共性特点，也有方案设计支持系统自身的特殊性。

因此，一个方案设计 IDSS 应具有问题识别、设计方案的形成、设计方案的评价与排序、设计结果的解释等功能，这些功能完全依赖于专家的设计知识和设计模型。当然，这又是在人机交互的方式下完成的，系统的作用是辅助性的，即主要体现在对设计者的支持上，它永远替代不了人的作用。

8.1.3　方案设计 IDSS 中亟待解决的问题和发展方向

(1) IDSS 中亟待解决的问题

随着设计对象的规模和复杂性的不断提高和现代 CAD 系统集成化和开放性的要求，方案设计 IDSS 面临着以下特殊困难。

① 庞大的决策空间：解决办法是合理地划分为几个决策空间，使有关决策在相应的子空间中有效地进行。

② 注塑模具设计的多目标性和解的不唯一性：目标不仅涉及使用性能，还常涉及经济性等多方面的要求，使满足目标的方案可能有多个，给评价决策带来困难。

③ 注塑模具设计知识的多样性、病态结构及其模糊性：机械设计知识不仅有启发式知识，而且有大量的数据、设计参数、计算公式、图表处理等，许多经验知识带有模糊性，因此对这些不同类型的知识与数据要进行合理分类和组织，并进行有效的处理。

④ 设计变量、设计子任务和设计目标的相关性：它们之间常常存在一定的联系，有时甚至是相互矛盾的，因此相互协调及解决各种冲突的能力应加以考虑。

⑤ 接口技术的综合性：接口应能够处理多种运行环境、多种语言并存以及与图形系统、数据库系统或其他应用系统的集成问题。

(2) IDSS 的发展方向

为了解决上述问题，当今的方案设计 IDSS 的研究呈现出以下趋势：

① 采用分布式问题求解技术：其目标是在网络及分布式数据库环境下，用多个独立的智能体进行集群推理，通过相互协作与通信求解复杂问题。目前主要研究的问题是全局协同的方法、知识的组织与分布、通信问题。

② 与传统 CAD 系统集成：主要包括 CAD 系统本身小环境的集成、CIMS 环境下进行产品设计的复杂环境的集成、动态联盟虚拟大环境的集成。华中理工大学的周济教授等相继提出了智能工程和智能设计，其出发点就是将 ES、DSS、AI 与传统 CAD 技术结合起来，

形成智能化、集成化 CAD 系统，为复杂工程及产品设计提供支持。

8.2　基于 TRIZ 的方案设计智能决策支持系统

从国内外的研究现状来看，知识在产品方案设计中起到了非常重要的作用。基于知识的方案设计方法是将基于知识的方法用于方案设计问题求解，在方案设计相关知识获取的基础上实现概念设计的演进和决策。通过对现有的方案设计理论的分析发现，苏联的发明问题解决理论（TRIZ）对创新有明确的定义，该理论充分利用了现有的设计专利和专家的知识，解决问题的方法明确、操作性极强，能快速实现产品创新，所以本课题选用 TRIZ 作为创新方案的设计理论。同时，根据方案设计的方案生成和评价的特点，采用决策支持系统（IDSS）来实现产品的方案设计，提出了基于 TRIZ 的方案设计智能决策支持系统（以下简称 TRIZ 智能决策支持系统）。该系统能有效解决传统方案设计系统的缺陷与不足，最终能快速实现产品的创新设计。

8.2.1　TRIZ 智能决策支持系统的研究内容

TRIZ 是一套体系完整的发明问题求解理论，由苏联工程师、发明家 Altshuller 于 1946年开始，以 250 多万份发明专利为基础归纳、总结、抽象而来的。经过 70 多年的发展，TRIZ 已经成为解决发明问题的强有力工具，该工具已应用到许多发达国家的企业之中，成功解决了许多新产品开发过程中的难题。

在 TRIZ 方面具有很深造诣的学者定义：TRIZ 为解决发明问题的系统化方法学。该方法学具有以下特点：

（1）以知识为基础的方法

TRIZ 理论的启发式方法是客观的、基于产品的进化趋势的方法；TRIZ 理论运用待解决问题领域内的知识；TRIZ 理论采用自然科学及工程中的效应知识。

（2）面向人的方法

设计者是 TRIZ 中启发式方法所面向的对象，TRIZ 实质上是把系统分解成子系统，甄别有害和有益作用的实践，问题和环境决定了这些实践，本身具有一定的随机性；软件在解决问题的过程中为处理这些随机问题的设计者们提供方法和工具，而不能完全代替设计者。

（3）系统化的方法

在改进设计和创新设计的初期，TRIZ 可以为设计者提供方法、工具和过程模型，主要有产品进化论、物-场分析、矛盾矩阵、ARIZ 算法等。随着 TRIZ 的不断发展和完善，TRIZ 不仅增加了很多新发现的规律和方法，还从其他学科和领域中引入了很多新内容，从而极大地丰富和完善了 TRIZ 体系。图 8-1 为 TRIZ 理论体系结构示意图。

Altshuller，Yu. S. Melechenko 和 A. I. Polovinking 在广泛使用辩证唯物主义体系中的一些著名规律基础上，于 20 世纪 70 年代开始在 TRIZ 框架中研究技术系统的进化。

Altshuller 通过研究发现，作为一个有机的整体，技术系统本身是在不断变化的。在环境变化的影响下，技术系统的变化具有一定的方向性："好的"技术系统通过不断地自我调整来适应变化的环境，从而得以生存和发展；而对于"差的"、不能适应环境变化的技术系统来说，灭亡是必然的结果。由此，Altshuller 认为技术系统和自然系统一样，都面临着"自然选择，优胜劣汰"的问题。不同的是，自然系统实施选择行为的是自然界，技术系统

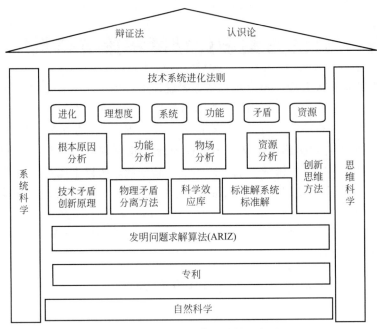

图 8-1 TRIZ 理论体系结构示意图

实施选择行为的是人类社会；自然系统选择的标准是"生物对自然界的适应能力"，技术系统选择的标准是"技术系统是否满足人类社会的需要"。

经过对技术系统发展规律的进一步深入研究，Altshuller 对技术系统进化进行了高度概括和总结：技术系统的进化不是随机的，而是遵循一定的客观规律的；同生物系统的进化类似，技术系统也面临着自然选择、优胜劣汰。该论述前半部分指出了技术系统进化的本质特征——客观规律性，是 TRIZ 理论的基石；后半部分指出了技术系统进化的原因和动力。

Altshuller 在对海量专利进行分析的基础上，通过对大量技术系统的跟踪研究，最终发现：技术系统的进化规律可以用 S 曲线来表示。只有向系统中引入新的技术，技术系统才能进化。进化过程是靠设计者的创新来推动的。图 8-2（a）所示为 TRIZ 中的 S 曲线。为了方便说明问题，工程分析中常把图 8-2（a）简化为图 8-2（b）的形式，称为分段的 S 曲线；横轴表示时间，纵轴表示技术系统中某一个重要的性能参数。

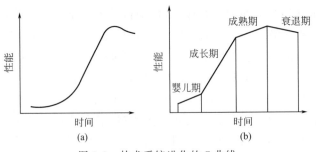

图 8-2 技术系统进化的 S 曲线

所有的产品、技术和工艺一般都要经历 S 曲线所表示的四个阶段，婴儿期、成长期、成熟期、衰退期。每个阶段都呈现出不同的特点，在四个不同的阶段中，专利的发明级别、专利的发明数量和经济的收益方面也都有不同的表现，如图 8-3 所示。

技术系统的进化是遵循某些客观规律的，Altshuller 花费了 30 多年的时间，在研究了大量专利和已有技术系统的发展轨迹后，将这些客观规律概括、总结为多个进化法则。进化法则共有 8 个，分为两大类：生存法则和发展法则。图 8-4 表示了技术系统的进化法则的具体分类。技术系统的进化法则不仅可以用于发明新的技术系统，还可以系统化地改善现有系统。

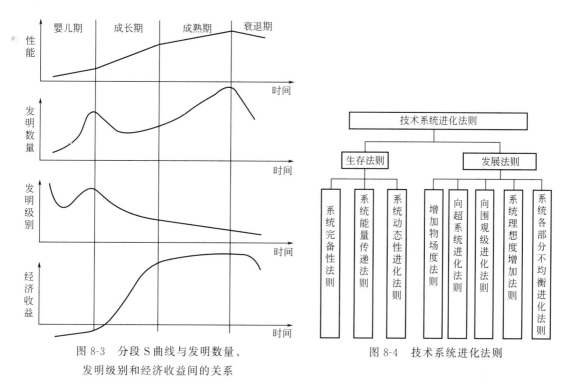

图 8-3　分段 S 曲线与发明数量、
发明级别和经济收益间的关系

图 8-4　技术系统进化法则

生存法则是一个技术系统必须遵循的法则，只有同时满足这些法则才能算是一个技术系统；发展法则是一个技术系统在其改善自身性能的发展过程中所遵循的一些基本法则，技术系统在发展的过程中不需要同时遵从所有的发展法则。

传统的创新方法以心智经验为基础，它们的程序、步骤、措施，大都是根据人们克服发明创新的心理障碍而设计的，没有体现事物发展的规律，没有模型可循。虽然有些时候也具有逻辑，但并不严密，使用过程中往往并不要求严格遵循。传统的创新设计方法脱离了待解决问题领域的知识，方法上高度抽象与概括、偏于形式化。在具体运用中受使用者技巧、经验、知识积累水平的约束。传统的创新设计方法过分依赖于非逻辑思维，运用的效果波动很大，培训起来难度也比较大，不适于大范围培训推广。

TRIZ 以技术系统进化规律为基础，其原理、法则、程序、步骤、措施等，来源于人类长期探索与改造自然的实践经验的总结（发明专利），体现了事物发展的客观规律，因此应用的有效性比较高，整个方法学自成系统，具有严密的逻辑，对学习、培训和应用比较便利。TRIZ 的主要优点是它可从成千上万个解法中找出解决复杂发明问题的方案。因此，有了 TRIZ，使人们有了更科学的解决问题的方法。传统创新方法与 TRIZ 创新方法的区别如表 8-1 所示。

表 8-1　传统创新方法与 TRIZ 创新方法的区别

区别方法	传统创新方法	TRIZ
逻辑性	依赖非逻辑思维	具有严密的逻辑性
发散性	强调无方向的发散	强调有方向的发散
矛盾性	避免矛盾	解决矛盾
事物的规律性	没体现事物的发展规律	体现了事物的发展规律
理论基础	设计师的心智经验	技术系统进化论
收敛性	解决发明问题的过程不易快速收敛	解决发明问题的过程可以快速收敛

TRIZ 智能决策支持系统的主要研究内容如下所示：

① TRIZ 智能创新设计的方法学　主要从设计方法学的角度，首先研究 TRIZ 在产品设计中的位置和作用；接着分析概念设计过程，提出概念设计问题的病态结构；最后研究基于 TRIZ 的概念设计信息建模和基于 TRIZ 的概念设计智能决策。

② TRIZ 智能决策支持系统的问题求解　主要研究基于 TRIZ 的产品方案创新设计智能决策的问题求解的基本理论和方法，包括该智能决策系统的方案生成、评价和决策。

③ TRIZ 智能决策支持系统的知识系统设计　主要研究数据库系统、模型库系统和知识库系统的设计。在数据库系统的设计中研究了数据库和数据仓库系统的设计方法，模型库系统的设计主要研究了模型库的设计方法和组织与管理，知识库系统的设计包括知识获取、知识表示、知识推理、知识集成的基本理论与方法。

8.2.2　TRIZ 智能决策支持系统设计的总体原则和要求

建立方案创新设计决策支持系统是现代企业适应瞬息万变的国际化市场竞争的必然选择，其最终目的是以最短的时间开发出具有市场竞争力的新产品，给企业带来更多的客户和最大的经济效益，因此对 TRIZ 智能决策支持系统提出了以下基本要求：

① 有效地支持不同层次的决策活动。方案设计活动包括总体型式的确定、主要总成选型、性能评价、方案优选等内容，整个活动的核心就是不断综合和反复决策。这种决策主要分为：设计过程决策、技术方案决策和可接受性决策三个不同层次。这就要求 IDSS 能够支持不同层次的决策活动。

② 方案设计涉及的决策问题是多种多样的，依据这些问题本身的结构化程度，大致可划分为结构化、半结构化和非结构化三种类型。理想的 IDSS 应具备三种不同类型的决策支持功能，这就意味着必须采用 AI 技术。

③ 建立 TRIZ 智能决策支持系统的目的是增强企业产品的创新率，缩短产品的开发周期，提高市场竞争力，因此 TRIZ 智能决策支持系统必须注重求解效能。

④ 求解形式多样性。系统能够提供多种求解方式，如 CBR、RBR、数值计算等。

⑤ 与其他智能系统一样，TRIZ 智能决策支持系统必须提供解释功能，对推理行为和求解结果做出合理的说明。

⑥ 方便性和可维护性。TRIZ 智能决策支持系统的用户是设计人员，因此必须提供友善的人机界面和帮助系统。TRIZ 智能决策支持系统的功能是在运行中逐渐加强和完善的，系统的可维护性显得很重要。

TRIZ 智能决策支持系统主要由以下几个模块组成：产品分析模块，用于提高技术系统性能；流程分析模块，对生产工艺过程进行分析和改进；特性传递模块，把类似产品最好的性能传递到自身系统中；预测模块，预测技术系统如何进化；科学原理检索模块，寻找完成某种技术功能的方法；创新原理模块，即 TRIZ 中的冲突解决原理；网络助手模块，用于追踪技术发展的最新动态。首先它具有一般的事物处理功能，即数据、图形、图像、知识、实例等的查询、输入、删除、修改、备份、建库、显示、输出等功能，这样就可随着实践及实例、知识的积累使系统得到不断的补充与完善。其次，系统具有多种定性与定量的评价与决策方法，从而使评价或决策者能针对具体方案的选择采用合适的评价与决策方法，实现其对评价与决策过程的支持。因此，功能集成与先进方法、先进技术的集成是系统的主要特点。此外，为了使建立的系统具有良好的可移植性和可扩充性，整个系统应由各子系统组成，并采用面向对象编程的方法进行开发和研制，以便进一步补充和完善。

8.3　TRIZ 智能决策支持系统的问题求解

　　问题求解系统作为决策支持系统的核心，其好坏直接关系到决策支持的强弱。作为本文工作的核心，本节详细讨论了 TRIZ 智能决策支持系统的问题求解系统的理论与方法，并分别从方案生成、方案评价、方案决策这三个不同的阶段的理论与方法进行了系统的研究。在方案生成阶段，通过对基于规则推理（rule-based reasoning，RBR）和基于实例推理（case-based reasoning，CBR）的方案生成方法的研究，提出了基于协同推理的 TRIZ 智能决策支持系统方案生成的理论和方法。在方案评价阶段，基于方案评价的求解模型的研究，针对方案评价的大量模糊性信息，采用了模糊推理策略，提出了 TRIZ 智能决策支持系统方案评价的加权模糊推理方法。在方案决策阶段，提出了属性模糊满意度的概念，在此基础上，研究了 TRIZ 智能决策支持系统方案优选的模糊多属性决策方法。

　　本节首先研究了方案生成的问题求解模型、设计专家的思维机制和方案生成的问题求解策略，然后从三个方面研究了方案生成的基本理论和方法。研究了基于规则推理的方案生成方法，用以模拟设计专家的逻辑思维；针对基于实例推理中传统的实例检索机制所存在的缺点和困难，将人工神经网络（ANN）与 CBR 相结合，提出了基于 BP 神经网络检索机制的基于实例的设计（case-based design，CBD）方法，用以模拟设计专家的形象思维；最后，将两种方法相结合，提出了基于协同推理的 TRIZ 智能决策支持系统方案生成的理论和方法。

8.3.1　TRIZ 智能决策支持系统方案生成的规则推理方法

　　基于规则的推理是传统的以符号处理为核心的设计型专家系统的主要推理形式。这种方法能将人类专家的知识显式地以明确规范化的语言表达出来，因此本文采用基于规则的推理来模拟专家的逻辑思维。

　　方案生成的元规则是通过方案集和其对应的属性集所组成的决策矩阵生成的，包括以下三个步骤：元知识规则的初步获取、决策矩阵的验证、元规则的抽取。

（1）元知识规则的初步获取

　　元知识规则的初步获取主要是确定设计方案生成阶段的方案集和其对应的属性集。方案集和属性集的确立通过与领域专家对话实现。首先通过方案集获取对话框与专家进行对话，得到结构的方案集。由于设计形式的多样性和层次性，系统需要采用问题分解策略使问题逐步得到简化。这样，得到具有递阶层次结构的方案集。然后，转到属性集抽取窗口，为方案集确定相应的属性集。属性集的类型可分为数值型和逻辑型两种。由此，可以确定每个独立层次方案集所对应的属性集。获得各个独立层次的方案集和属性集后，即可构成作为决策依据的决策矩阵的雏形，如表 8-2 所示。

表 8-2　方案生成决策矩阵

	方案 1	方案 2	方案 3	……
属性 1				
属性 2				
……				

把方案集中每个方案对应属性集所得的决策向量填入到表 8-1 所示的决策矩阵中，即可得到完整的决策矩阵。当每个属性集中属性的个数超过 2 个时，要由专家或用户给出每个属性的权重，以便在决策时考虑属性时有所侧重。决策矩阵建立完毕之后，还需对所获取的目标级知识进行验证，确认正确后才能最终产生元级知识，即产生式规则。

（2）决策矩阵的验证

对于方案生成知识的验证是通过对决策矩阵的验证来实现的。决策矩阵中的决策向量是根据系统的提问由专家给出的，有时由于偶然性可能会出现偏差和错误，就会造成属性集中、属性之间的界限不清，不能起到用它们来区分方案集中的方案的作用，最终使决策不能达到符合实际的效果。

决策矩阵的验证方法是：计算决策矩阵中任意两行决策值的匹配程度，如果匹配程度超过一个给定的阈值（比如 0.8），说明此时这两行决策值分别对应的属性反映的事实基本接近，无法用它们来区别方案集中的方案。解决的办法有两种：一种是请专家去掉其中一个属性，然后另外追加一个属性，并重新构造决策矩阵；另一种是不必修改属性，而是请专家经过仔细考虑以后，重新给出这两行的决策值，修改以后还要继续对修改后的决策矩阵进行验证，直到所有行的匹配程度都小于给定阈值为止。具体采用哪种方法应视问题的具体情况而定。如果专家认为另外给出属性容易实现，则应采用第一种方法；如果专家确认是决策值给出的不当，则应采用第二种方法。

在计算匹配程度之前，在决策矩阵中如果使用原来的决策值，往往不便于比较。这是因为各个决策值之间可能有很大的差异，因此需要将决策矩阵归一化，即同意变换到 [0，1] 区间内。决策矩阵归一化并没有丢掉原有的决策矩阵，因为非归一化的决策矩阵才是决策推理的依据，要在归一化之前保存起来。决策矩阵归一化采用行向量归一化方法，即

$$Z_{ik} = \frac{y_{ik}}{\sqrt{\sum_{j=1}^{n} y_{ij}^2}} (k=1,2,\cdots,n; i=1,2,\cdots,m) \tag{8-1}$$

式中，Z_{ik} 是变换后的元素；y_{ik} 是变换以前的决策值；m 是属性的个数；n 是方案集中方案的个数。

每两行决策值的匹配程度按下式计算：

$$D_m(h,k) = 1 - \sqrt{\sum_{j=1}^{n} (Z_{hj} - Z_{kj})^2} \tag{8-2}$$

式中，$D_m(h,k)$ 是第 h 行和第 k 行决策值的匹配程度；n 是方案集中方案的个数。

（3）元知识规则的抽取

决策矩阵验证完毕之后，即可以根据决策树学习算法把决策树转化为产生式规则，完成元知识规则的抽取任务。

方案生成的知识规则获取完毕之后，即可以按照面向对象知识表示方法建造方案生成的知识库；然后按照反向推理策略和搜索策略建造方案生成的面向对象推理机，从而完成结构智能选型设计方案生成基于规则推理的问题求解。按照上述方法建造的知识库和推理机形成了方案生成专家系统的核心部件，就可以很好地模拟结构设计专家的逻辑思维机制。基于规则推理的方案生成方法的总体结构如图 8-5 所示。

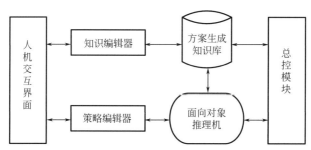

图 8-5　基于规则推理的方案生成方法结构图

8.3.2　TRIZ 智能决策支持系统设计方案生成的实例推理方法

基于实例的推理是一种利用以前的经验和方法，通过类比和联想来解决当前相似问题的一种推理模式，是人工智能技术中一种最新的推理方法，被"知识工程之父"Feigenbaum 教授认为是一种前景非常好的方法。目前，基于实例的推理技术已经被广泛应用于许多领域的专家系统和智能决策支持系统的研究与开发中。将 CBR 技术应用于设计领域，就形成了基于实例的设计方法。CBD 的突出优点在于它将设计实例作为重要的设计依据，使得设计能从由相似实例形成的初始方案开始，一方面减少了设计中间过程和迭代次数，提高设计效率；另一方面更符合人类专家的设计思维习惯。本文采用基于实例的推理来模拟专家的形象思维。

（1）基于实例设计模型的理论依据

① 基于实例的设计推理过程是人类自然的推理过程，非常符合领域专家的思维方式。工程师在进行新产品设计时，总是参考以往的设计实例，在相似实例的基础上做适当的修改，以满足当前的设计要求。

② 实例是以前设计问题的优化结果，它本身就包含了大量的设计经验知识。因此，在设计规则难于总结时，基于实例的设计以实例作为主要的推理依据而形成目标方案的策略显得更为有效。基于实例的设计系统是一个以实例为媒介的人机交互决策系统，它不期望实例能代替人进行决策，而是帮助人进行决策，为人的决策提供大量的有效信息。

③ 人的能力的提高是通过不断的实践学习得来的。因此，一个良好的智能设计系统只有具备自学习的功能，才能使系统不断向前进化。基于实例的设计系统正是具备这种自学习能力的智能设计系统。

基于实例设计的认知模型如图 8-6 所示。

（2）设计实例的相似度

基于实例的推理是一种相似推理，根据设计实例的相似性，判断实例与当前设计问题的

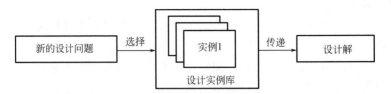

图 8-6　基于实例设计的认知模型图

相似程度是基于实例设计的关键一环。为此，给出如下定义：

[定义 8.1]　特征：用于设计、分析和评价的信息单元，是对应于设计中的某种功能状态。

[定义 8.2]　特征属性：使一个实例区别于其他实例的特征性质。特征属性是区分不同实例的标志，是衡量实例相似与否的依据，这个实例可拥有多个特征属性。

[定义 8.3]　相似度：相似度是实例的特征属性相似程度的测度，用 a 来表示。相似度 a 在 $[0,1]$ 上取值。实例的相似度可以由实例所拥有的特征属性相似度集成。

根据以上定义，可以建立以下数学模型：特征是由对象（O）上的一组实体（X），按一定关系（R）组合在一起构成的对象的特定部分（SP），具有特定的设计语义信息（S）。

此处的语义信息是指对应于某一工程设计的抽象知识集，即

$$S = \sum K_i \,|\, K_i \in A \tag{8-3}$$

式中，K_i 表示知识元；A 表示特定的工程设计。

特征属性是一种集合，它可以形式化地表示为：

$$F = (SP \,|\, P(X), X \in O, S) \tag{8-4}$$

设计实例的相似度 a 可以形式化地表示如下：

$$\alpha = \sum w_i \alpha_i (F_i) \tag{8-5}$$

式中，w_i 为特征属性的加权因子，即权重，$w_i \in [0,1]$，$\alpha_i \in [0,1]$。

(3) 基于 BP 神经网络检索机制的 CBD 方法

实例的检索在基于实例的设计系统中扮演着重要角色。同基于规则的设计（RBD）系统相比较，如果说实例库相当于规则库，那么 CBD 系统的检索机制就相当于 RBD 系统的推理机。实例的检索可以理解为辨识对象的特征及特征属性，使之区别于其他对象的过程。目前的实例检索有两种类型：串行检索和并行检索。串行检索多采用基于 Feigenbaum 的分类网络思想，将实例按层次结构组织，检索时采用一种自上而下逐层求精的"探针"策略，"探针"越往下，实例的相似度越高，当检索停止时，"探针"所指向的实例即为所检索到的相似实例。此方法只适用于静态情形。并行检索就是同时检查所有实例，返回一个相似度最高的实例。

实例检索本质上是一种模式识别的过程，将基于人工神经网络的模式识别技术引入这种相似实例的并行检索模型中将会得到有意义的成果。由于实例的检索和提取的目的是利用相似实例，所以我们可以把实例的相似性作为实例检索的标准。设两实例分别为：

$$O_1 = \{P_{11}, P_{12}, \cdots, P_{1n}\} \tag{8-6}$$

$$O_2 = \{P_{21}, P_{22}, \cdots, P_{2n}\} \tag{8-7}$$

式中，P_{ij} 为第 i 个实例在第 j 个特征属性（因素）上的取值（$i = 1, 2$；$j = 1, 2, \cdots, n$）。

根据前述相似度的定义，构造两实例间相似度的计算公式如下：

$$\alpha(O_1, O_2) = F(D(O_1, O_2)) = \frac{1}{1 + D(O_1, O_2)} \tag{8-8}$$

$$D(O_1, O_2) = \sum_{j=1}^{m} w_j \mid p_{1j} - p_{2j} \mid \tag{8-9}$$

式中，$D(O_1, O_2)$ 为两对象之间距离；w_j 为特征属性 j 的权值。

由于工程设计影响因素的复杂性，在实际中很难准确确定权值大小，下面我们利用三层前馈人工神经网络模型和改进的误差反向传播算法形成因素相互作用网络来计算权值。三层前馈人工神经网络模型的组成结构参见图 8-7。它是由许多并行运行的处理单元组成的，各神经元具有 Sigmoid 函数的非线性特性，具体到隐含层和输出层分别为：

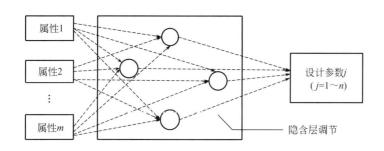

图 8-7　三层前馈人工神经网络模型示意图

$$z_j = f(x_i) = \cfrac{1}{1 + \exp\left[-\left(\sum\limits_{i=1}^{m} u_{ji} x_i - p_{1j}\right)\right]} \tag{8-10}$$

$$y_k = f(z_j) = \cfrac{1}{1 + \exp\left[-\left(\sum\limits_{j=1}^{n_h} v_{kj} z_j - p_{2k}\right)\right]} \tag{8-11}$$

式中，x_i 为输入样本的取值；z_j 为隐含层结点的取值；y_k 为输出样本的取值；m 为输入样本的参数数目；n_h 为隐含层结点数；n 为输出层的参数数目。输入层到隐含层的连接矩阵为 $[u_{ji}]n_h \times m$，隐含层到输出层的连接矩阵为 $[v_{ji}]n \times n_h$。

通过对训练样本进行学习，可以得到较稳定的三层前馈人工神经网络。由所得到的人工神经网络可以得到连接矩阵 $[u_{ji}]n_h \times m$ 和连接矩阵 $[v_{ji}]n \times n_h$。考虑权值的线性传递作用，输入参数 j 对输出参数 k 的影响权值 w_{ki}。可以按下式得到：

$$[w_{ki}]n \times m = [v_{kj}]n \times n_h \times [u_{ji}]n_h \times m \tag{8-12}$$

将 $[w_{ki}]n \times m$ 代入相似性度量公式，即可得到相应的两实例之间的相似度 a。计算得到相似度 a 后，可以从实例库中提取相似度最大的相似实例的解作为目标方案。

以上过程实质上就是神经模式识别的过程。基于 BP 神经网络检索机制的 CBD 流程如图 8-8 所示。

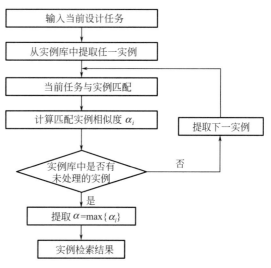

图 8-8　基于 BP 神经网络检索机制的 CBD 流程

8.3.3 TRIZ 智能决策支持系统的方案评价

在进行产品创新方案设计时，不同的设计人员选用不同的创新原理，或者虽然选择同一创新原理，由于创新原理给设计人员的启发因人而异，因此都会得到不同的产品创新方案。为获得技术上可行、经济上合理、能可靠地实现用户所要求的各项功能的新方案，须对新方案进行整理和评价，从中选出最佳方案。创新方案选择评价过程如图 8-9 所示。

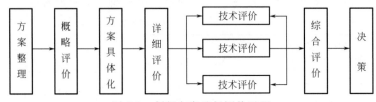

图 8-9　创新方案选择评价过程

(1) 方案评价的问题求解模型

方案评价属于典型的评估型问题，其问题求解模型-因素关系图在宏观上可以表示为一个"有向图"，如图 8-10 所示。

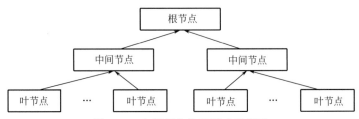

图 8-10　方案评价的问题求解模型

方案评价的过程就是从叶结点出发，依次去求枝结点和中间结点的值，最后求出根结点的值。根结点的值代表评价结果，每一有向弧代表一组因果关系，弧的起点连接"因"，弧的终点连接"果"。中间结点代表中间结果，叶结点代表用户数据。该模型的特点是：结点本身无值，结点的内涵为一个概念。每一次求解时有一个临时的值。求解过程的特点是：求解过程不仅要记忆求解时经过的结点，还要记忆这些结点本次求解的具体值。

由于方案评价具有动态性，因此系统的求解过程常常并不是机械遍历过程。为了缩短求解过程、减少用户的经济付出，避免推理过程的机械化，需要对求解过程进行规划和优化。规划是指在求解过程开始前确定推理的路径，优化是指在推理的过程中重新确定后面的推理路径。规划与优化都是对推理进程的控制，它们位于普通推理进程之上，属于基于元知识的元推理。我们把方案评价的推理策略定为：自底向上进行深度优先搜索、逐层进行正向推理。其中，逐层推理的结点次序属于元控制知识。

方案选择要求从诸多方案中选出一个或几个最优方案，它决定了后续设计的方向。方案选择不只考虑功能因素，还需考虑制造性、可靠性、安全性等要求，以及其他经济性和社会性要求，这是一个典型的多准则决策问题。目前的方案选择方法可以分为多属性决策和多目标决策两类。

（2）方案评价的模糊推理策略

模糊推理是采用模糊逻辑由给定的输入到输出的映射过程，包括以下五个方面：

① 输入变量模糊化　它是把确定的输入转化为由隶属度描述的模糊集。输入变量是输入变量论域内的某一个确定的数，输入变量经模糊化后，变换为由隶属度表示的 [0，1] 之间的某个数。模糊化可由隶属函数或查表求得。

② 应用模糊算子　输入变量模糊化后，即可知道每个规则前件中的每个命题被满足的程度。如果给定规则的前件中不止一个命题，则需用模糊算子获得该规则前件被满足的程度。模糊算子的输入是两个或多个输入变量经模糊化后得到的隶属度值，输出是整个前件的隶属度。常用的"与"模糊算子有：min（模糊交）和 prod（代数积）。常用的"或"模糊算子有：max（模糊并）和 probor（概率或）。probor 定义为：

$$\text{probor}(\mu A(x),\mu B(x))=\mu A(x)+\mu B(x)-\mu A(x)\times\mu B(x) \tag{8-13}$$

式中，$\mu A(x)$ 和 $\mu B(x)$ 分别是变量 x 对模糊集 A 和 B 的隶属度。

③ 模糊蕴含运算规则　模糊蕴含可以看作是一种模糊算子，其输入是规则前件被满足的程度，输出是一个模糊集。模糊规则"如果 x 是 A，则 y 是 B"表示了模糊集 A 与 B 之间的模糊蕴涵关系，记为 $A \rightarrow B$。

常用的模糊蕴涵算子有：

最小运算（Mamdani）：$\quad A \rightarrow B = \min(\mu A(x),\mu B(y))$ (8-14)

代数积（Larsen）：$\quad A \rightarrow B = \mu A(x) \cdot \mu B(y)$ (8-15)

算术运算（Zadel）：$\quad A \rightarrow B = \min(1,1-\mu A(x)+\mu B(y))$ (8-16)

最大最小运算：$\quad A \rightarrow B = \max(\min(\mu A(x),\mu B(y)),1-\mu A(x))$ (8-17)

布尔运算：$\quad A \rightarrow B = \max(1-\mu A(x),\mu B(y))$ (8-18)

④ 模糊合成　模糊合成也是一种模糊算子，该算子的输入是每一条规则输出的模糊集，输出是这些模糊集经合成后得到的一个综合输出模糊集。常用的模糊合成算子有：max（模糊并）、probor（概率或）和 sum（代数和）。

⑤ 反模糊化　反模糊化把输出的模糊集化为确定数值的输出。常用的反模糊化方法有：

a.中心法（centroid）：取输出模糊集的隶属度函数曲线与横坐标轴围成区域的中心或重心对应的论域元素值为输出值。

b.二分法（bisector）：取输出模糊集的隶属度函数曲线与横坐标轴围成区域的面积均分点对应的论域元素值为输出值。

c.输出模糊集极大值的平均值。

d.输出模糊集极大值的最大值。

e.输出模糊集极大值的最小值。

（3）模糊推理系统的基本结构

模糊推理系统有三类：纯模糊逻辑系统、高木-关野（Takagi-Sugeno）型模糊逻辑系统和具有模糊产生器和模糊消除器的模糊逻辑系统。

① 纯模糊逻辑系统　纯模糊逻辑系统的输入和输出均为模糊集合，其结构如图 8-11 所示。图中的模糊规则库由若干模糊"IF-THEN"规则构成，其形式如下：

$$\text{IF}\quad x_1 是 A_1,x_2 是 A_2,\cdots,x_i 是 A_i,\cdots,x_n 是 A_n,\text{THEN } y 是 B \tag{8-19}$$

式中，A_i（$i=1$，2，$\cdots$，n）是输入模糊语言值，B 是输出模糊语言值。

模糊推理机在模糊逻辑系统中起着核心的作用，它将输入模糊集按照模糊规则映射为输

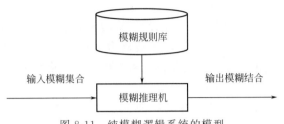

图 8-11　纯模糊逻辑系统的模型

出模糊集合。纯模糊逻辑系统的输入与输出均为模糊集合，它提供了一种量化专家语言信息和在模糊逻辑原则下系统地利用这类语言信息的一般化模式。

② 高木-关野型模糊逻辑系统　高木-关野型模糊逻辑系统是模糊规则的后件为精确值的模糊逻辑系统，采用如下形式的模糊规则：

$$\text{IF } x_1 \text{ 是 } A_1, \ x_2 \text{ 是 } A_2, \ \cdots, \ x_i \text{ 是 } A_i, \ \cdots, \ x_n \text{ 是 } A_n, \ \text{THEN} \quad y = \sum_{i=1}^{n} c_i x_i \quad (8\text{-}20)$$

式中，A_i（$i=1, 2, \cdots, n$）是输入模糊语言值；c_i（$i=1, 2, \cdots, n$）是真值参数。

此类模糊逻辑系统的优点是输出量可用输入值的线性组合来表示，因而能够利用参数估计方法确定系统参数 c_i（$i=1, 2, \cdots, n$）。

在纯模糊逻辑系统的输入和输出部分分别添加模糊产生器和模糊消除器，得到的模糊逻辑系统的输入与输出均为精确量，因而可以直接应用在实际工程中。这是最一般形式的模糊逻辑系统，其结构如图 8-12 所示。

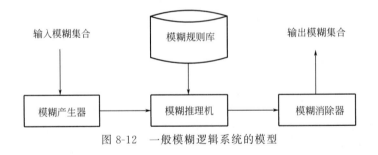

图 8-12　一般模糊逻辑系统的模型

8.3.4　TRIZ 智能决策支持系统的方案决策

TRIZ 智能决策支持系统的方案决策包括方案可接受性决策、方案再设计决策和方案优选决策，本节只研究方案优选决策问题。方案的优选决策是决策者在方案评价建立的评价矩阵的基础上，运用其对决策变量和/或属性的偏好信息对结构形式方案进行优选排序的过程，可以将其看成是从价值空间到决策空间的映射，它是一个"多对一"的映射过程。方案优选可以采用多准则决策的方法进行。多准则决策（multiple criteria decision making，MCDM）通常包括两类决策问题：多目标决策（multiple objective decision making，MODM）和多属性决策（multiple attribute decision making，MADM），前者解决决策变量连续、具有多个目标的无限方案优选问题，而后者解决的则是决策变量离散、具有多个属性的有限方案优选问题。

在方案设计的问题中，设计方案一般是有限的，显然，方案优选是一个典型的多属性决策问题。由于决策者对设计方案的选择具有强烈的偏好属性，因此，本文提出属性模糊满意度的概念，在此基础上，提出 TRIZ 智能决策支持系统方案优选的模糊多属性决策方法。

（1）TRIZ 智能决策支持系统方案优选的多属性决策模型

① 多属性决策模型　设计方案优选的多属性决策问题可以表示为：

$$Q = \{X, F, W, D\} \tag{8-21}$$

式中，$X = \{x_j\}(j=1,2,\cdots,n)$ 为方案设计的备选方案集，x_j 为第 j 个方案；$F = \{f_i\}$ $(i=1,2,\cdots,m)$ 为方案设计的属性集，f_i 为第 i 个属性；$W = [w_1, w_2, \cdots, w_m]^{\mathrm{T}}$ 为属性权重向量，w_i 为 f_i 的权重值，满足 $\sum_{i=1}^{n} w_i = 1$，$w_i > 0$；$D = [u_{ij}]m \times n$ 为智能方案设计的决策矩阵，u_{ij} 为方案 x_j 关于属性 f_i 的属性值 $f_i(x_j)$，亦即 $u_{ij} = f_i(x_j)$。

决策矩阵 D 即智能方案设计的方案评价矩阵，可以展开表示为：

$$\begin{array}{c}
\begin{array}{ccccccc} x_1 & & x_2 & & x_j & & x_n \end{array} \\
\begin{array}{c} f_1 \\ f_2 \\ \vdots \\ f_i \\ \vdots \\ f_m \end{array}
\begin{bmatrix}
u_{11} & u_{12} & \cdots & u_{1j} & \cdots & u_{1n} \\
u_{21} & u_{22} & \cdots & u_{2j} & \cdots & u_{2n} \\
\vdots & \vdots & & \vdots & & \vdots \\
u_{i1} & u_{i2} & \cdots & u_{ij} & \cdots & u_{in} \\
\vdots & \vdots & & \vdots & & \vdots \\
u_{m1} & u_{m1} & \cdots & u_{mj} & \cdots & u_{mn}
\end{bmatrix}
\end{array} \tag{8-22}$$

通常属性集 F 中包含两类属性：越大越优型（或称效益型）属性和越小越优型（或称成本型）属性。为此，约定 F_1，$F_2 \in F$ 名分别为其中的效益型属性子集和成本型属性子集。假定 $F_1 \bigcup F_2 = F$，且 $F_1 \bigcap F_2 = \Phi$。

由于成本型属性可以转化为效益型属性，因此，多属性决策模型可以表示为：

$$(MA_1) \max_{x \in X} F(x) \tag{8-23}$$

式中，x 称为备选方案（决策变量）；$F(x)$ 为方案 x 的属性向量函数。

备选方案 x 一般为离散型受控变量，并且通常是一维的，因此可以用名义标度量化在一维欧式空间 E^1 里，所以有 $x \in X \subset E^1$。通常称 E^1 为决策变量空间，简称决策空间。

属性向量函数 $F(x)$ 通常由 m 个单属性函数 $f_i(x)(i=1,2,\cdots,m)$ 组成，用向量可表示为：

$$F(x) = [f_1(x), f_2(x), \cdots, f_i(x), \cdots, f_m(x)]^{\mathrm{T}} \tag{8-24}$$

属性向量函数 $F(x)$ 的取值范围称为值域，记为 $F(X)$，单属性函数的值域记为 $F_i(X)$。$F(x)$ 亦称为决策空间 F 的点，故有 $F(x) \in F(X) \subseteq F \subseteq E^m$。

② 各种意义下的解集　[**定义 8.4**]　单属性最优解：若 x_0 为单属性优化问题 (SA_i) $\max_{x \in X} f_i(x)$ 的解，则称 x_0 为 (SA_i) 问题的最优解，其全体记为 X_i^*。对应属性值 $f_i^*(x_0)$（简记为 f_i^*）称为单属性最优点。

[**定义 8.5**]　绝对最优解：对于多属性决策问题 (MA_1)，设 $x_0 \in X$，若对任意 $x \in X$ 均有 $F(x) \leqslant F(X_0)$，则称 x_0 为 (MA_1) 的绝对最优解，其全体记为 X_{ab}^*。

[**定义 8.6**]　非劣解：对于多属性决策问题 (MA_1)，设 $x_0 \in X$，若不存在 $x \in X$ 满足 $F(x) \geqslant F(x_o)$，则称 x_0 为 (MA_1) 的非劣解（有效解，或称 Pareto 优解），其全体记

为 $\boldsymbol{X}_{\mathrm{pa}}^{*}$。

[定义 8.7] 弱有效解：对于多属性决策问题（MA_1），设 $x_0 \in \boldsymbol{X}$，若不存在 $x \in \boldsymbol{X}$ 满足 $\boldsymbol{F}(x) > \boldsymbol{F}(x_0)$，则称 x_0 为（MA_1）的弱有效解（或称弱 Pareto 优解），其全体记为 $\boldsymbol{X}_{\mathrm{wp}}^{*}$。

[定义 8.8] 偏好解：对于多属性决策问题（MA_1），决策者应用其偏好信息在非劣解集 $\boldsymbol{X}_{\mathrm{pa}}^{*}$ 中最终选择的解称为偏好解。

[定义 8.9] 理想解：对于多属性决策问题（MA_1），若有 $x^* \in \boldsymbol{X}$，使得每个属性同时出现最优点时，即 $[f_1^*, f_2^*, \cdots, f_m^*]^{\mathrm{T}} = \boldsymbol{F}^*$，则称 x^* 为（MA_1）的理想解，$\boldsymbol{F}^*$ 为（MA_1）的理想点。

[定义 8.10] 最优解：对于多属性决策问题，在非劣解集 $\boldsymbol{X}_{\mathrm{pa}}^{*}$ 中与理想解最接近的解称为最优解。

[定义 8.11] 偏好最优解：对于多属性决策问题（MA_1），决策者应用其偏好信息在非劣解集 $\boldsymbol{X}_{\mathrm{pa}}^{*}$ 中选择的与理想解最接近的解称为偏好最优解。

绝对最优解一定是可行解，而理想解一般是不可行解，通常情况下绝对最优解是不存在的，而理想解总是在可行域之外。非劣解集 $\boldsymbol{X}_{\mathrm{pa}}^{*}$ 是可行解集 $\boldsymbol{X}$ 的子集（$\boldsymbol{X}_{\mathrm{pa}}^{*} \in \boldsymbol{X}$），即首先从（$MA_1$）的可行解集 $\boldsymbol{X}$ 中将劣解剔除掉，剩下的非劣解的集合。从非劣解集 $\boldsymbol{X}_{\mathrm{pa}}^{*}$ 中选取最优解或偏好最优解，是多属性决策问题的关键。

(2) 属性模糊满意度的定义与模糊满意度矩阵的确定

① 属性模糊满意度的定义　**[定义 8.12]**　设问题 Q 的所有可能解构成解集 $\boldsymbol{X}$，即

$$X = \{x \mid x \text{ is a solution of } P\} \tag{8-25}$$

$f: \boldsymbol{X} \to \boldsymbol{U}$

$$u = f(x) \in \boldsymbol{U}, x \in \boldsymbol{X} \tag{8-26}$$

式中，f 为解的属性评价标准；U 为 f 下解集 $\boldsymbol{X}$ 的属性值集；u 为 f 下解 x 的属性值。

[定义 8.13]　给定问题 Q 的解集 $\boldsymbol{X}$ 及属性 f 下的属性值集 U，存在一个单调函数 $h(\cdot)$，构成映射

$$\forall x \in \boldsymbol{X}$$

$h: U \to [0,1]$

$$S_{\underset{\sim}{\boldsymbol{A}}}(x) = h(u) = h(f(x)) \tag{8-27}$$

$$u \in U, S_{\underset{\sim}{\boldsymbol{A}}}(x) \in [0,1]$$

确定了解集 $\boldsymbol{X}$ 的一个模糊子集 $\underset{\sim}{\boldsymbol{A}}$，称 $\underset{\sim}{\boldsymbol{A}}$ 为 $\boldsymbol{X}$ 在属性 f 衡量下的模糊满意解集；$S_{\underset{\sim}{\boldsymbol{A}}}(x)$ 为 $x_j \in \boldsymbol{X}$ 在 f 下对 $\underset{\sim}{\boldsymbol{A}}$ 的模糊满意度，简记为 $S_f(x_j)$；而 $S_{\underset{\sim}{\boldsymbol{A}}}(x)$ 称为 $\boldsymbol{X}$ 在 f 下对模糊满意解集 $\underset{\sim}{\boldsymbol{A}}$ 的模糊满意函数，简记为 $S_f(x)$。

为方便起见，用 $u(x)$ 表示 $x \in \boldsymbol{X}$ 在 f 下的属性值，且

$$u_{\max}(x) = \max\{u(x) \mid x \in \boldsymbol{X}\} \tag{8-28}$$

$$u_{\min}(x) = \min\{u(x) \mid x \in \boldsymbol{X}\} \tag{8-29}$$

[定义 8.14]　对于任一解 $x \in \boldsymbol{X}$，在给定效益型属性评价质量 $u \in U$ 意义下的模糊满意度函数 $S(x)$ 定义为：

$$S_f(x) = \begin{cases} 0 & u(x) \leqslant u_{\min}(x) \\ \dfrac{u(x) - u_{\min}(x)}{u_{\max}(x) - u_{\min}(x)} & u_{\min}(x) \leqslant u(x) \leqslant u_{\max}(x) \\ 1 & u(x) \geqslant u_{\max}(x) \end{cases} \tag{8-30}$$

显然，$S_f(x)$ 是一种线性型模糊满意度函数，参见图 8-13(a)，亦即当某 $x \in X$ 的评价质量 $u(x)$ 位于 $u_{\max}(x)$ 和 $u_{\min}(x)$ 的中点时，满意度 $S_f(x)$ 正好是 0.5。

[**定义 8.15**]　对于任一解 $x \in X$，在给定成本型属性评价质量 $u \in U$ 意义下的模糊满意度函数 $S_f(x)$ 定义为：

$$S_f(x) = \begin{cases} 0 & u(x) \leqslant u_{\min}(x) \\ \dfrac{u(x) - u_{\min}(x)}{u_{\max}(x) - u_{\min}(x)} & u_{\min}(x) \leqslant u(x) \leqslant u_{\max}(x) \\ 1 & u(x) \geqslant u_{\max}(x) \end{cases} \tag{8-31}$$

显然，$S_f(x)$ 也是一种线性型模糊满意度函数，参见图 8-13(b)。

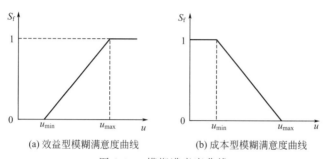

(a) 效益型模糊满意度曲线　　　(b) 成本型模糊满意度曲线

图 8-13　模糊满意度曲线

② 模糊满意度矩阵的确定　据效益型属性模糊满意度的定义 8.14 和成本型属性模糊满意度的定义 8.15，策矩阵 $\boldsymbol{D}$ 转变为决策者对备选方案集 $\boldsymbol{X}$ 关于属性集 $\boldsymbol{F}$ 的模糊满意度矩阵：

$$\boldsymbol{S} = [s_{ij}]_{m \times n} \tag{8-32}$$

式中，s_{ij} 为决策者对方案 x_j 关于属性 f_i 的模糊满意度。对于效益型属性：

$$s_{ij} = S_{fi}(x_j) = \frac{u_{ij} - \min\limits_i u_{ij}}{\max\limits_i u_{ij} - \min\limits_i u_{ij}} \tag{8-33}$$

对于成本型属性：

$$s_{ij} = S_{fi}(x_j) = \frac{\min\limits_i u_{ij} - u_{ij}}{\max\limits_i u_{ij} - \min\limits_i u_{ij}} \tag{8-34}$$

显然，模糊满意度矩阵 $\boldsymbol{S}$ 是规范化矩阵，即所有的元素 s_{ij} 满足 $0 \leqslant s_{ij} \leqslant 1$。

考虑决策者对属性的偏好程度，可将模糊满意度矩阵 $\boldsymbol{S}$ 变换为加权模糊满意度矩阵：

$$\boldsymbol{V} = [v_{ij}]_{m \times n} \tag{8-35}$$

式中，v_{ij} 为考虑决策者对于属性 f_i 的偏好信息 w_i（即权重）的加权模糊满意度，按下式确定：

$$v_{ij} = w_i s_{ij} \tag{8-36}$$

此时，多属性决策模型转化为基于决策者偏好信息和模糊满意度的模糊多属性决策模型：

$$(MA_2) \max_{x \in X} \boldsymbol{F}(x) = [v_1(x), v_2(x), \cdots, v_i(x), \cdots, v_m(x)]^T \tag{8-37}$$

式中，$v_i(x)$ 为决策者对方案 x 关于属性 f_i 并考虑其偏好信息的加权模糊满意度。

（3）理想方案和偏好最优方案的确定

① 理想方案的确定　方案设计的理想方案是一设想的最优解，它的各属性值均达到各备选方案中的最优值。根据定义 8.10，可知模糊满意度矩阵 $\boldsymbol{S}$ 中各属性的模糊满意度均达到最优时的方案为理想方案，可记为 x^*，相应的理想点 $\boldsymbol{F}^*$ 为：

$$\boldsymbol{F}^* = [v_1^*, v_2^*, \cdots, v_i^*, \cdots, v_m^*]^T \tag{8-38}$$

式中，v_i^* 为属性 f_i 的最大加权模糊满意度，可根据下式确定：

$$v_i^* = \max_j v_{ij} = \max[v_{i1}, v_{i2}, \cdots, v_{ij}, \cdots, v_{in}] \tag{8-39}$$

与此相反，可以设想另一最劣方案，它的各属性值均达到各备选方案中的最劣值，可称之为"负理想方案"，可记为 x^-，与之对应的"负理想点"为：

$$\boldsymbol{F}^- = [v_1^-, v_2^-, \cdots, v_i^-, \cdots, v_m^-]^T \tag{8-40}$$

式中，v_i^- 为属性 f_i 的最小模糊满意度，可根据下式确定：

$$v_i^- = \min_j v_{ij} = \min[v_{i1}, v_{i2}, \cdots, v_{ij}, \cdots, v_{in}] \tag{8-41}$$

虽然在备选方案中一般不存在这种理想方案 x^* 和负理想方案 x^-，但可以将它们作为基准进行比较，对备选方案进行排序。

② 偏好最优方案的确定　偏好最优方案是最靠近理想方案同时又最远离负理想方案的方案。为此，在决策空间 $\boldsymbol{F}$ 中需要定义一种测度，去衡量某个解靠近理想方案和远离负理想方案的程度，一般采用如下定义的 p 模 $L_p(\boldsymbol{F}, \boldsymbol{F}^0)$ 作为此测度：

$$L_p(\boldsymbol{F}, \boldsymbol{F}^0) = \|\boldsymbol{F} - \boldsymbol{F}^0\|_p = \left[\sum_{i=1}^{m} |f_i(x) - f_i^0|^p\right]^{1/p} \tag{8-42}$$

式中，$\|\cdot\|_p$ 为 p 模算子，p 为正整数；f_i^0 为一基准属性值。

当 $p=1$ 时，p 模 $L_p(\boldsymbol{F}, \boldsymbol{F}^0)$ 为海明距离：

$$L_1(\boldsymbol{F}, \boldsymbol{F}^0) = \sum_{i=1}^{m} |f_i(x) - f_i^0| \tag{8-43}$$

当 $p=2$ 时，p 模 $L_p(\boldsymbol{F}, \boldsymbol{F}^0)$ 为欧式距离：

$$L_2(\boldsymbol{F}, \boldsymbol{F}^0) = \left[\sum_{i=1}^{m} |f_i(x) - f_i^0|^2\right]^{1/2} \tag{8-44}$$

于是，多属性决策问题（MA_2）在 p 模意义下的最优解可根据下式确定：

$$\min_{x \in X} L_p(\boldsymbol{F}(x), \boldsymbol{F}^*)$$
$$\max_{x \in X} L_p(\boldsymbol{F}(x), \boldsymbol{F}^-) \tag{8-45}$$

显然，在方案集 $\boldsymbol{X}$ 中一般并没有这种 x^* 和 x^- 存在，但是我们可以利用 $x \in \boldsymbol{X}$ 与 x^* 和 x^- 的距离信息来作为对 $\boldsymbol{X}$ 中 n 个方案进行排序的标准。这种逼近于理想解的排序方法，一般称之为 TOPSIS（technique for order preference by similarity to ideal solution）法。

但是，根据式(8-44)确定最优解往往会出现这样的情况：某个解距离理想解虽最近，但距离负理想解并不是最远的，如图 8-14 所示。此图表示有两个属性的决策问题，其属性值被规范化并加权，分别表示为 f_1 和 f_2，设 x^* 为理想解，x^- 为负理想解。图中 x_7 和 x_8 是两个解，用式（8-45）来衡量，虽然 x_7 距理想解 x^* 较 x_8 近，但是 x_7 距负理想解 x^- 却并不比 x_8 远。因此采用 p 模 $L_p(\boldsymbol{F}, \boldsymbol{F}^0)$ 难以判断 x_7 和 x_8 这两个解中哪个更好。这说明直接采用欧式距离去排列方案会出现问题。为此，我们需要采用另外的测度来度量 n 个方案与理想解和负理想解接近的程度。

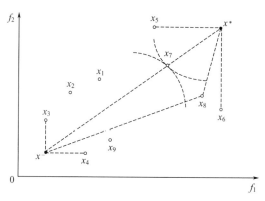

图 8-14　理想解和负理想解

8.3.5　以三通管件注塑模具为实例的改进方案设计应用举例

下面以注塑模具设计及各功能模块为例，利用 TRIZ 智能决策支持系统的方法对其进行改进创新设计的过程。这里运用的是 TRIZ 智能决策支持系统的产品分析模块，该模块的过程是：①问题描述；②建立描述问题的功能模型；③进行功能分析确定问题的 TRIZ 解决方法；④根据 TRIZ 创新原理和效应知识库得出解决方案；⑤对得出的方案进行评价决策，并选出最优方案。

首先，以三通管件注塑模具为例进行研究。

（1）三通管件注塑模具结构中的问题描述

三通管件注塑模具系统基本由以下部分组成：模架、浇注系统、侧抽机构、冷却系统、排气系统。这些在前面已给出了详细的划分。具体问题是：

① 如何简化模具结构（即减少分型面的个数）？

② 如何消除塑件的溢边，提高塑件的精度和效率？

③ 如何改善开模时侧抽机构中滑块与模板之间的摩擦？

（2）功能分析

为了确定这个基本系统可能的运动，TRIZ 的分析步骤从注塑模具的功能模块的定义开始。功能分析和物-场、TRIZ 的标准发明解决方案相结合，分析是基于整个系统的单个元件之间关系的定性描述。元件之间的正面和负面信息用如下的方式来表示：主体→作用→客体。

在每个功能关系里，作用的区分必须按照有用或有害、不足的或过度的功能、方向性（一个方向或两个方向）或基于时间的功能（连续或周期）来区分。区分作用最为重要的是功能类型和功能描述。在 TRIZ 术语里，功能类型被分类成基本功能、附加功能、辅助功能和有害功能。功能描述可分为不足功能、满意功能和过度功能。例如：对于排气系统，考察型芯和模板，在充模时，如果型腔里的空气不能及时排出，将使塑件产生收缩、表面凹陷等缺陷，这样我们可以得出在主题和客体之间的功能连接是"导气"：塑件→导气→模板。

按照功能类型，可以将通过模板导气槽排气作为辅助功能，它是从属于注塑模具的基本目的成型的。就功能等级而言，选择排气槽-模板的关系作为满意功能。表 8-3 显示了三通管件注塑模具研究中定义的关键功能关系。有效地定义所有那些系统内的负面功能关系是成功地展开 TRIZ 功能分析方法的关键。

表 8-3　三通管件模具设计中的关键功能关系

因素	作用	客体	功能类型	功能等级
导气槽	排气	模板	辅助	满意
	产生溢边	塑件	有害	
分型面	取出浇口料	模板	辅助	不足
	导流	塑件	基本	满意
滑块	导出	型芯	基本	满意
	滑动	模板	有害	

(3) 运用 TRIZ 原理解决问题

前面讨论了问题描述、功能分析模型的准则和模型分析。下面将集中解决 TRIZ 的后面阶段的问题。在 TRIZ 的这些部分中，设计者通过从技术和物理冲突中获得解决过程，并以构造和使用标准解决原理作为引导。

① 技术冲突　在前两个问题中，当试图改进装置的一方面的性能时，往往会引起另一方面性能的恶化。这些问题直接和冲突矩阵中的冲突参数相关联，因此可以利用 TRIZ 中的 ARIZ 算法解决。

第一个问题的解决步骤如下：

步骤 1：分析问题。

现在的主要问题是：点浇口模具分型面多，结构复杂，成本高；我们要把它设计成单型面，减少复杂的结构，降低成本。

构建技术矛盾：

TC1：使用点浇口使模具分型面多，一般都要三板模，结构复杂。

TC2：使用两板模，简化结构，这将导致浇注系统中废料无法取出。

步骤 2：分析问题模型。

操作区域是：模具设计中的定模、动模、浇口。操作时间是：从模具成型到开模这段时间。

步骤 3：陈述 IFR 和物理矛盾。

陈述改进后的理想状态：不影响点浇口原来所具有的优点，同时能够降低结构的复杂性，减少制造成本。

从微观级表述物理矛盾：我们要简化模具浇注系统的复杂性，同时又不能增加制造上的难度。

由于定模和动模结构复杂改进起来比较困难，选择浇口作为改进对象。应用 39 个通用的工程参数和 40 条发明原理解决冲突：当简化了装置的复杂性时，也增加了制造上的难度。

使用冲突矩阵表，我们可得 1、13、26、27 四条发明原理。经过分析应用第 1 条分割发明原理，将点浇口分割设计成潜伏式浇口，如图 8-15 所示。

原来的点浇口设计是垂直的，从中间进料。现在利用分割原理把原来直通的点浇口分割成由直通和倾斜两部分组成的潜伏式浇口，这样浇注系统和分型面在同一水平面内，当分型面打开顶出塑件时，浇注系统里的废料也同时被顶出。这样就可以把原来设计的用来取出浇注系统废料的分型面去掉，改原来的多分型面为现在的单分型面。

步骤 4：分析解决物理矛盾的方法。

检查解决方案：新方案重新设计流道，简化了原来的模具结构，降低了制造成本。

解决方案的初步评估：新方案实现了系统功能；新方案解决了一个物理冲突；新方案降低了结构的复杂性，易于工程实现。采纳此方案，改进设计后潜伏式浇口基本上解决了点浇口结构复杂的问题，降低了成本。

第二个问题的解决步骤如下：

步骤 1：分析问题。

现在的主要问题是：在设计模具时不开排气槽，又要能完全排出型腔里的空气。

构建技术矛盾：

TC1：开排气槽影响模具制造精度。

TC2：不开排气槽，型腔里的空气无法排出，将严重影响模具质量。

步骤 2：分析问题模型。

操作区域是：型腔、空气、注塑件。操作时间是：从注射塑料进入型腔到型腔里的空气全部排出。

步骤 3：陈述 IFR 和物理矛盾。

陈述改进后的理想状态：既能保证模具不产生缺陷，又能完全排出型腔里的空气。

从微观级表述物理矛盾：为了消除溢边而不开排气槽，同时又不能使型腔里的空气对塑件造成损失。

由于注塑件和空气都是固定的改进起来比较困难，因此选择型腔作为改进对象。利用冲突矩阵和 40 条发明创造原理解决冲突：为了消除溢边提高精度就不能开排气槽，没有排气槽型腔里的空气无法排出，就会产生缺陷，造成注塑件的损失。使用冲突矩阵表，我们可得 10、24、31、35 四条发明原理。经过分析应用第 31 条多孔材料发明原理。图 8-16 所示是材料结构模型。

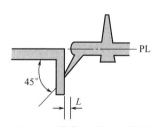

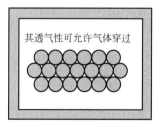

其透气性可允许气体穿过

图 8-15　潜伏式浇口的结构　　　　图 8-16　材料结构模型

在实际操作中可以在型腔中镶上一块多孔金属材料，而后开排气道。这样既消除了溢边，提高了塑件精度，又排出了型腔空气。图 8-17 是应用示意图。

步骤 4：分析解决物理矛盾的方法。

检查解决方案：新方案引入了新材料多孔金属材料，消除了溢边缺陷。

解决方案的初步评估：新方案实现了系统功能；新方案解决了一个技术冲突；新方案引入了新材料，提高了塑件的精度。

② 标准的发明解决方案　物-场分析是一种定义和解决问题的 TRIZ 术语。根据相互作用部件（物质）的数量和作用于它们上的行为（场），物-场方法能有效地区分不同类型的问题。在用物-场分析确定了物质和场的不同组合后，接着确定可以用于解决给定物-场组合的标准发明解决方案。总共有 76 种标准发明解决方案可供选择。考察滑块和模板的关系，它们之间是依靠机械运动相联系的。在物-场术语中，这个关系的描述如图 8-18 所示。

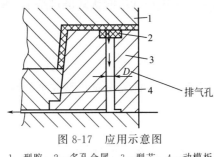

图 8-17　应用示意图

1—型腔；2—多孔金属；3—型芯；4—动模板

图 8-18　滑块模板的物-场模型图

图 8-18 中，S_1 和 S_2 代表两种物质——滑块和模板，F_{Me} 表示机械场，虚线意味着两种物质间的作用不足。对这种类型的物-场模型，推荐的标准发明解决方案包括：

a. 修正 S_1。例如运用不同材料、表面或形状的滑块。

b. 修正 S_2。例如可以对模板表面进行抛光（模板的材料是一定的）。

c. 引入一种附加场。例如引入磁场，以达到改变滑块重力的目的，改变了重力也就改变了滑块和模板之间的摩擦力，如图 8-19 所示。

d. 引入一种修正的物质。例如在滑块上增加一对滚轮，变滑动摩擦为滚动摩擦，以增加场的影响，如图 8-20 所示。

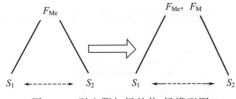

图 8-19　引入附加场的物-场模型图

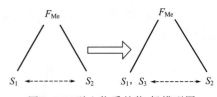

图 8-20　引入物质的物-场模型图

（4）产生解决方案

通过功能分析的结果，运用 TRIZ 解决问题的冲突解决原理、76 种标准解以及效应知识库的支持，可以得到如下解决方案：分割原理、多孔的金属结构方法、抛光表面、重力的辅助作用、参数变化原理、改变物质的形状、改变材料、引入修正物质等。

（5）方案评价决策

根据产生的三通管件注塑模具创新设计方案，经评价得出以下的创新设计方案：

① 利用分割原理把原来直通的点浇口分割成由直通和倾斜两部分组成的潜伏式浇口，

这样浇注系统和分型面在同一水平面内，当分型面打开顶出塑件时，浇注系统里的废料也同时被顶出。这样就可以将原来的多分型面改为现在的单分型面。

② 在型腔中镶上一块多孔金属材料，然后开排气道。这样既消除了溢边，提高了塑件精度，又排出了型腔空气。

③ 在滑块上增加一对轴承，变斜导柱抽芯为滚轮式滑槽抽芯。这样模具结构紧凑，抽芯稳定可靠，滚动轴承与导滑槽相配，摩擦阻力大大减小。其三维实体模型如图 8-21 所示，平面图如图 8-22 所示。

图 8-21　三通接头注塑模具三维实体模型

（6）利用 TRIZ 智能决策支持系统的方法对注塑模具冷却系统模块进行改进创新设计研究

① 问题描述　冷却系统由以下部件组成：冷却水道、模板、供水集流板、回水集流板。如图 8-23 所示，冷却水由供水集流板经管道，经冷却水道，对热熔塑料进行冷却，然后回到回水集流板。具体问题是：

a. 如何强化冷却热熔塑料的作用？

b. 如何合理布局冷却水道？

c. 如何消除冷却系统模块与其他功能模块（如顶出机构模块）之间的技术冲突？

② 功能分析　对冷却系统模块中的各个元件之间的作用，按照有用或有害、不足的或过度的功能、方向性或基于时间的功能来区分。表 8-4 显示了冷却系统模块研究中定义的关键功能关系。

表 8-4　冷却系统模块的主要功能关系表

因素	作用	客体	功能类型	功能等级
供水集流板	供水	冷却水	基本	不足
冷却水	冷却	水道壁	基本	不足
	积垢		有害	
冷却水道	支撑	冷却水	辅助	不足
	导流		基本	满意
模板	支撑	冷却水道	辅助	
	传导	热熔塑料	基本	满意
回水集流板	回收	冷却水	基本	满意

根据功能关系表可以建立图 8-24 所示的冷却系统模块功能关系模型。该模型描述了朝着价值增加的演化趋势。

③ 运用 TRIZ 原理解决问题　下面将利用 TRIZ 集中解决上面所述的各种问题。

a. 技术冲突。从图 8-24 所示的功能模型里，可以看出冷却水道是冷却系统模块的重要组成部分（冷却水道布局如图 8-25 所示），为了提高冷却效率，应该多开冷却水道，这样是增加了流量，却同时降低了模板的强度，冷却水-冷却水道-模板相互作用模型如图 8-26 所示。该冲突利用 ARIZ 算法解决。

模具模块化及创新设计

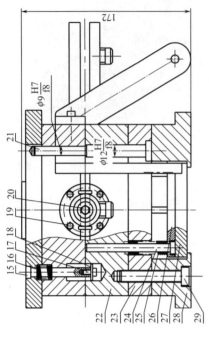

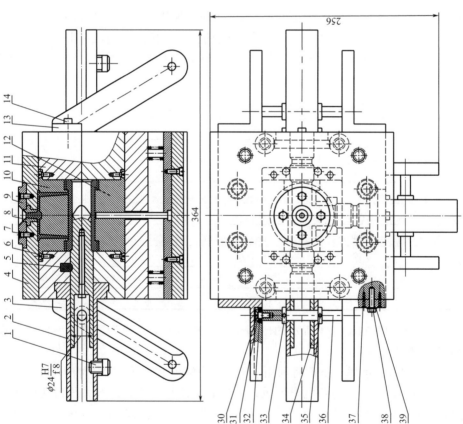

图 8-22 三通接头注塑模具三视图

1—限位销;2—型芯导套;3—滑板;4—定模固定板;5—锁紧圈;6—密封圈;7,19—螺钉;8—流道衬套;9—定位圈;10—定模镶块;11—定模;12—动模镶块;13—斜导槽;14—内六角螺钉;15—定距钉;16—弹簧;17—导套;18,39—垫圈;20—浇口套;21,29—螺柱;22—导柱;23—动模;24—复位杆;25—弹簧;26—推杆定模板;27—推杆支撑板;28—动模固定板;30—止动垫圈;31—动模垫圈;32—支架;33—支架;34—套筒;35—隔板;36—轴;37—轴;38—螺母

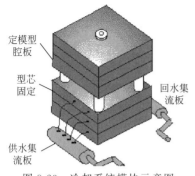

图 8-23　冷却系统模块示意图

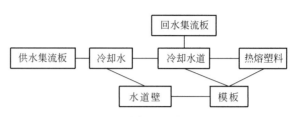

图 8-24　冷却系统模块的关系模型

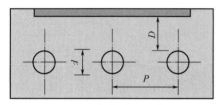

图 8-25　冷却水道的简单布局

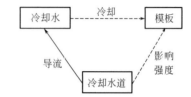

图 8-26　冷却水-冷却水道-模板相互作用模型

可得出如下发明原理：

- 曲率增加原理。例如，从二维平面变成三维表面，直线变成曲线。
- 参数变化原理。如提高模板对冷却介质的传热系数 h_α。

$$h_\alpha = \phi \frac{(\rho v)^{0.8}}{d^{0.2}} \tag{8-46}$$

式中　　ϕ——与冷却介质温度有关的系数；

ρ——冷却介质在该温度下的密度，g/cm^3；

v——冷却介质的流速，m/s；

d——冷却管路的直径，mm。

b. 物理冲突。当在同一系统里存在冲突需求时，就会发生物理冲突。例如，为了有大的热交换面积而要求水道加长，而为了减小冷却模块的整体尺寸却要将水道变短。该冲突可以利用 TRIZ 提供的系统解决物理冲突的手段进行解决。

从空间上分离冲突需求。例如，水道在一些地方串联，而在另一些地方不连接。

c. 标准的发明解决方案。考察冷却水经过水道冷却模板这个关系，在前面它作为冷却系统模块的不足作用。在物-场术语中，这个关系的描述如图 8-27 所示。

图 8-27 中 S_1 和 S_2 代表两种物质冷却水和模板，F_{TH} 表示热力场，虚线意味着两种物质间的作用不足。对这种类型物-场模型，推荐的标准发明解决方案包括：

图 8-27　冷却水冷却模板的物-场模型图

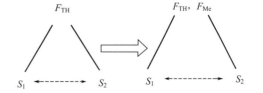

图 8-28　引入附加场的物-场模型图

- 修正 S_1。例如运用改进的低温水和（或）黏性低的工作流体。
- 修正 S_2。例如运用不同材料的模板，改进设计不同形状的或表面的冷却水道。
- 引入一种附加场。例如引入机械场，通过引入旋涡流动，改变冷却水的流动条件，增加流动速度确保紊乱流动而不是旋涡流动，如图 8-28 所示。
- 引入一种修正的物质。例如给冷却水增加一种物质，以便增加场的影响；还可以在冷却水道增加一层不锈钢，以减少积垢，如图 8-29 所示。

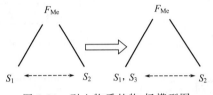

图 8-29 引入物质的物-场模型图

d. 产生解决方案。通过功能分析的结果，运用 TRIZ 解决问题的冲突解决原理、76 种标准解及效应知识库的支持，可以得到如下解决方案：紊流化、抛光表面、流动方向的改变、曲面化、参数变化、抛弃与修复、旋涡流动、重力的辅助作用等。

e. 方案评价决策。根据产生的冷却系统模块创新设计方案，经评价得出以下的创新设计方案：

- 将冷却水道设计成螺旋形状，增加相互接触的面积，进而提高冷却效率。
- 增加冷却水道内冷却水流动的紊流化，这样就可以引起热交换系数的增加，提高热交换的效率。

研究表明紊流状态下的传热系数可比层流状态高 10~20 倍。层流是流体在层与层之间仅以热传导方式传热；紊流时水道管壁和中心的流体发生无规则的快速对流，使传热效果大大增加，如图 8-30 所示。

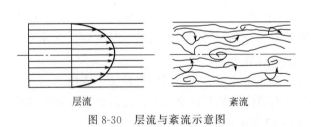

层流   紊流

图 8-30 层流与紊流示意图

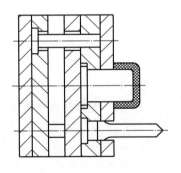

图 8-31 推板顶出

冷却介质在通道中是否产生湍流，可用雷诺数（Re）来判断。即

$$Re = \frac{vd}{\nu} \tag{8-47}$$

式中　d——圆形水道直径或非圆形通道的当量直径，m；

　　　v——水的流速，m/s；

　　　ν——水的运动黏度，m^2/s。

雷诺数达到 4000 以上时，一般可视为紊流，为使冷却介质处于稳定紊流状态，希望雷诺数达到 6000~10000 以上。

- 冷却水的紊流化增加，减少了由水道表面不光滑造成的局部阻塞。
- 在冷却水道增加一层不锈钢，以减少水中矿物质的沉积。

TRIZ 理论不但能够解决模块内部各个元件之间的技术冲突，也能够解决各个功能模块之间的矛盾冲突。例如，我们在设计模具的顶出模块时，一般会把顶杆放置在型芯的中心位置，这样便于开模时顶杆顶出塑件。然而，模具的型芯位置也往往是需要重点冷却的地方，分布有一定量的冷却水道，如果再把顶杆放置在型芯的中心位置，就会和冷却水道起冲突；如果不设计冷却水道，而放置推杆就会引起塑件冷却不均，进而就会影响塑件质量。这明显是一个技术冲突，为了保证塑件的制造精度导致了装置复杂性的恶化。

根据冲突矩阵表提出了如下发明原理：

a. 分离原理。例如，可以把推杆分离出型芯，在塑件的旁边设计一个推板，通过顶杆推动推板把塑件顶出如图 8-31 所示。

b. 振动原理。可以把原来的顶杆顶出设计成振动脱模，这样需要增加一个专门的设备，实现起来比较困难。

8.4　基于 TRIZ 物体分析的电器外壳注塑模具浇注系统创新设计举例

在 TRIZ 理论中，为了寻找新的技术方案通常采用各种模型，这些模型反映技术系统发展的基本特征和规律。物-场分析是 TRIZ 中的一项工具，可分析并改进技术系统的功能。物-场分析模型在 TRIZ 众多的工具中占有非常重要的地位，它和传统的建模技术不同，用符号语言表示与待解决问题相联系的模型。在求解具体问题的过程中，我们可以在建立的物-场模型基础之上，准确分析出所建模型中的功能关系，进而确定所建模型的类型，运用标准解法或一般解法来解决具体的问题。

Altshuller 认为，所有的功能都可以分为三个基本元件：物体 S_1、作用体 S_2 和场 F。S_1 是系统动作的被动组件，S_2 为主动组件，通过某种形式作用在被动组件 S_1 上，S_2 常被称为工具；物质 S_2 通过能量 F 作用于物质 S_1，产生输出。运用物-场模型可以清楚地描述问题，引起的歧义相对少些。

（1）最基本的物-场模型及含义

最基本的物-场模型是将一个技术系统分成两个物质与一个场或一个物质与两个场，用一个三角形来表示每个系统所实现的功能。一个基本完整的测量物-场模型必须在它的输出端载有被测对象信息参数的输出场。具体形式如图 8-32 和 8-33 所示。

S、S_1、S_2 表示物质，通常 S_1 是一种需要改变、位移、发现、加工、控制、实现等的目标或对象；而 S_2 是实现必要作用的工具。F、F_1、F_2 表示场。

（2）常用的物-场模型及含义

按照通常的理解，可将物-场模型分为四类：

① 有效完整模型：实现功能的三个要素齐全，且有效实现功能。具体形式如图 8-33(a) 所示。

② 不完整模型：实现功能的三个要素不全，有的没有场，有的没有物质。具体形式如图 8-33(b) 所示。

③ 效应不足的完整模型：三个元素齐全，但是功能未能有效地实现或实现得不足。

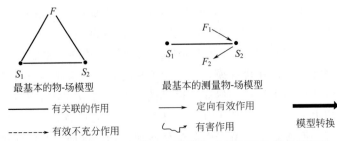

图 8-32 最基本的物-场模型和测量物-场模型及常用表示符号

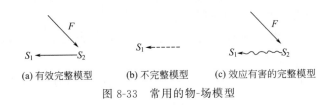

(a) 有效完整模型   (b) 不完整模型   (c) 效应有害的完整模型

图 8-33 常用的物-场模型

④ 效应有害的完整模型：三个元素齐全，但是产生了有害的效应，需要消除这些有害效应。具体形式如图 8-33(c) 所示。

(3) 标准解与物-场模型的转换

标准解法是 Altshuller 创立的，共有 76 个（如表 8-5 所示），分成 5 级（如表 8-6 所示）。在分析具体问题时得到该问题的物-场模型，可以很快地找到相应的标准解。

表 8-5   76 个标准解

1. 制造物-场	20. 场的结构化	39. 增加系统元素的差异	58. 可测量的双系统或多系统
2. 内部型复杂物-场	21. 物质结构化	40. 方法回溯	59. 进化路线
3. 外部型复杂物-场	22. 物-场频率调整	41. 相反性质	60. 间接方法
4. 外部环境作添加物的物-场	23. 场-场频率调整	42. 转换到微观水平	61. 物质分离
5. 外部环境物-场	24. 匹配独立的节律	43. 替代测量	62. 物质消散
6. 微小量原则	25. 制造初始物质-磁场	44. 复制	63. 大量附加物
7. 极大值规则	26. 制造物质-磁场	45. 连续检测	64. 使用已存在的场
8. 选择性极大值规则	27. 磁流体	46. 生产可测量物-场	65. 环境中的场
9. 加入新物质去除有害物质	28. 多孔-毛细物质-磁场	47. 可测量物-场复杂化	66. 场资源的物质
10. 改变已有物质去除有害物质	29. 复杂物质-磁场	48. 环境中的可测量物-场	67. 改变物态
11. 切断有害物质	30. 环境物质-磁场	49. 环境添加物	68. 第二态转换
12. 加入新场去除有害物质	31. 应用物理作用	50. 应用物理作用	69. 物相转换时共存现象
13. 关闭磁作用	32. 物质-磁场动态化	51. 共振	70. 两种物态
14. 串联物-场	33. 物质-磁场结构化	52. 附加物的共振	71. 物相间的相互作用
15. 并联物-场	34. 物质-磁场中匹配节律	53. 可测的初始物-场	72. 自动转换
16. 增加场的可控性	35. 物质-电场	54. 可测的物-场	73. 增强输出场
17. 工具细化	36. 电流变悬浮液	55. 复杂可测的物质-磁场	74. 物质分解
18. 转变为毛细多孔物质	37. 双系统和多系统的建立	56. 环境可测的物质-磁场	75. 粒子集成
19. 动态化（柔性）	38. 改进连续	57. 与磁场有关的物理作用	76. 运用 74 和 75

表 8-6　标准解的级别

1 物-场的构建和拆解	1.1	构建物-场	1～13	共 13 条
	1.2	拆解物-场		
2 改进物-场	2.1	转换到复杂物-场	14～36	共 23 条
	2.2	加强物-场		
	2.3	适应节律以加强物-场		
	2.4	转换到物质-磁场系统		
3 系统转换	3.1	转换到双系统或多系统	37～42	共 6 条
	3.2	转换到微观水平		
4 检测与测量	4.1	间接法	43～59	共 17 条
	4.2	合成测量系统的物-场		
	4.3	加强测量物-场		
	4.4	转换为物质-磁场		
	4.5	可测量系统的进化方向		
5 简化与改进策略	5.1	添加物质	60～76	共 17 条
	5.2	使用场		
	5.3	物相转换		
	5.4	应用物理作用的特性		
	5.5	产生粒子		

物-场模型在变换中要遵循一定的规则，具体的规则如下：

规则 1：为解决不完整的物-场。可在空缺处引入新原件，使得物-场完整，如图 8-34(a) 所示。

规则 2：欲提高现有物-场的功效，可延伸现有物-场与其他物-场的连接，如图 8-34(b) 所示。

规则 3：对于检测或测量问题，可延伸产生两个场 F_2、F_3，一个作为输入，另一个作为输出，如图 8-34(c) 所示。

规则 4：消除有害的、多余的、不需要的物质或场的最有效方法是引入第三种物质原件 S_3，如图 8-34(d) 所示。

规则 5：加入某一个场为必要的输出 F_1，另一个场为必要的输入 F_2，则该物-场模型应使用一个原件 S_2，作为 F_1 和 F_2 物理转换的中介物，如图 8-34(e) 所示。

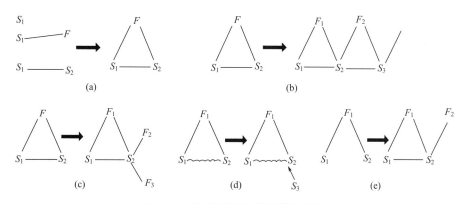

图 8-34　物-场模型转换规则示意图

在具体问题的分析中，建立物-场模型的流程大致分五个步骤：

步骤1：确定所考虑问题中的所有的物质。

步骤2：描绘此情形下的物-场模型，确定物质间的相互作用，以及表达出对这些相互作用的意见，这些作用是否是成功的。

步骤3：处理在步骤2中识别的物-场模型。对于每一个物-场模型，必须将物-场的5规则推荐的模型的通解转换为模型的特解。

步骤4：使用"场"去将具体情形的模型解"翻译"为解的想法，该过程对于系统中已识别的所有物-场模型需要反复进行。

步骤5：确定最适合实际情况的解。

(4) 标准解的应用流程

标准解中的"标准"一词，意思是对有非常相似问题模型的不同问题有通用的"诀窍"。图 8-35 详细表达了标准解每个级别在问题求解和技术预测两个方面的应用。

注塑模具的浇注系统是指模具中从注塑机喷嘴开始到型腔为止的塑料熔体的流动通道，由主流道、分流道、冷料穴和浇口组成。浇注系统设计的合理与否直接影响成型产品的外观、内部质量、尺寸精度和成型周期。本节以手机外壳注塑模具为例进行研究，手机外壳的三维模型如图 8-36 所示。

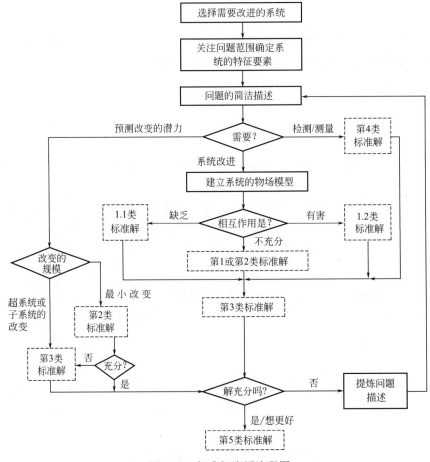

图 8-35　标准解应用流程图

8.4.1　电器外壳注塑模具浇注系统的特征要素

（1）确定浇注系统中主要的物质和场

以图 8-36 所示手机外壳的注塑模具浇注系统为例，利用物-场分析法确定系统中主要的物质和场，如图 8-37 所示。

图 8-36　手机外壳三维模型

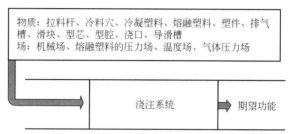

图 8-37　浇注系统中的物质和场

（2）手机外壳注塑模具浇注系统中的问题描述

手机外壳注塑模具浇注系统的具体问题是：

① 如何改善开模时，侧抽机构中滑块与模板之间的摩擦？

② 如何使熔融的塑料快速进入型腔，简化模具的结构？

③ 如何消除塑件的溢边，提高塑件的精度和效率？

④ 如何避免流道内冷凝塑料进入型腔？

（3）确定浇注系统中物质和场的关键功能

由浇注系统的特征要素，系统中物质和场的关键功能描述如表 8-7 所示。

表 8-7　浇注系统中物质和场的功能

主体	客体	场	相互作用	功能类型	等级
拉料杆	冷凝料	机械场	取出流道内的冷凝料	基本	满意
滑块	型芯	机械场	导出	基本	满意
浇口	熔融塑料	熔融塑料的压力场、温度场	使熔融塑料快速进入型腔	不足	
冷凝料	型腔	熔融塑料的压力场	进入型腔	有害	
排气槽	塑件	气体压力场	产生溢边、流痕、气纹	有害	
滑块	导滑槽	机械场	滑动	有害	

8.4.2　电器外壳注塑模具浇注系统物-场模型的建立

（1）拉料杆物-场模型

手机外壳注塑模具的拉料杆是一个圆杆，它的头部为 Z 字形结构，当开模时，拉料杆借助结构上的特点能够把冷凝料顺利拉出，顶出行程又可以将冷凝料顶出模外。图 8-38 所示为建立的拉料杆物-场模型。

（2）滑块物-场模型

由图 8-38 可知，手机外壳的侧凹较浅，所需要的抽芯距不大，但所需抽芯力较大，需要采用滑块机构进行侧向分型与抽芯。滑块在导出型芯的过程中，与导滑槽间是滑动接触，不仅容易磨损还会造成导滑槽的滑动。滑块机构的物-场模型如图 8-39 所示。

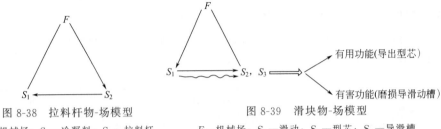

图 8-38　拉料杆物-场模型

F—机械场；S_1—冷凝料；S_2—拉料杆

图 8-39　滑块物-场模型

F—机械场；S_1—滑动；S_2—型芯；S_3—导滑槽

(3) 流道浇口物-场模型

浇注系统中的流道分为主流道和分流道，主流道指紧接注塑机喷嘴到分流道为止的那一段锥形流道，熔融塑料进入模具时首先经过它；分流道指连接主流道与浇口的熔体通道，分流道起分流和转向作用。浇口是连接分流道与型腔之间的一段细短通道，是浇注系统的最后部分，其作用是使塑料以较快速度进入并充满型腔。浇口应尽量短小，与产品分离容易，不造成明显痕迹。手机外壳注塑模具浇注系统的流道浇口物-场模型如图 8-40 所示。

(4) 排气槽物-场模型

模具型腔内的气体如果不能及时排出，就会影响制品的成型质量和注射周期。越是薄壁塑件，越是远离浇口的部位，排气槽的开设就越显得重要。另外对于小型制品或精密制品也应重视排气槽的开设，排气槽除了能避免制品表面灼伤和填充不足外，还可以消除制品的各种缺陷（流痕、气纹、溢边、表面轮廓不清），减少模具污染。排气槽的物-场模型如图 8-41 所示。

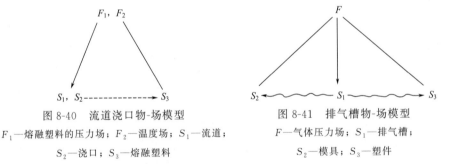

图 8-40　流道浇口物-场模型

F_1—熔融塑料的压力场；F_2—温度场；S_1—流道；

S_2—浇口；S_3—熔融塑料

图 8-41　排气槽物-场模型

F—气体压力场；S_1—排气槽；

S_2—模具；S_3—塑件

(5) 冷凝料物-场模型

冷料穴是为储存因熔体与低温模具接触而在料流前锋产生的冷料而设置的，这些冷料如果进入型腔将减慢熔体的填充速度，最终影响制品的成型质量。冷凝料物-场模型如图 8-42 所示。

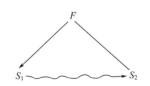

图 8-42　冷凝料物-场模型

F—熔融塑料压力场；S_1—冷凝料；S_2—型腔

8.4.3　电器外壳注塑模具浇注系统物-场模型的变换

由上面内容可判定 8.4.2 节中所建立的物-场模型的类型分别为：拉料杆物-场模型为有效完整模型，滑块物-场模型、排气槽物-场模型和冷凝料物-场模型为效应有害的完整模型，流道浇口物-场模型为效应不足模型。

依据物-场模型的转换规则，将建立的五个模型进行如下的变换：

① 滑块物-场模型的变换　滑块物-场模型属于效应有害的模型，依据变换规则 4，参照标准解的应用流程，选 1.4 类标准解，可以滑块和导滑槽间引入一种外部物质，或者引入新的场。具体的变换如图 8-43 所示。

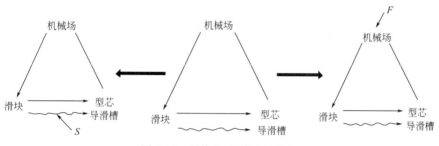

图 8-43　滑块物-场模型的变换

② 流道浇口物-场模型的变换　流道浇口物-场模型属于效应不足模型，依据变换规则 2，参考标准解的解决流程，可选用第 1 类或第 2 类标准解，延伸现存物-场与其他物-场的连接，或者引入现有物质的变异物。具体的变换如图 8-44 所示。

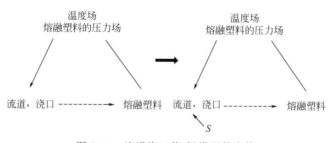

图 8-44　流道浇口物-场模型的变换

③ 排气槽物-场模型的变换　排气槽物-场模型属于效应有害的完整模型，依据变换规则 4，参照标准解的应用流程，选用 1.4 类标准解消除或中和有害作用，构建完整的物-场模型。在排气槽与塑件和模具间引入一种新物质透气钢。具体的变换如图 8-45 所示。

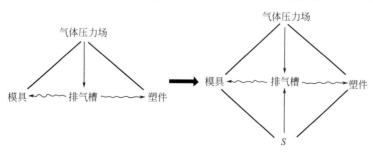

图 8-45　排气槽物-场模型的变换

④ 冷凝料物-场模型的变换　冷凝料物-场模型属于效应有害的完整模型，依据变换规则4，参照标准解的应用流程，可选用标准解 1.2 引入新的场，或者拓展冷凝料的物-场模型，采用标准解 2.2 增强物-场模型，细化工具物质。具体的变换如图 8-46 所示。

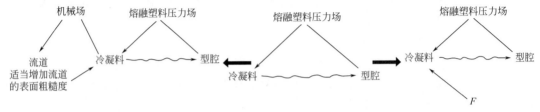

图 8-46　冷凝料物-场模型的变换

8.4.4　电器外壳注塑模具浇注系统的创新方案

（1）物-场模型的通解

依据 8.4.3 节中物-场模型的变换，将变换的结果转化为实际问题的通解。

问题一：如何改善开模时，侧抽机构中滑块与模板之间的摩擦？

根据图 8-43 中所示滑块物-场模型的变换，推荐的标准发明解决方案如下：

① 引入一种物质，例如在滑块与导滑槽间增设滚轮，变滑动摩擦为滚动摩擦，以减少滑块和导滑槽之间的有害作用。

② 修正物质，例如运用不同形状、材料的滑块，抛光导滑槽，在导滑槽与滑块间添加润滑油，以减小滑动摩擦造成的磨损。

③ 引入附加场，例如在滑块与导滑槽间增设磁场，使滑块滑动时悬浮在导滑槽上方，从而避免其与导滑槽间的滑动摩擦。

问题二：如何使熔融的塑料快速进入型腔，简化模具的结构？

根据图 8-44 中所示流道浇口物-场模型的变换，该问题推荐的解决方案如下：

① 增强现有场的功效，例如适当增加熔融塑料的温度，增大熔融塑料的压力场。

② 更换现有的物质，例如减小流道的长度，只设主流道，改变浇口的类型，改点浇口为潜伏式浇口，进而减少分型面以简化模具的结构。

问题三：如何消除塑件的溢边，提高塑件的精度和效率？

根据图 8-45 中所示排气槽物-场模型的变换，该问题的解决方案如下：

在排气槽与模具和塑件间引入一种新物质——透气钢，以消除塑件的溢边，避免塑料颗粒对模具表面的污染。

问题四：如何避免流道内冷凝塑料进入型腔？

根据图 8-46 中所示冷凝料物-场模型的变换，该问题的解决方案如下：

① 拓展冷凝料的物-场模型，增强冷凝料与流道间的黏着力，例如适当增加流道的表面粗糙度，以增加冷凝料与流道间的黏着力，避免冷凝料在熔融塑料的压力下经流道进入型腔。

② 引入一种新的场，例如引入温度场，使流道始终处于高温状态，这样流道内就不会有冷凝料。

（2）手机外壳注塑模具浇注系统的创新方案

根据物-场模型变换产生的手机外壳注塑模具浇注系统的通解，选择创新的方案如下：

① 引入新物质，在滑块与导滑槽间增设滑轮，变滑动摩擦为滚动摩擦，进而减少对导滑槽的磨损。

② 减小流道的长度，只设主流道，采用潜伏式浇口，以使熔融塑料快速进入型腔，减少分型面，简化模具的结构。手机外壳最佳浇口位置与潜伏式浇口的结构如图 8-47 所示。

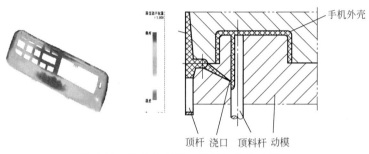

图 8-47　手机外壳浇口位置与潜伏式浇口

③ 在排气槽与模具和塑件之间增设透气钢，进而避免塑件溢边、气纹、流痕等缺陷，减少塑料颗粒对模具的污染。透气钢的排气形式如图 8-48 所示。

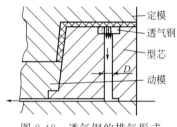

图 8-48　透气钢的排气形式

④ 增加流道表面的粗糙度，使其达到 $Ra=1.25\sim2.5\mu m$。这样不仅能避免冷凝料进入型腔，也能增加流道与外层熔融塑料间的作用力，确保外层熔融塑料和中心熔融塑料的速度差在一定的范围之内，这样就能使成型的塑件制品拥有较好的质量性能。

8.4.5　电器外壳注塑模具浇注系统创新方案的模拟对比

利用 Moldflow6.1 分别建立手机外壳点浇口和潜伏式浇口的流动模型，如图 8-49 所示。

图 8-49　手机外壳流动模型

模型中手机外壳的材料选用 ABS＋PC，材料的详细信息及推荐的工艺如图 8-50 所示。

图 8-50　手机外壳材料描述及推荐工艺

　　流道的设计按照软件中流道设置向导进行建立，由于手机外壳属于薄壁塑件，浇口大小不能依据理论公式进行推导，查询浇口的推荐尺寸表格，点浇口的直径取 1mm，潜伏式浇口的直径取 1mm，其他参数按软件提供的默认值。工艺设置也按照软件提供的默认值。对比前后模型的充填时间、锁模力、剪切速率、剪切应力、气穴、熔接痕和压力的模拟图像，如图 8-51～图 8-57 所示。

　　由图 8-51 可以看出，采用点浇口，手机外壳充填时间为 0.8492s；采用潜伏式浇口，手机外壳充填时间为 0.9156s。由图 8-52 可以看出，采用点浇口和潜伏式浇口，手机外壳填充过程中最大锁模力都约为 20t。由图 8-53 可以看出，采用点浇口，手机外壳填充过程中最大剪切速率为 33486s^{-1}；采用潜伏式浇口，手机外壳填充过程中最大的剪切速率为 32493s^{-1}。由图 8-54 可以看出，采用点浇口，手机外壳充填过程中最大的剪切应力为 0.3820MPa；采用潜伏式浇口，手机外壳充填过程中最大的剪切应力为 0.3663MPa。由图 8-55 可以看出，采用点浇口，手机外壳充填过程中出现 12 个气穴；采用潜伏式浇口，手机外壳充填过程中出现 6 个气穴。由图 8-56 可以看出，采用潜伏式浇口，手机外壳充填过程中熔接痕的程度没有太大的变化。由图 8-57 可以看出，采用点浇口，手机外壳充填过程中最大压力为 108MPa；采用潜伏式浇口，手机外壳充填过程中最大压力为 94.4MPa。

图 8-51　手机外壳充填时间

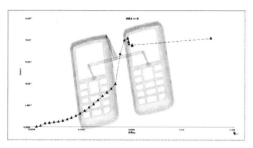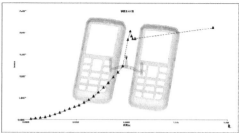

图 8-52　充填过程中的锁模力

图 8-53　充填过程中的剪切速率

图 8-54　充填过程中的剪切应力

图 8-55　充填过程中的气穴数量

由以上分析，可以得出如下结论：采用潜伏式浇口，能减少分型面，简化模具的结构；能减小熔融塑料在充填过程中的最大剪切速率和最大剪切力，提高手机外壳的性能；能明显减少充填过程中气穴的数量；能减小充填过程中的最大压力，降低能耗。但采用潜伏式浇口，填充时间略有增加，可以通过调整浇口的直径加以改进。综合分析可发现，运用物-场分析得出的手机外壳浇注系统创新方案相比原方案具有明显的优势。

图 8-56　充填过程中的熔接痕程度

图 8-57　充填过程中的压力

8.5　基于可拓学-TRIZ 矛盾系统的注塑模具温度调节系统创新方案设计

　　TRIZ 矛盾矩阵虽然涉及系统中的物理矛盾和技术矛盾，但依据矛盾矩阵中的发明原理不能有效地消除矛盾系统。本节研究在矛盾矩阵的基础上，把可拓学引入到矛盾系统中，将 TRIZ 矛盾系统转化为特殊的可拓学对立问题，提出了可拓学-TRIZ 矛盾系统模型。应用可拓学-TRIZ 矛盾系统模型，给出了解决温度调节系统矛盾的思路，运用转换桥方法和资源应用方法分别建立了手机外壳注塑模具温度调节系统的可拓学-TRIZ 矛盾系统分析框架，求解得到了具有一定创造性的手机外壳注塑模具温度调节系统矛盾的解决方案，通过理论验证可知，创新方案相对于原方案具有一定的优势。

　　TRIZ 理论认为解决矛盾是发明问题的核心，没有克服矛盾的设计不属于创新设计。矛盾存在于各种产品的设计中，产品设计问题中需要解决的矛盾覆盖到管理、技术、物理等各个层面。在设计过程中不断地发现并解决矛盾是推动其向理想化方向进化的动力。但关于矛盾消除方法的研究有以下问题：大部分研究的对象都是特殊的矛盾系统，很少涉及其他矛盾的消除；没有辩证统一的可行分析框架，很大程度上依赖于问题解决者的直觉。Dubois. S. 等学者认为：要想从本质上消除矛盾，不能仅仅停留在经典 TRIZ 理论矛盾矩阵推荐的发明原理之上，需要变换具体问题中的元素，只有这样才能在创新的道路上迈出实质性的一步。

　　注塑成型时，模具应保持合适的温度，才能使成型正常进行。模温变化会使塑料收缩率有较大的波动，模腔形状尺寸所控制制品的尺寸就得不到保证；模温控制不适当会造成制品内应力增加和集中，影响制品的使用性能；模温调节不及时会在制品上出现冷料斑、塑料流痕、气泡、凹痕等缺陷。不正常模温对塑件制品质量的影响如表 8-8 所示。另外，冷却时间的长短直接决定了注塑成型的周期，即决定生产的效率。

表 8-8　非正常模温对塑件制品质量的影响

制品缺陷	模温过低	模温过高	模温不均
凹痕		√	
气泡	√		
裂纹	√		√
飞边		√	
真空泡	√		
脱模不良		√	√
熔接不良	√		√
表面波纹	√		
塑件黏模		√	
翘曲变形		√	√
冲模不足	√		
塑件脆弱	√		
银丝、斑纹	√		
尺寸不稳定			√
表面不光泽	√	√	
塑件透明度低	√		

8.5.1　TRIZ 矛盾矩阵和 OTSM-TRIZ 矛盾系统的缺陷

（1）TRIZ 矛盾矩阵的缺陷

矛盾矩阵中 39 个标准工程参数和 40 个发明原理为高度概括的抽象名词，运用该方法解决具体问题的时候将会面临两次类比难题。第一次是要根据具体问题的实际情况运用类比的方法把具体问题中相关的参数抽象成为矛盾矩阵中的标准工程参数，第二次就是要运用类比的方法把矛盾矩阵推荐的抽象的解决方案（发明原理）转化为具体问题的解决方案。对于上述两次类比过程中的难题，国内外学者进行了大量的研究取得了一定进展，但并未从本质上解决上述类比难题，究其根本原因是矛盾矩阵是在综合抽象的基础之上建立的，没有采用逻辑缜密的分析方法，自然建立的矛盾矩阵在具体的应用中会存在缺陷。它只是确定了解决方案的方向，没有揭示消除矛盾的机理；解决方案归纳总结上比较随意，使其准确性和科学性大打折扣。

矛盾矩阵作为常见的发明问题解决工具，其自身的缺陷主要表现为：构造上存在缺陷，构造矛盾矩阵的整个过程中没有采用逻辑缜密的分析方法，很大程度上受其开发主体 Altshuller 和其合作者的主观因素影响；矛盾矩阵中的通用工程参数大部分都是非独立的参数，工程参数的这一特性决定了我们很难通过矛盾矩阵推荐的发明原理去消除它们之间的矛盾关系；20 世纪 70 年代，Altshuller 已完全抛弃矛盾矩阵，相对其他发明问题解决工具矛盾矩阵最容易软件化，在 20 世纪 80、90 年代 TRIZ 软件化的过程中，其重新进入国内外学者的视野，由于矛盾矩阵特别适合初学者了解 TRIZ 理论，其逐步发展为最常见的发明问题解决工具。大量的实证研究表明，矛盾矩阵在许多应用领域的适用率都很低下。

（2）OTSM-TRIZ 矛盾系统的缺陷

设 OTSM-TRIZ 矛盾系统的控制参数为 X_n，定义域为 D_n；Y_1、Y_2 为控制参数量值决定的两个评价参数，D_1、D_2 分别为 Y_1 和 Y_2 的值域，y_1^*、y_2^* 为技术系统高效运作时所要求的评价参数基本量值；X_{-n} 表示除控制参数外，技术系统中可以对评价参数量值产生影响的所有其他参数；D_{-n} 表示 X_{-n} 的定义域。图 8-58 表示了矛盾系统中评价参数间的具体关系。

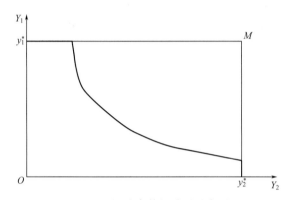

图 8-58　评价参数间关系示意图

假定 Y_1、Y_2 均为关于 X_n 的函数，函数表达式如下：

$$Y_1 = F_1(X_n, X_{-n}) \tag{8-48}$$

$$Y_2 = F_2(X_n, X_{-n}) \tag{8-49}$$

如果式(8-48) 和式(8-49) 中 Y_1 和 Y_2 关于 X_n 的函数为离散的，由 TRIZ 中矛盾的有关知识，结合文献 ［46～49］ 研究的相关结论，可得到如下推导：

① $\exists x_1 \in D_n$，使 $Y_1 = y_1^*$ 成立。

② $\exists x_2 \in D_n$，使 $Y_2 = y_2^*$ 成立。

③ 当 $Y_1 = F_1(x_1, x_{-n}) = y_1^*$ 时，必然有 $Y_2 = F_2(x_1, x_{-n}) = y_2' < y_2^*$。

④ 当 $Y_2 = F_2(x_2, x_{-n}) = y_2^*$ 时，必然有 $Y_1 = F_1(x_2, x_{-n}) = y_1' < y_1^*$。

⑤ 综合分析以上推论，经简单整理可得：不存在 $x_n \in D_n$，使 $Y_1 = y_1^*$ 和 $Y_2 = y_2^*$ 同时成立。

⑥ 如果式(8-48) 和式(8-49) 中 Y_1 和 Y_2 关于 X_n 的函数为连续的，而且存在 Y_1 和 Y_2 关于 X_n 的偏导函数，由 TRIZ 中矛盾的有关知识和矛盾系统的有关特性，我们可以发现，Y_1 和 Y_2 依旧符合条件①、②；由图 8-58 可以知道，Y_1、Y_2 对 X_n 的单调性是相反的关系，也就是说对于任何 $x_n \in D_n$，都存在如下关系：

$$\left. \frac{\partial F_1}{\partial X_n} \right|_{X_n = x_n} * \left. \frac{\partial F_2}{\partial X_n} \right|_{X_n = x_n} < 0$$

由条件①、②、⑥可以看出：$Y_1 = y_1^*$ 和 $Y_2 = y_2^*$ 同样不能同时成立。

由以上分析可知，不论 OTSM-TRIZ 矛盾系统中评价参数和控制参数间是连续函数关系还是离散函数关系，在 D_n 内，Y_1 和 Y_2 都不可能取得图 8-58 中的 M 点以及优于 M 点所对应的量值。这也就意味着，通过调整 Y_1 和 Y_2 的量值来消除矛盾系统本身根本无法实现。

8.5.2　可拓学-TRIZ 矛盾系统的模型

(1) 用可拓学分析和消除 TRIZ 矛盾的可行性

德国 TRIZ 专家奥尔洛夫教授认为：创新问题/发明问题和物理矛盾、技术矛盾的本质是某种主观需求和客观实际情况之间存在的一种不兼容性，而可拓学是一种专门解决主观与主观、主观与客观之间矛盾的方法，其基本原理适用于解决任何领域内的不兼容性问题。由 TRIZ 矛盾的本质和可拓学的特性我们可以发现，应用可拓学对具体发明问题的分析和解决过程进行细化和拓展，以及用这种方法消除矛盾，在逻辑上具有可行性。运用 TRIZ 矛盾矩阵解决具体问题时，技术系统及功能是一定会被涉及的，根据矛盾矩阵中的相关知识，我们可以知道技术系统的功能存在意义就是实现某一个或者某些目标。技术系统的功能可以用可拓学的目标进行准确表达。从技术系统及其功能来看，用可拓学分析和研究 TRIZ 中的技术矛盾亦具有可行性。

依据可拓学问题界定的方法，我们可界定人们对技术系统的要求或某种主观需求为 G，界定客观存在的条件与规律和已知的现有方法为 L。通过以上界定后，TRIZ 中的创新问题即可转换为如式(8-50) 所示的可拓学基本模型。

$$P = G * L \tag{8-50}$$

式中　P——某一特定可拓学问题；

G，L——包括事元、物元和关系元的基元或基元运算式。

G 和 L 的描述如式(8-51) 和式(8-52) 所示的 <对象，特征，量值>(O,C,V) 三元组。式(8-51) 为目标基元的一般形式，含有 m 个特征及相应量值；式 (8-52) 为条件基元的一般形式，含有 m 个特征及相应量值。

$$G = [O_g, C_g, V_g] = \begin{bmatrix} O_g & c_{g1} & v_{g1} \\ & c_{g2} & v_{g2} \\ & \vdots & \vdots \\ & c_{gm} & v_{gm} \end{bmatrix} \tag{8-51}$$

$$L = [O_l, C_l, V_l] = \begin{bmatrix} O_l & c_{l1} & v_{l1} \\ & c_{l2} & v_{l2} \\ & \vdots & \vdots \\ & c_{lm} & v_{lm} \end{bmatrix} \tag{8-52}$$

式中　O_l，O_g——条件和目标所涉及的对象名称；

C_{lm}，C_{gm}——条件和目标中对象拥有的第 m 个特征；

V_{lm}，V_{gm}——条件和目标对象第 m 个特征所对应的量值。

基元、基元的运算式或复合元都可以用式(8-51) 和式(8-52) 表示。不同的基元表达式有着不同的含义：相对简单的动名词意义上的功能基可以由事元表达式准确地刻画出来；而稍微复杂点的初始功能结构模型可以由复合元表达式刻画出来；当要刻画对象的某一种实际状态或者需要的时候可以用物元表达方式。在具体的问题解决中，我们可以依据实际情况，分别提取出不同的目标 G 和条件 L。创新发明问题归根到底还是不兼容的问题。鉴于这个特性，我们要用辩证法的观点去抓住主要矛盾，也就是找出待解决问题的核心物理矛盾与技术矛盾，在此基础之上确定它们对应的本质问题，并把这些问题变换为式(8-53) 所示的可拓学问题：

$$P = G \uparrow L \qquad (8\text{-}53)$$

（2）可拓学-TRIZ 矛盾系统模型

OTSM-TRIZ 矛盾系统虽然对经典的 TRIZ 矛盾进行了改进，但在具体问题的解决中，想要消除矛盾存在很大的困难，也就是说它还局限在经典的 TRIZ 矛盾的定义之上，并没给出消除矛盾的具体方法。鉴于此种情况，为了更好地消除矛盾，我们可将 OTSM-TRIZ 矛盾系统转换成可拓学模型，利用可拓学理论中提供的问题解决方法来从本质上消除矛盾。

① ENV 框架和可拓学基元表达式的关系　由 OTSM 理论的 ENV 分析框架中的相关知识，设矛盾系统中两个评价参数为 E_1、E_2，评价参数名称为 N_1、N_2，量值为 Y_1、Y_2，量值的取值范围为 D_1、D_2，评价参数所需的正向量为 y_1、y_2；控制参数对应的元素为 E_n，评价参数为 N_n，评价参数的量值为 X_n，取值范围为 D_n，当 E_1、E_2 取 y_1、y_2 的时候，控制参数的量值为 x_1、x_2。

由以上的分析我们可以发现，ENV 分析框架及相关元素的意义与可拓学的基元表达式表示的意义有着近乎完美的相似之处，ENV 中的 E 与可拓学基元表达式中的 O 有着相同的含义，ENV 中 N 其实就是对 E 某种属性的一种描述，与可拓学基元表达式中的特征 C 有着相同的含义，ENV 中的 V 与可拓学基元表达式中的量值 V 有着完全相同的含义。鉴于此，ENV 框架与可拓学基元的等价关系如式（8-54）所示。

$$\langle E, N, V \rangle \Leftrightarrow [O, C, V] \qquad (8\text{-}54)$$

由式（8-54）表述的等价关系，可以将 OTSM-TRIZ 矛盾系统的相关要素转化为如式（8-55）～式（8-57）所述的可拓学基元表达式。

$$\langle E_1, N_1, Y_1 \rangle \Leftrightarrow [O_1, C_1, V_1] = B_1 \qquad (8\text{-}55)$$

$$\langle E_2, N_2, Y_2 \rangle \Leftrightarrow [O_2, C_2, V_2] = B_2 \qquad (8\text{-}56)$$

$$\langle E_n, N_n, Y_n \rangle \Leftrightarrow [O_n, C_n, V_n] = B_n \qquad (8\text{-}57)$$

式中　O_1，O_2——矛盾系统中评价参数所涉及元素 E_1、E_2 对应的对象；

$\quad\quad C_1$，C_2——评价参数名称 N_1、N_2；

$\quad\quad V_1$，V_2——评价参数所取的量值；

$\quad\quad O_n$——矛盾系统中控制参数所涉及的元素 E_n；

$\quad\quad C_n$——对应的控制参数名称 N_n；

$\quad\quad V_n$——控制参数所取量值；

B_1，B_2，B_n——与矛盾系统中评价参数和控制参数要素体系相对应的可拓学基元。

其中，B_1、B_2、B_n 关于各自特征量值 V_1、V_2、V_n 的量值域分别为 D_1、D_2、D_n。

② 可拓学-TRIZ 矛盾系统的基本模型　如图 8-59 所示，矛盾系统中两个评价参数所取得的正向量值 y_1 和 y_2，即图中虚线框中的内容是具体问题最完美的解决方案。鉴于以上分析，E_1 和 E_2 与可拓学中待解决问题对象的评价特征有着十分相似的含义，也就是说把与待解决问题相关的 ENV 三元组转化成可拓学中的目标理论上有很大的可行性。

依据式（8-55）和式（8-56）所示的关系，首先对 B_1 和 B_2 中的量值域进行修正，由于可拓学中没有负值域之说，按照相关的规定 B_1 与 B_2 修正后的正值域分别是 D_{10} 与 D_{20}。修正后两个评价参数所需要的向量均为正的，此时按照 OTSM-TRIZ 矛盾系统中评价参数所需要的正向量值可以界定如式（8-58）和式（8-59）所示的目标 G_1 与 G_2。

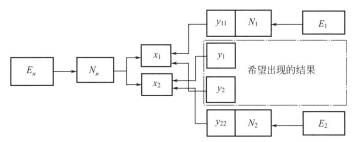

图 8-59　OTSM - TRIZ 矛盾系统

$$G_1 = (O_1, C_1, D_{10}) \tag{8-58}$$

$$G_2 = (O_2, C_2, D_{20}) \tag{8-59}$$

式中　G_1，G_2——目标基元；

D_{10}——G_1 的对象 O_1 关于特征 C_1 的量值正域，且 $D_{10} \subset D_1$；

D_{20}——G_2 的对象 O_2 关于特征 C_2 的量值正域，且 $D_{20} \subset D_2$。

根据初始问题的实际情况，可以取 $D_{10} = \{y_1\}$ 或 $D_{10} = \{y_1, a\}$；同样根据初始问题的实际情况可以取 $D_{20} = \{y_2^*\}$ 或 $D_{20} = \{y_2^*, b\}$。

设与图 8-59 所示矛盾系统相对应的"现有已知方法"或当前的技术系统为 TB，运用可拓学的表述方法将 TB 展开为基元 L_1。在 TB 环境下，我们无法同时实现 G_1 和 G_2，依据可拓学中对立问题的相关知识，我们可以对上述矛盾系统中相关的评价参数间存在的尖锐问题进行进一步的转换，转换后的具体形式如式(8-61) 所示。

$$P_1 = (G_1 \wedge G_2) \uparrow L_1 \tag{8-60}$$

结合式(8-55) 和式(8-57)，分析图 8-59 中的系统可知：在现有方法或 TB 下，如果 B_n 关于 C_n 的量值 V_n 取 x_1，必然有 B_1 关于 C_1 的量值 V_1 取为 y_1；如果 B_n 关于 C_n 的量值 V_n 取 x_2，必然有 B_2 关于 C_2 的量值 V_2 取为 y_2。由式(8-58) 和式(8-59) 中关于目标基元的定义，可得到以下结论：

$V_n = x_1$ 成立，必然有 G_1 成立；

$V_n = x_2$ 成立，必然有 G_2 成立；

由式(8-48) 和式(8-49) 可知，G_1 和 G_2 的两个评价特征 C_1 和 C_2 与式(8-57) 中的 B_n 的特征 C_n 之间分别存在稳定的函数关系。由此可知，C_n 是中评价特征 C_1 与 C_2 的一个十分重要的元素。由以上分析，B_n 在一定意义上也可以看成是条件基元 L_{n1}，具体的形式如式(8-61) 所示。

$$L_{n1} = (O_n, C_n, V_n) \tag{8-61}$$

L_{n1} 关于 C_n 的量值域为 D_n，$D_n = (l, m)$，x_1，$x_2 \in D_n$。为方便起见，设 $x_1 > x_2$，$D_{n1} = (x_1, m)$，$D_{n1} = (l, x_2)$。

在 L_{n1} 的量值域 D_n 中，特征量值 V_n 取 x_1 或处于区间 $D_{n1} = [x_1, m]$，或取 x_2 或处于区间 $D_{n2} = [l, x_2]$。由于两者在任一条件下都不能同时出现，也就是说 G_1 关于 C_1 的所需量取值 y_1 或所需量值范围 $D_{10} = [y_1, a]$ 与 G_1 关于 C_1 的所需量值取值 y_2 或所需量值范围 $D_{20} = [y_2, b]$ 不可能同时实现，所以可拓学问题 $P_2 = (G_1 \wedge G_2) * L_{n1}$ 构成一对立问题：

$$P_2 = (G_1 \wedge G_2) * L_{n1} \tag{8-62}$$

由可拓学中核问题的相关知识可知，P_2 为 P_1 的一核问题，解决了 P_2 就意味着解决

了 P_1。

综合分析式(8-58)～式(8-60)，可以把 OTSM-TRIZ 的矛盾系统转化成如式(8-62) 所示的可拓学中意义上的对立问题。对比分析式(8-62) 所代表的问题和式(8-53) 中所要实现的目标，分析式(8-57) 中 B_n 关于 C_n 所取的量值状态，可将 OTSM-TRIZ 的矛盾系统转化为如图 8-60 所示的可拓学蕴含系。

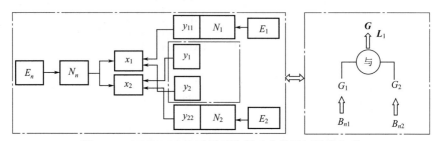

图 8-60　OTSM-TRIZ 矛盾系统所对应的可拓学蕴含系

8.5.3　电器外壳注塑模具温度调节系统的矛盾解决思路

由图 8-60 可以看出，OTSM-TRIZ 意义上的矛盾系统是解决式(8-53) 所示问题切实有效的方法。通过研究分析，首先可以把温度调节系统的矛盾系统转化为可拓学意义上的对立问题，然后用核问题表达式具体阐述待解决的问题，经过上述的转化和阐述后，用可拓学给出的方法来消除温度调节系统中的矛盾。

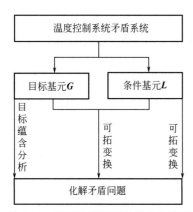

图 8-61　矛盾问题的可拓学变换路径

a. 可拓学解决温度调节系统矛盾问题的基本思路。

用可拓学解决温度调节系统矛盾问题的总思路是进行可拓变换，变换的具体路径如图 8-61 所示。

b. 对立问题的处理方法。

关于对立问题的处理，可拓学给出了明确的方法，即运用转换桥方法求解。通过对条件基元和目标基元进行特殊变换后，将其变为转折部 Z 和转换通道 J。

在具体问题的解决过程中，Z 有分隔和连接两种类别：连接式的具体意思是通过组合变换 T_1 的方法将两个对立系统 S_1 和 S_2 连接起来，使之成为一大系统，T_1 满足 $T_1(S_1,S_2)=S_1\otimes Z\otimes S_2=S$；分隔式具体指的是通过分解变换 T_2 将含有对立情况的系统 S 进行分解，成为两个小系统 S_1 和 S_2，T_2 满足 $T_2S=S_1|Z|S_2$。

依据转折标志的不同，可将转折部分为转折对象和转折量值，所以 Z 的构造包括四种基本途径：分隔式转折对象、分隔式转折量值、连接式转折对象和连接式转折量值，分隔式转折对象主要用于 L，而连接式转折对象主要用于 G。四种转折部的基本形式如下所示：

$$B_p=(O_p\otimes Z_1,C,V_p), B_q=(Z_1\otimes O_q,C,V_q) \tag{8-63}$$

$$B_p=(O_p,C,V_p\oplus Z_a)=(O_p,C,V_p'), B_q=(O_q,C,Z_a\oplus V_q)=(O_q,C,V_q') \tag{8-64}$$

$$B_p=(O_pZ_2,C,V_p), B_q=(Z_2O_q,C,V_q) \tag{8-65}$$

$$B_p=(O_p,C,V_pZ_b), B_q=(O_q,C,Z_bV_q) \tag{8-66}$$

式中　Z_1——连接式转折对象；

Z_2——分隔式转折对象;

Z_a——连接式转折对象量值;

Z_b——分隔式转折量值;

B_p, B_q——构造转折部后得到的两个基元。

能否有效地解决可拓学中对立的问题,最关键的内容是构造转折部的成功与否,具体可以分为以下情况:如果直接构造出的转折部可以解决当前问题,就不需要构造转换通道;直接构造不能解决当前问题,就需要构造蕴含通道或变换通道,在构造的通道基础上构造出合适的转折部。

c. 运用转换桥解决核问题 P_2 的方法。

分析式(8-58) 和式(8-59) 中的 G_1、G_2 和图 8-60 中所示的蕴含系可知,核问题 P_2 是一个特殊的对立问题:想同时实现 G_1 和 G_2,则与其相关的 L_{n1} 涉及的 O_n 关于 C_n 的量值必面临着对立情况,由对立问题的处理方法可以将 O_n 看成是一个包含对立问题的大系统,用分隔式转折对象的方法去解决。

如果可以找到某个分解变换 T_2 和分隔式转折对象 Z_2 满足以下条件:

$$T_2 Q_n = O_{n1} | Z_2 | O_{n2} \tag{8-67}$$

$$L_{n11} = (O_{n1} Z_2, C_n, x_1) \tag{8-68}$$

$$L_{n12} = (Z_2 O_{n2}, C_n, x_2) \tag{8-69}$$

$$P_{20} = (G_1 \wedge G_2) \downarrow (L_{n11} \wedge L_{n12}) \tag{8-70}$$

则由式(8-70) 可以看出:问题 P_{20} 中的两个对立目标 G_1、G_2 同时实现,则问题 P_2 就得到了解决,矛盾问题 P 也可以解决。

8.5.4　基于转换桥方法的手机外壳注塑模具温度调节系统的矛盾解决

可拓学转换桥方法是解决矛盾系统的一种直接方法,可以解决式(8-62) 中所反映的对立问题。在注射成型中,模具的温度直接影响熔体的填充、成型、制品的质量以及模具的成型周期。如果模具温度过高,成型收缩不均匀,脱模后制品变形大,还容易造成溢料和粘模;温度过低则熔体流动性差,塑件制品轮廓不清晰,表面会产生明显的银丝或流纹等缺陷。

对该问题初步分析后,可以将温度调节系统转化为包含物理矛盾和技术矛盾的 OTSM-TRIZ 矛盾系统,如图 8-62 所示。

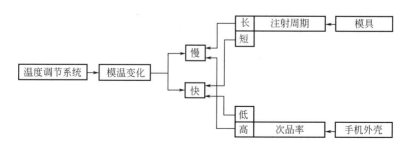

图 8-62　基于转换桥方法的温度调节系统矛盾分析框架

根据 8.5.1 节所介绍的内容,注塑模具温度调节系统的矛盾系统可转换为以下可拓学基元形式：

$$B_1 = (O_1, C_1, V_1) = (模具, 注射周期, V_1) \tag{8-71}$$

$$B_1 = (O_2, C_2, V_2) = (手机外壳, 次品率, V_2) \tag{8-72}$$

$$B_n = (O_n, C_n, V_n) = (温度控制系统, 模温变化, V_n) \tag{8-73}$$

在式（8-71）和式（8-72）中，令 O_1 关于 C_1 的量值域 $D_1 = [a, b]$、O_2 关于 C_2 的量值域 $D_2 = [0, 1]$，O_n 关于 C_n 的量值域 $D_n = [c, d]$。模具保持较短注射周期的阈值 $y_1^* = f$，手机外壳保持较低次品率的阈值为 $y_2^* = g$，使模具满足相关阈值要求的模温变化值 $x_1 = h$，使手机外壳满足相关阈值要求的模温变化值 $x_2 = i$，其中，$f \in [a, b]$，$g \in [0, 1]$，$h, i \in [c, d]$，且满足 $h \gg i$。

由上述问题的初步界定，可以发现，该问题面临的主要任务是使模具保持较短注射周期（目标1）的同时，保证手机外壳较低的次品率（目标2）。把与目标1和目标2有着密切关系的 B_1、B_2 转变为 G_1、G_2，并把 B_n 转变为 L_{n1}。由上述分析可知，在 L_{n1} 下，G_1、G_2 无法同时实现。运用可拓学-TRIZ矛盾系统模型，可建立如式（8-74）所示的可拓学模型：

$$P_2 = (G_1 \wedge G_2) \uparrow L_{n1} = [(O_1, C_1, V_{10}) \wedge (O_2, C_2, V_{20})] \uparrow (O_n, C_n, V_n) \tag{8-74}$$

在式（8-74）中，O_1 关于 V_{10} 的正值域 $D_{10} = [f, b]$，O_2 关于 V_{20} 的正值域 $D_{10} = [0, g]$。找到符合式（8-75）～式（8-79）中的某个分隔式转折对象 Z_2 和分解变换 T_2 成为解决上述问题模型的关键。

$$T_2 O_n = O_{n1} | Z_2 | O_{n2} \tag{8-75}$$

$$L_{n11} = (O_{n1} Z_2, C_n, h) \tag{8-76}$$

$$L_{n12} = (Z_2 O_{n2}, C_n, i) \tag{8-77}$$

$$P_2 = (G_1 \wedge G_2) \downarrow (L_{n11} \wedge L_{n12}) \tag{8-78}$$

对式（8-78）中的目标基元 G_1、G_2 分析后可建立如下关系元：模具的注射周期和模具温度的变化成反比例关系，而手机外壳的次品率和模具温度的变化成正比例关系，决定塑件制品质量性能的主要因素是模具温度变化的快慢。由以上分析可知：温度调节系统的冷却装置的冷却能力在某个特定的范围之内，就能够保证注射周期较短；加热装置的加热能力在某个特定的范围之内，就能保证手机外壳的性能。式（8-79）和式（8-80）具体表示了冷却装置和加热装置构成的蕴含关系。

$$G_{12} = (O_1, C_n, V_{n10}) = (温度控制系统的冷却装置, 模温变化, V_{n10}) \Rightarrow G_1 \tag{8-79}$$

$$G_{22} = (O_2, C_n, V_{n20}) = (温度控制系统的加热装置, 模温变化, V_{n20}) \Rightarrow G_2 \tag{8-80}$$

式（8-79）中目标基元 G_{12} 的量值正值域是 $[h, d]$，式（8-80）中目标基元 G_{22} 的量值正值域是 $[c, i]$。据此可得，式（8-74）中所建立模型中原问题 P_2 的下位对立问题：

$$P_{22} = (G_{11} \wedge G_{22}) \uparrow L_{n1} \tag{8-81}$$

对 L_{n1}（现有条件基元）进行置换和分解变换如下：

$L' = T_2 L_{n1} = \{L_1', L_2'\}$，

$\{L_1', L_2'\} = \{(O_2, C_n, V_n)(O_3, C_n, V_n)\} =$

$\{(温度控制系统冷却装置, 模温变化, V_i), (温度控制系统加热装置, 模温变化, V_i)\}$

$$L'' = T_3 L' = T_3 \{L_1', L_2'\} = (L_{n1}, L_{n2})，$$

$$L_{n11} = (O_{n1} Z_2, C_n, h) = (温度控制系统冷却装置, C_n, h)，$$

$$L_{n12} = (Z_2 O_{n2}, C_n, i) = (温度控制系统加热装置, C_n, i)$$

为使构造的转折部既能确保较短的注射周期，又能提高手机外壳的质量性能、降低次品率，可以对冷却装置和加热装置进行进一步变换。例如采用热导率高的材料作为模具材料，在加热棒上面添加加热板，在传递板和结合孔内壁塞设热传递管，冷却装置的冷却液采用冷却水。置换变换的具体形式如式(8-82) 所示。

由于选用热导率高的材料，成本较高，且不能保证模具的刚度和强度，只能小面积作为镶件使用；在加热棒上增设加热板或是在传递板和结合孔内壁塞设热传递管，简单易行，且不会增加模的体积；水是一种比热容较大且廉价的物质，只需对其冷却便可使用。所以，采用冷却水作为冷却液是置换变换 T_3 的最优实施方法。

$$T_3 = \begin{bmatrix} \text{置换} & \text{支配对象} & C_n(O_2) \wedge C_n(O_3) \\ & \text{接受对象} & \{L_1', L_2'\} \\ & \text{变化结果} & h \wedge i \\ & \text{方法} & \text{用冷却水作为冷却液,用热导率高的材料} \end{bmatrix} \tag{8-82}$$

实施式(8-82) 所示的置换变换以后，则可得到：

$$P_{22}' = (G_{12} \wedge G_{22}) \downarrow L'' \tag{8-83}$$

G_{12}、G_{22} 得以实现，由式(8-74) 和式(8-81) 所表示目标的蕴含关系可知，G_1、G_2 也得以实现。通过转换桥对立问题的分析法，注塑模具温度调节系统中面临的矛盾系统得以解决。

8.5.5　基于资源应用方法的电器外壳注塑模具温度调节系统的矛盾解决

现有的注塑模具温度调节系统，为了提高温度调节系统的控温能力，通常采用加热和冷却共用一个回路的结构，在被加工塑件模具中内设许多回路，加热时，水进入回路被加热棒加热转化为热水和水蒸气对模具进行加热；当满足加热要求时，加热棒会停止工作，此时冷却水进入回路对模具进行冷却，直至符合要求。回路的数量越多，温度调节系统的控温能力越强；但是，回路的数量越多，模具的强度和精度就会越低，进而影响手机外壳的性能。在上述问题中，温度调节系统的控温能力和手机外壳的性能可以对技术系统进行有效的评价，当温度调节系统回路的数量发生变化时温度调节系统的控温能力和手机外壳的质量性能都会随之发生变化。当回路数量取某一特定值时，温度调节系统的控温能力和手机外壳的质量性能都存在尖锐的矛盾。结合 8.5.1 节中所述 TRIZ 矛盾矩阵的内容，并依据上述问题的具体分析情况，可将上述问题归纳成如图 8-63 所示的系统。

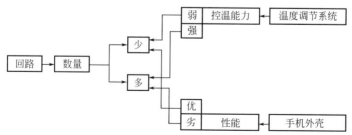

图 8-63　基于资源应用方法的温度调节系统矛盾分析框架

依据 8.5.1 节所述 OTSM-TRIZ 内容，将图 8-60 所示矛盾系统中所涉及的元素转化成如式(8-84)～式(8-86) 所示的可拓学基元形式：

$$B_1 = (O_1, C_1, V_1) = (温度控制系统, 控温能力, V_1) \tag{8-84}$$

$$B_1 = (O_2, C_2, V_2) = (手机外壳, 性能, V_2) \tag{8-85}$$

$$B_1 = (O_n, C_n, V_n) = (回路, 数量, V_n) \tag{8-86}$$

在上述式子中，分别令 O_1 关于 C_1 的量值域 $D_1 = [a, b]$、O_2 关于 C_2 的量值域 $D_2 = [c, d]$，因为在本问题中回路的数量只能为正整数，所以 O_n 关于 C_n 的量值域，即回路数量的值域 $D_n = [e, f] = (0, f)$，$f \in N$。温度调节系统达到要求的最高控温能力阈值 $y_1 = g$；使温度调节系统满足相关控温能力阈值要求的回路数量最小值 $x_1 = h$；手机外壳的质量性能处于较优水平的时候，温度调节系统控温能力最低的阈值 $y_2^* = i$；使手机外壳的质量性能符合相关要求的时候，回路数量的最高值 $x_2 = j$；$g \in [a, b)$，$i \in (c, d]$，$h, j \in (0, f)$，且 $h \gg j$。进一步分析该问题可发现，为了保证手机外壳的性能，温度调节系统中存在任何回路都会影响手机外壳的性能，所以，使得手机外壳性能达到最小阈值要求回路数量 $j = 0$。

上述问题中所面临的主要任务是在增加温度调节系统控温能力（目标1）的同时，保证手机外壳有比较好的性能（目标2）。把与目标1和目标2相关的基元 B_1、B_2 转化为 G_1、G_2，将 B_n 转化为条件基元 L_{n1}。因为在任一特定的回路数量下，温度调节系统的控温能力和塑件制品的性能中至少有一个不能满足相关要求，即在 L_{n1} 下，G_1 和 G_2 不能同时实现。依据 8.5.1 节所述内容，将该问题转化为如式（8-87）所示的模型：

$$P_2 = (G_1 \wedge G_2) \uparrow L_{n1} = [(O_1, C_1, V_{10}) \wedge (O_2, C_2, V_{20})] \uparrow (O_n, C_n, V_n) \tag{8-87}$$

上式中，O_1 关于 V_{10} 的正值域 $D_{10} = [a, g]$，O_2 关于 V_{20} 的正值域 $D_{20} = [i, d]$。

因为在 L_{n1} 中，使手机外壳性能满足最低阈值要求的回路数量特征量值为 0，所以很难直接通过转换桥的方法同时实现 G_1 和 G_2。现考虑将式（8-87）所示问题变换为具有一定条件的不相容问题。先考虑实现 G_2，设回路数量为 0 的时候条件基元为 L'_{n1}。在 L'_{n1} 下，G_1 必然不可能实现。因此，在保证 G_2 实现的前提下，可将式（8-87）中的问题 P_2 转化为式（8-88）中的不相容问题：

$$P_3 = G_1 \uparrow L'_{n1} \tag{8-88}$$

由 8.5.2 节中所述内容可知，要想解决上述问题应该对 L'_{n1} 或 G_1 进行可拓变换。因为回路的数量不能取 0，也就不能对 L'_{n1} 的特征量值进行可拓变换；另一方面，依据"回路"的具体特性，想利用发散分析来解决上述问题也很困难。由以上分析可知，想要解决式（8-88）中的问题，要对式（8-88）中所示的不相容问题进行进一步分析。

在式（8-88）中所示的问题中，如若仅仅以 L'_{n1} 为条件，根本求解不出切实有效解决问题的方案，鉴于此可尝试直接变换图 8-61 所分析的问题，综合考虑图 8-61 所示的温度调节系统中的所有元素，还原并重新界定所分析问题的条件基元。温度调节系统的控温能力弱根本原因在于加热和冷却交换的时间过长，除了 L'_{n1}，基元 B_1 和 B_2 也是式（8-88）中 P_3 的条件基元。把 B_1 和 B_2 加进所建立的模型，在综合考虑各方面的因素后，补充 B_1 和 B_2 的其他特征要素，式（8-88）所示的问题便可转化为如式（8-89）所示的问题：

$$P'_3 = G_1 \uparrow (L'_{n1} \wedge B'_1 \wedge B'_2) \tag{8-89}$$

在上式中 B'_1 和 B'_2 的具体形式如下：

$$B'_1 = \begin{bmatrix} O_1 & C_1 & V_1 \\ & C_{12} & V_{12} \\ & C_{13} & V_{13} \\ & C_{14} & V_{14} \\ & \vdots & \vdots \end{bmatrix} = \begin{bmatrix} 温度调节系统 & 控温能力 & V_1 \\ & 冷热交换速度 & 良好 \\ & 模具材料 & 金属 \\ & 加热棒 & 功率 \\ & \vdots & \vdots \end{bmatrix}$$

$$B_2' = \begin{bmatrix} O_2 & C_2 & V_2' \\ & C_{22} & V_{22} \\ & C_{23} & V_{23} \\ & \vdots & \vdots \end{bmatrix} = \begin{bmatrix} 手机外壳 & 性能 & V_2' \\ & 材料 & 塑料 \\ & 温度 & V_{23} \\ & \vdots & \vdots \end{bmatrix}$$

对于式(8-89) 中的不相容问题 P_3'，结合 8.5.2 节中所述内容，可通过对条件基元和目标基元进行可拓学变换来解决该问题。由于 L_{n1}' 受限制没有办法进行变换，而 B_2' 所涉对象"塑件制品"是该系统的产品，不适宜进行可拓学变换。所以，只能通过对 B_1' 所涉及对象"温度调节系统"进行可拓学变换来解决 P_3'。

在 B_1' 中，为保证 G_2 的实现，增加回路的数量不能从本质上解决不相容问题 P_3'，其"控温能力"特征的变换 8.5.2 节中已详细叙述；现考虑对其"冷热交换速度"特征进行变换。具体的变换如式(8-90) 所示，将"冷热交换速度"的特征量值变换为引入一种气体清扫系统，将"加热棒"特征量值功率变换为在加热棒上增设传热板，这样即可将 G_1 中所涉及对象"温度调节系统"的控温能力保持在较高的水平之上。

$$B_1'' = TB_1' = \begin{bmatrix} 温度调节系统 & 控温能力 & V_1 \\ & 冷热交换速度 & 引入气体清扫系统 \\ & 模具材料 & 金属 \\ & 加热棒 & 增设加热板 \\ & \vdots & \vdots \end{bmatrix} \quad (8\text{-}90)$$

通过上式的置换变换，式(8-89) 中所示的问题 P_3' 得以解决，G_2 得到解决。因为 G_1 是实现 G_2 的约束性前提条件，所以目标基元 G_1、G_2 同时实现，即式(8-87) 中的对立问题 P_2 及相对应的矛盾系统最终得到解决。

8.5.6　电器外壳注塑模具温度调节系统创新设计方案

图 8-64 所示为手机外壳注塑模具温度调节系统结构，主要由连接冷却/加热装置与冷却水路的出口、入口和置于型腔周围的孔道组成，循环水路的出口和入口由结合孔连通，每个结合孔内设一加热棒，加热棒的内部发热部和结合孔内壁留有一定的间隙，供被发热部加热形成的饱和水蒸气和冷却水通过。温度调节部由内设于模具能迅速准确反馈模具温度的传感器和控制加热棒工作状态的开关组成。

图 8-64 所示的温度调节系统的工作原理如下：根据实际生产的手机外壳的具体要求，提前设置恰当准确的基准温度，由内设于模具内的传感器反馈回来的信号，敏捷迅速地控制加热棒所处的状态：当温度传感器反馈回来的温度比最低基准温度低时，控制加热棒的开关闭合，使加热棒发热，通过冷却水路供给冷却水，在流经图 8-65 所示加热棒的结合孔时被加热，加热后冷水变成了热水和水蒸气，流经加热回路进入装置内，完成对模具的加热工作；当温度传感器反馈回的温度比最高温度基准高时，断开控制加热棒的开关，冷却水流经冷却回路进入装置内，完成对模具的冷却任务。加热和冷却的具体原理如图 8-66 所示。

加热时，加热棒通电工作，冷却回路上阀门 b 和 f 处于关闭状态，开启阀门 a、c、d 和 e。冷却水流经连接管路和阀门 a 进入储藏罐内，冷却水在水泵的作用下流经温水连接管进入冷却/加热装置，如图 8-66 所示。储藏罐内有一检测水位的传感器，在传感器的作用下保证储藏罐内有足够的冷却水，当罐内水量较少时，阀门 a 开启，冷却水由冷却回路

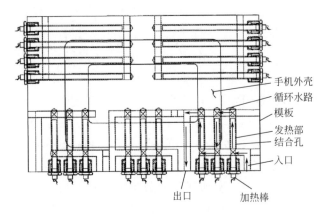

图 8-64　手机外壳注塑模具温度调节系统结构示意图

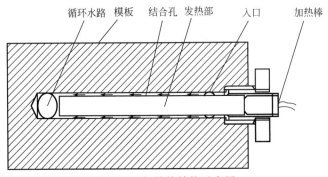

图 8-65　加热棒结构示意图

进入储藏罐对罐内的水量进行补给。冷却水流经图 8-65 所示的加热棒所在的结合孔时被加热，部分变成饱和水蒸气，和没有变成水蒸气的高温水一起回到循环水路中的孔道内，为模具加热。进行完首次加热工作的热水及水蒸气由冷却/加热装置的出口流经连接管路和阀门 e 进入储藏罐内，进入储藏罐内的热水和水蒸气在水泵的作用下，流经阀门 d 和 c 再次进入冷却/加热装置内实现对模具的再次加热。当储藏罐内的水损耗较多时，阀门 a 会开启，冷却水流经冷却回路和阀门 a 进入储藏罐，调整罐内的储水量。新进入罐内的冷

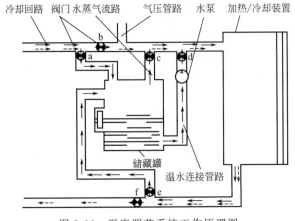

图 8-66　温度调节系统工作原理图

水和回流的热水及水蒸气，在水泵的作用下流经阀门 d 和 c 再次进入冷却/加热装置内实现对模具的加热，如此循环，直至完成对模具的加热工作。冷却时，加热棒电源断开，加热回路关闭，此时水泵和阀门 a、c、d、e 全部处于关闭状态，阀门 b、f 处于开启状态，冷却水由阀门 b 经过冷却回路进入加热/冷却装置内，带走大量的热量对模具进行冷却，进行完冷却任务的冷却水从装置的出口流出，由阀门 f 经过冷却回路排出，直至完成对模具的冷却任务。图 8-66 中实线箭头代表了加热的具体流程，而虚线箭头代表了冷却的具体流程。

图 8-65 为原方案中加热棒的结构示意图，根据 8.5.4 节基于转换桥方法的温度调节系统矛盾解决方法式(8-82) 中的变换结果，对加热棒进行创新设计的具体形式如图 8-67 所示：在结合孔内壁塞设由较高热传递率材料制成的热传递管；在加热棒的外缘沿长度方向螺旋绕设由热传递率较高的材料制成的热传递板。热传递板有一定的厚度和宽度，可以根据不同塑件制品的导热要求对加热板的数量和间距进行调整。改进后的加热棒可以使发热部的热量更有效地传递给结合孔内壁，提高效率。

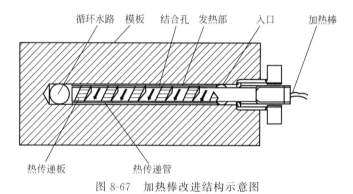

图 8-67　加热棒改进结构示意图

据 8.5.2 节基于资源应用方法的温度调节系统矛盾解决方法中式(8-57) 可知，要想进一步解决温度调节系统中存在的矛盾，需要引入一新的系统，即气体清扫控制系统。引入气体清扫控制系统后的工作原理如图 8-68 所示。其中实线箭头代表加热的具体流程，虚线箭头代表冷却的具体流程，点划线箭头代表了气体清扫的具体流程。

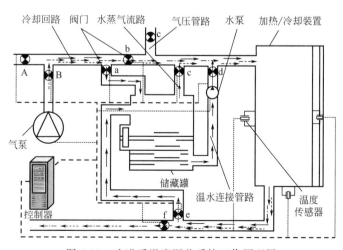

图 8-68　改进后温度调节系统工作原理图

注塑模具开始工作前，控制器发出信号，阀门 B、b 和 f 开启，阀门 A、a、C、c、d 和 e 关闭，气泵开始工作，水泵处于关闭状态。气流沿冷却回路对型腔和型芯内管路进行清扫，一方面能检查整个回路的气密性，另一方面能清除管路里的杂质。当温度传感器反馈回来的温度低于事先设定的最低温度时，控制器发出信号，阀门 A 和 C 关闭，阀门 B 开启（此时阀门 a、c、d、和 e 处于关闭状态，b 和 f 处于开启状态，水泵处于停止状态），气泵开始工作，气流瞬间将加热/冷却装置内的冷水沿冷却回路经阀门 f 由出口排出，然后，停止气泵，关闭阀门 B、b 和 f，开启阀门 C、A、a、c、d 和 e，冷却水通过连接管路和阀门 A、a 流进储藏罐内，流入储藏罐的冷却水在水泵的作用下流进温水连接管内，进入冷却/加热装置，流入装置内的冷却水通过循环水路入口供给，冷却水通过加热棒所在的结合孔被加热，部分变成饱和水蒸气，和没有变成水蒸气的高温水一起回到循环水路中的孔道内，为模具加热，最后自出口经连接管路、阀门 e 回至储藏罐内，饱和水蒸气可通过水蒸气流路、阀门 d 再次经入口进入到循环水路内；阀门 a 在首次进水后便可作为进入储藏罐冷却水量的调节阀，对储藏罐内的储水量进行调整，补充水和回流的高温水再次由水泵抽回冷却/加热装置内，待其内部循环结束后通过连接管路再次回到储藏罐内，如此循环。当温度传感器反馈回来的温度高于事先设定的最高温度时，控制器发出信号，断开加热棒电源，水泵停止工作，阀门 A、a、C、c、d 和 e 关闭，阀门 B、b 和 f 开启，气泵开始工作，气流沿冷却回路将加热/冷却装置内的水蒸气和热水沿冷却回路经阀门 f 由出口排出，气泵停止工作，关闭阀门 B，开启阀门 A 和 C，冷却水经连接管路进入加热/冷却装置，由循环水路为模具进行冷却，经出口流进冷却水路内排出。

8.5.7 电器外壳注塑模具温度调节系统创新设计方案的验证

现假定手机外壳的材料为 PC，壁厚为 2mm，质量为 50g，查制品壁厚和冷却时间的关系表可知，理论的冷却时间为 9.3s，选取冷却管道直径为 10mm、总长度为 2400mm；查相关表格可知，原系统中冷水的流速为 1.32m/s，流量为 $0.0062m^3/min$，引入气体清扫系统后水的流速可以达到最大值 2.5m/s，通过计算可知加热和冷却装置的管道内热水的质量 $m_热$ 为：

$$m_热 = \pi\left(\frac{d}{2}\right)^2 L\rho_水 \tag{8-91}$$

$$m_热 = 3.14 \times 0.005^2 \times 2.4 \times 1000 = 0.1884(kg)$$

原系统中装置内 0.1884kg 热水流出装置外的时间 t_1 为：

$$t_1 = \pi\left(\frac{d}{2}\right)^2 L/S \tag{8-92}$$

$$t_1 = 3.14 \times 0.005^2 \times 2.4/0.0062 = 0.03(min) = 1.82(s)$$

引入气体清扫系统后，在气泵的作用下管道内水的流速可以达到最大值 2.5m/s，在其作用下加热与冷却装置内热水完全排出的时间 t_2 为：

$$t_2 = L/V = 2.4/2.5 = 0.96(s) \tag{8-93}$$

$$\Delta t = t_1 - t_2 = 1.82 - 0.96 = 0.86(s) \tag{8-94}$$

$$\eta = \Delta t/t_{冷却} = 0.86/9.3 = 9.24\% \tag{8-95}$$

　　由上述计算可以看出，引入气体清扫系统后，该手机外壳的冷却时间只需 8.44s，相对原系统冷却时间缩短 9.24％，具有明显的优越性。

　　本章针对注塑模具方案设计的多目标性和解的非唯一性，尝试将决策支持系统（IDSS）引入到注塑模具产品方案设计中来；针对方案设计知识的多样性、模糊性，尝试将发明问题解决原理（TRIZ）引入方案设计中来，建立了一个基于 TRIZ 的注塑模具产品方案设计的决策支持系统。对注塑模具模块实例的改进设计分析表明，该系统有助于设计人员拓宽思考空间，打破思维定式，辅助设计人员提出富有创造性的设计方案，并为注塑模具领域产品创新提供科学的理论指导，使企业敏捷地响应市场需求，增强企业的竞争力。

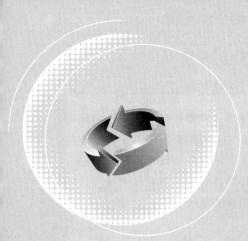

第**9**章

基于TRIZ的汽车覆盖件模具模块化设计

汽车设计行业发展唯有不断创新，才能立于不败之地。不仅发明有规律遵循，而且创新亦有方法。TRIZ发明问题解决理论中的40个创新原理，为创新思维提供了工具，能指导人们打破常规，突破惯性思维解决问题。本文通过举例的方式阐述TRIZ理论的40个创新原理在汽车设计中的应用，为解决瓶颈问题提供方法。

近年来TRIZ理论的40条发明创新原理在汽车中应用成功的案例有很多，简单介绍如下：

① 分割：遥控钥匙。当只有驾驶员一人上车时，遥控钥匙将四门都打开，会带来不安全因素。为了避免这个问题，利用分割原理，对中控盒进行改进，第一次按键，只打开主驾驶车门。第二次按键，四门才会全开。这里利用了分割原理，将主驾驶门分割出去解决问题。

② 提取：冷暖手套箱。部分中高档车的手套箱除具备储物作用外，还具有冷暖箱的功能，内有空调出风口，夏天可以冰镇饮料，冬天可给食物保温、加热。将空调的冷暖气抽取一部分出来，引入手套箱内，方便实用。

③ 局部性质：汽车后备厢。在后备厢左右两侧，增加放置随车工具袋、急救包等物品的分区，使后备厢摆放更加整齐、规范，急用时易找到。

④ 不对称性：发动机凸轮轴。利用凸轮轴的不对称性，控制发动机气门的开关，实现四冲程。

⑤ 合并：带倒车影像内后视镜。当汽车正常驾驶时，作为普通内视镜使用；当倒车时，内视镜起到了屏幕的作用，通过摄像头实现倒车可视。

⑥ 普遍性：多功能方向盘。驾驶员在驾驶车辆过程中，想操作一些电子按键，但手又不能长时间离开方向盘。如果把这些按键集成在方向盘上，就成为目前流行的多功能方向盘。它集成了音响控制、车载电话、定速巡航、行车电脑等功能。

⑦ 套装：安全带卡扣。套装的应用，使安全带安装牢靠、使用方便简捷。

⑧ 重量补偿：油量显示。油浮子漂浮在油面上，利用传感器，监测出油量反馈到仪表，简洁直观地查看油量的多少。

⑨ 预备的反操作：汽车钢板弹簧。钢板弹簧安装后，自然状态下成弯曲状态。当路面

对轮子的冲击力传来时，钢板产生变形，起到缓冲、减振的作用。

⑩ 预备操作：预紧式安全带。普通安全带是在发生碰撞后，乘客身体前倾安全带收紧，有时力度过大给乘客带来伤害。为了避免这个问题，发明了预紧式安全带。预紧式安全带是在乘客因碰撞向前方移动前收紧，消除安全带和人的间隙，且拉紧力度不会给乘客造成伤害。

⑪ 预补偿：安全气囊。当汽车发生碰撞时，传感器输出信号，在身体碰撞前打开气囊，避免了身体与方向盘、玻璃、仪表板的直接撞击，降低车祸风险。

⑫ 同可能性：换汽车轮胎时，用千斤顶把汽车有坏轮胎的一侧顶起，方便装卸轮胎。

⑬ 相反性：逆向数据。在汽车开发前期，大多采用逆向标杆车作为参照，利用逆向思维进行零件正向开发。

⑭ 圆度或曲率：汽车外钣金。利用流畅美观的曲面造型，减小风阻，提高车速。

⑮ 动态性能：记忆座椅。记忆不同驾驶员的座椅角度位置，当再次驾驶时，自动调节到记忆位置，避免变换驾驶员时每次都要调节座椅角度的问题。

⑯ 未达到或超过作用：孔轴配合中的间隙配合、过盈配合。

⑰ 维数变化：油泥模型。使空洞的二维图变成三维立体的油泥模型，进行 $1:1$ 的制作，更加直观，方便更改。

⑱ 机械振动：汽车喇叭报警装置。通过传统的机械振动，达到警示的作用。

⑲ 周期运动：ABS。在制动时，ABS 根据每个车轮速度传感器传来的速度信号，进行抱死—松开—抱死—松开的周期性循环工作过程，使车辆始终处于临界抱死的间隙滚动状态。

⑳ 有益运动的连续性：发动机飞轮。发动机工作时，飞轮旋转存储能量，实现发动机 4 个工作循环。

㉑ 紧急行动：发动机冷却。为了保证发动机在最适宜的温度状态下工作，利用冷却液加速发动机冷却，缩短冷却时间。

㉒ 变有害为有用：涡轮增压发动机。利用发动机自身的废气能量推动涡轮增压器，实现涡轮增压。

㉓ 反馈：根据车速调整音量。根据车速大小、外部噪声情况，收音机自动调节音量。

㉔ 媒介：三元催化。借助三元催化器中铂、铑、钯等贵重金属，将 CO、C_nH_m 和 NO 等有害物质转化为 CO_2、H_2O 和 N_2。

㉕ 自我服务：自适应弯道灯。车辆在进入弯道时，产生旋转的光型，给弯道以足够的照明，减少盲区。

㉖ 复制：行车记录仪。它可以记录行车过程中道路上发生的影像和声音，为交通事故提供证据。

㉗ 廉价替代品：麻纤维板。汽车上的基材可以选用新型的天然材料，例如以用麻纤维做成的麻纤维板作为内饰基材，环保低价。

㉘ 机械系统替代品：无钥匙启动系统。传统的钥匙开锁已经有几千年的历史了，如何不用钥匙启动汽车？机械系统的替代多使用电子设备，结合视觉、听觉、触觉、无线感应的应用。无钥匙启动系统采用无线射频识别技术。车主随身携带的智能卡可以发出信号，不用将钥匙插在锁孔内，按下或拧动"start"键即可启动汽车，方便安全，科技感强。

㉙ 气压或液压结构：支撑杆。传统机械式的支撑杆采用手动支撑，对人的力气和身高

有一定限制；而液压支撑杆利用了液压原理，轻松地解决了这个问题，不费时、不费力，更安全牢靠。

㉚ 柔性壳体或薄膜：玻璃防爆膜。在不改动玻璃的情况下，利用一层薄膜起到了隔热、隔紫外线、防爆的作用。

㉛ 多孔材料：钣金减重孔。在钣金符合使用要求范围内进行几何切割，以减轻整车质量。

㉜ 改变颜色：反光条。在夜间反射周围的光线，起到警示作用。

㉝ 同质性：焊接的焊条。利用材料的一致性，熔断焊条，连接钣金。

㉞ 抛弃或修复：空调暖风。利用发动机的余热，通过循环水引至驾驶室。

㉟ 参数变化：供油量调节。电喷发动机供油量通过传感器，采集温度、转速、负荷等信号，精确地计算出供油时间和供油量，提高燃烧率。

㊱ 相变：LNG。LNG以液体形式存在于气瓶内，易储存、容量大，使用时汽化成天然气，参与发动机燃烧。

㊲ 热膨胀：空调温度开关。温控开关内部有个双金属片，具有不同的热膨胀系数，这样就能在达到一定范围的临界点温度时发生形变使触点结合，达到通电的目的。

㊳ 强氧化：增压发动机。发动机增压系统就是将空气预先压缩后供入气缸，以提高空气密度、增加进气量、提高空燃比，改善燃油经济性。

㊴ 惰性环境：轮胎。氮气是惰性气体，汽车在高速运行的时候，氮气不会随着轮胎温度的升高而膨胀，从而避免爆胎引发的交通事故。

㊵ 复合材料：碳纤维。汽车轻量化可以节能减排，一些新型轻量化材料，例如碳纤维、镁铝合金近年来得到广泛应用，应用在汽车后尾翼、可溃缩转向管柱、汽车车身。

TRIZ理论提供了如何科学分析问题的方法，通过40个创新原理，创造性地发现问题，突破性地解决问题。大量的实践表明：在汽车设计过程中，合理应用TRIZ理论，能够对问题情境进行系统分析，尽快触到问题本质。本章针对汽车覆盖件模块设计存在的矛盾，结合TRIZ理论分析汽车覆盖件相关技术难题，确定正确的研究方向，突破定式思维的束缚，从多个新的角度分析问题矛盾，并估测其未来趋势，在提升汽车覆盖件质量等方面具有显著好处。

9.1 汽车覆盖件模具设计技术

汽车覆盖件模具的模块化设计是通过模块的积木式组合实现的。每个模块都可以单独设计和调用，最后按照一定的规则和约束组合在一起，完成整个模具的结构设计。汽车覆盖件模具结构设计知识模型是应用KBE技术的第一步，它决定了系统如何表达知识、如何进行知识的推理。汽车覆盖件模具结构设计知识如图9-1所示，其中包括以下三个大的方面：

① 模具零件的设计：汽车覆盖件模具是由上百个零件装配而成的组合体，每个零件都发挥着自己独一无二的作用，因此模具零件的设计是模具结构设计中的重要环节。模具零件从加工层面上可以分为标准件和非标准件。标准件是指在模具制造过程中不需要自行加工，提供型号和技术指标就可以在市场上购买得到的零件，如螺钉、导柱、导套、弹簧等。本章在国家标准件所规定的基础上进一步扩充，将在制造过程中结构外形保持不变的功能模块也

纳入标准件的范畴，如端头模块等。非标准件指那些结构、形状随覆盖件外形的变化而变化，在模具制造过程中需要自行加工的模块，特别的如压边圈、上模座等模块的型面部分。

② 模具特征的设计：此类特征模块与标准件的不同之处在于，它不是通过机械连接的方式装配在其他模块上的，不能独立存在，只能以特征的形式依附在其他模块之上，但特征外形基本保持不变，如安全面、调压垫、键槽等。覆盖件模具之间的很多装配约束都要通过它们来实现，如安装基准、限位基准等，它们同样是汽车覆盖件模具结构设计中不可或缺的一部分。

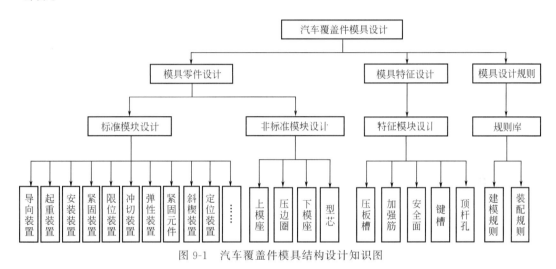

图 9-1　汽车覆盖件模具结构设计知识图

③ 模具设计规则的确定：模具设计规则包括模块结构设计的建模规则和模块间的装配规则。建模规则指的在 CAD 系统中自动创建符合工程要求的三维 CAD 实体模型的驱动方式。模具设计装配规则是指如何将零件或模块按照一定的规则组合为一套完整的汽车覆盖件模具，例如设计时采用何种类型的模架以及模座之间导向方式的选择等。这些规则都作为知识库中的规则加入模块设计单元中，可以通过人机交互的方式，让设计人员进行选择，或者模块设计单元自动提出优化的设计规则，自动完成覆盖件模具的设计。

9.2　汽车覆盖件模具结构设计规则

汽车覆盖件模具的设计是一项难度很大的设计工作，是实现覆盖件质量要求和工艺要求的关键。换言之模具设计的质量高低，是汽车覆盖件冲压成型技术水平的重要标志之一，直接影响到模具的制造成本、生产准备周期的长短，甚至影响到车身的开发能力。在查阅资料和现场实地调研的基础上，将经验和知识归纳整理，并采用产生式规则表示法将其整理到知识库中。本节以单动拉延模的主要结构设计知识为例来介绍汽车覆盖件模具的结构设计知识。

(1) 汽车模具中心、压力中心及气顶柱数量计算

① 模具中心计算　　模具中心是模具工程图尺寸标注中心及模具加工时工作坐标系的原点，通常以拉延件的几何中心作为模具中心。

② 压力中心计算　　压力中心通常与气顶柱的位置设计紧密相关，气顶柱位置一旦确定，则压力中心随之确定；气顶柱的位置又与凸模轮廓线及压力机气顶孔的位置有关，设计原则

为：气顶柱间距一般小于300mm；处于凸模轮廓线外侧，且距凸模轮廓线的距离最小；左右两侧、前后两侧，距凸模轮廓线的距离应分别近似相等；并且结合压力机的气顶孔位置来决定。

（2）模具闭合高度及压边圈、凸模、凹模高度计算

① 模具闭合高度计算　模具闭合高度计算有两种方法：

a. 由用户提供数据。

b. 当用户没有提供闭合高度时，闭合高度的计算公式为：

$$MH = H_{min} + (H_{max} - H_{min}) \times 60\% \tag{9-1}$$

式中　MH——模具闭合高度；

H_{max}——压力机最大闭合高度；

H_{min}——压力机最小闭合高度。

② 压边圈、凸模、凹模高度基准点及其本体高度计算　压边圈的高度基准点指压边圈的底面，其计算方法是以压边圈的凸模轮廓线（3D）的最低点作为参考点，减去结构常数，再减去内导向的高度；然后根据压边圈高度基准点，就可以分别计算出凸模、凹模的高度基准点（凸模、凹模的高度基准点分别指凸模的下平面与凹模的上平面）；最后就能求出压边圈、凸模、凹模本体的高度，三个尺寸经过经验（计算）修正后即可确定为模具的结构尺寸了。

（3）压边圈与凸模的导向设计

一般而言，压边圈与凸模的导向根据零件尺寸和外形的不同可以采用外导向或内导向两种方式。外导向一般适用于中小型模具，在压边圈和下模座的端头之间通过导板导向。外导向的尺寸设计是根据压边圈的宽度尺寸来决定的，如图9-2和表9-1所示。

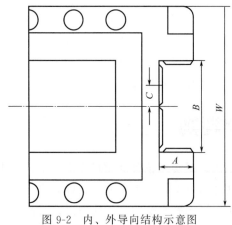

图9-2　内、外导向结构示意图

表 9-1　外导向相关参数表　　　mm

W	A	B	C
≤1000	150	400	70
1001~1250	150	500	120
1250~1500	175	600	170
1500~2000	200	700	220
≥2000	200	800	270

内导向一般适用于大型覆盖件模具。压边圈与凸模之间的导滑面位置取在压边圈内轮廓和凸模外轮廓之间的空隙的一半处，而且原则上导滑面应与冲模中心线平行。导滑面位置的设置和数量的选定，必须保证凸模与压边圈在前后左右以及旋转方向上不产生晃动。图9-3为内导向滑块位置、数量设计图。

（4）压边圈与凹模的导向设计

压边圈与凹模的导向多用凸台和凹槽导向，并在其上安装导板，起到导向作用，导向间隙为0.3mm。凸台和凹槽的放置根据需要决定，一般将凸台放在凹模上，凹槽放在压边圈上，这样有利于打磨、研磨表面和拉延筋槽；另外，凸台和凹槽只需在一面装导板即可，另一面设置导滑面，磨损后可在导板后加垫板。

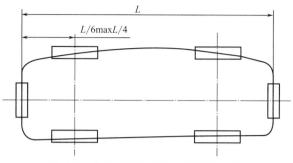

图 9-3　内导向滑块位置、数量设计图

（5）调压垫位置、数量计算设计

调压垫位置、数量与坯料轮廓线有关，见图 9-4、表 9-2 与表 9-3。调压垫之间的间距小于 400mm，且应均匀地布置在坯料轮廓线的外侧。

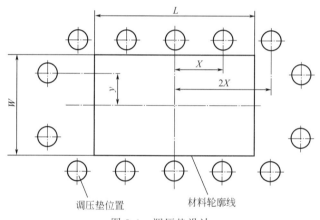

图 9-4　调压垫设计

表 9-2　调压垫设计

mm

L	W	L 向调压垫数量	W 向调压垫数量
<400	<400	4 个，在配料线轮廓线外侧对角线处	5 个，在配料线轮廓线外侧对角线处
$\geqslant400$	<400	取整($L/400+2$)	0
$\geqslant400$	$\geqslant400$	取整($L/400+2$)	取整($L/400$)

表 9-3　调压垫位置计算

数量为奇数	数量为偶数
$x=$取整$[(L+400)/l+iX]$	$y=$取整$[W/(w+400)/2+jY]$
$y=$取整$[W/(w+400)+jY]$	$x=$取整$[(L+400)/l/3+iX]$

注：l 为 L 向数量；w 为 W 向数量；i，$j=0$，1，2……

（6）压边圈、凸模和凹模尺寸设计

压边圈尺寸指压边圈本体的长、宽、高，压边圈的长、宽都与调压垫的位置有关。凸模与凹模主体的长、宽是相同的，长度也与压边圈的长度相等，宽度等于压边圈的宽度加上一个结构常数。

（7）压板槽

① 压板槽的位置要与压力机台面的 Z 形槽位置一致。

② 压板槽要尽量靠近模具长度方向的外端。

③ 压板槽分别设计在凸模、凹模的基准面上。

其个数选择如表 9-4 所示。

表 9-4　压板槽数量选择

压板槽数量	下模座压板槽	上模座压板槽
≤1000	2×2	2×2
1001～1600	2×2	2×2
1601～3600	2×3	2×3
3600	2×4	2×4

（8）定位装置设计

毛坯在凹模压料面上的定位，一般采用螺纹定位销，其位置不要求很准确，因压料面多数是曲面的，毛坯也随之呈曲面状态。定位销的位置应放在压料面比较平坦的部位，一般放在送料方向的前面和左右两面。定位销的数量可根据毛坯尺寸大小设置 4～6 个。因为毛坯的尺寸和形状需在拉延模调整时确定，所以在模具图上只注出定位示意图及"根据毛坯的形状配钻"的说明。

9.3　汽车覆盖件模具零件设计规则

在定义了整套拉延模的结构设计规则之后，就需要分析每一个基本零件的设计规则。一套冲压模具所涉及的零件种类很多，包括标准结构件和非标准结构件。其中标准结构件又包括导向装置、限位装置、定位装置、起重装置等。本节以滑块导向装置结构设计为例来分析零件结构设计的规则及其实现方式。在 2002 年，由中国模具工业协会汽车车身模具及装备委员会主编的《汽车冲模标准汇编》所列的滑块 QM1301 结构图见图 9-5，表 9-5 为其结构参数表。

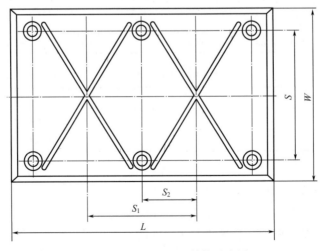

图 9-5　滑块 QM1301 结构示意图

表 9-5　滑块 QM1301 结构参数表　　　　　　　　　　mm

W	L	S	S_1	S_2	N
32					2
40	80		40		
50					
63		30			
80	100	40	60		4
100		60			
120	120	80	80		
	160		120		
160	200	120	160	80	6
	250		210	105	

由表 9-5 可以看出，该零件的结构外形受滑块长宽大小的约束。随外形尺寸的变化其螺栓沉孔数目有 2 个、4 个或 6 个这样不等的变化。设计时必须考虑其外形尺寸对滑块结构的影响。

其结构设计规则的逻辑推理过程可以采用不确定性推理方法，其一般表示形式为：

$$IF\ E\ THEN\ H \tag{9-2}$$

式中，E 是知识的前提条件，或称为证据。它可以是一个简单的条件，也可以是用 AND 及 OR 把多个简单条件连接起来的复合条件。

H 是结论，它可以是一个单一的结论，也可以是多个结论。

所以该零件的结构规则可以表示为：

IF　$<W>=<32>$OR$<W>=<40>$OR$<W>=<40>$　AND$<L>=<80>$
THEN$<$螺栓沉孔个数为：2$>$

IF　$<W>=<63>$OR$<W>=<80>$OR$<W>=<100>$AND$<L>=<100>$
THEN$<$螺栓沉孔个数为：4$>$

IF　$<W>=<120>$AND$<L>=<100>$
THEN$<$螺栓沉孔个数为：4$>$

IF　$<W>=<160>$AND$<L>=<160>$
THEN$<$螺栓沉孔和数为：4$>$

IF　$<W>=<160>$AND$<L>=<200>$OR$<250>$
THEN$<$螺栓沉孔个数为：6$>$

IF$<$螺栓沉孔个数为：4$>$
THEN$<$储油槽个数为：1 对$>$

IF$<$螺栓沉孔个数为:6$>$　THEN$<$储油槽个数为:2 对$>$

在此种结构设计规则下，利用参数化建模的方式，在 CAD 系统中可以自动生成不同规格的滑块三维模型。图 9-6 所示为在程序参数化驱动下，通过修改主参数在 CAD 系统中重新生成的不同结构类型的滑块三维实体模型。9.6 节会详述模块化设计单元开发过程中所涉及的参数化建模的方法。

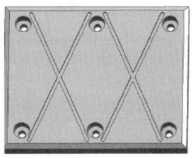

图 9-6　滑块三维结构模型

9.4　汽车覆盖件模具零件装配设计原则

模具的模块化设计与一般的机械产品的模块化设计不同，研究的主要内容是模块间的组合方法，不用过多考虑模块的拆卸和回收问题。模块组合应该尽量采取链状或树状结构，即只存在纵向的连接，而没有横向的连接。但随着所考虑的模块单元数量和其内部结构的复杂程度的增加，要设计成完全没有横向连接已经越来越困难或者不可能。因此，只能实现部分链状或树状结构，即只能有最少的横向连接，这样的分级结构一般可以降低产品的几何尺寸和其复杂程度。在本节中主要研究的模块组合规则包括：

① 将模块之间沿横向的连接减少至最少；如果存在，则优先考虑纵向的装配。

② 通过减少要设计的模块的功能级别来减少分级模块的数量从而降低产品的复杂程度。

③ 由标准元件通过装配关系组合而成的典型标准组合结构，采用整体化方式或集成结构方式。

根据模块与其他模块连接的数量，可分为单向连接、双向连接和多向连接，如图 9-7 所示。单向连接指模块只有一个连接界面，并且仅能与另外一个模块相连接的组合方式，所接的模块之一都处于链或树的末端。双向连接的模块有两个连接界面，能与另外两个模块相连接。多向连接是指一个模块可同时与两个以上的其他模块相连接。

根据模块的相关性，模块的连接方式分为刚性连接和柔性连接。刚性连接是指模块之间直接几何相关，有直接的装配关系；柔性连接是指模块之间具有间接物理相关。根据模块之间连接的拓扑关系和研究的方便，模块在产品中成链状。

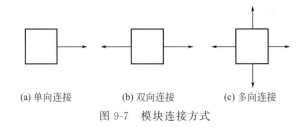

(a) 单向连接　　　　(b) 双向连接　　　　(c) 多向连接

图 9-7　模块连接方式

汽车覆盖件模块化设计方案中，各个模块采用柔性或刚性的连接方式，连接结构采用树状结构。图 9-8 所示为拉延模下模座的模块连接结构。

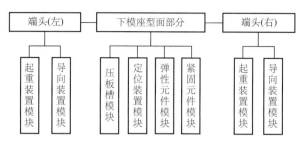

图 9-8　拉延模下模座模块连接结构

模块之间柔性连接时，通过定义配合基准点和基准矢量方向，使得模块之间的配合面相互贴合，通过布尔运算可以组合成更高一级的模块。在模块化设计单元中所划分出的一级模块，如下模座模块、压边圈模块等，则通过刚性配合的方式捕捉模块之间的主体特征，通过中心对称或面对齐的方式，组装成整套汽车覆盖件冲压模具。

9.5　汽车覆盖件模具模块化设计结构框架设计

9.5.1　模块化结构设计的知识表示

知识的表示指的是对知识的一种描述或一组约定，是计算机可接受的用于描述知识的数据结构。对知识进行表示的过程就是把知识编码成某种数据结构的过程，知识的表示方法又称为知识的表示技术，其表示形式称为知识表示模式。由于目前对人类知识的结构及机制尚未完全了解清楚，关于知识的表示理论及规范也未建立起来。

一个好的知识表示系统应该具有能够表达相关领域中所需要的各种知识，并能够保证这些知识之间的相容，同时能够从已知的旧知识中推导、产生新的知识，并通过对知识的表示结构的操作而建立表达新知识的所需要的新结构；此外，还具有获取新的知识的能力，最简单的情况是能够由人工直接输入知识到知识库中，最后还可以以融合附加的启发式等知识，使得问题求解的推理向着最有希望的方向进行。知识表示方法分以下几种：

（1）一阶谓词逻辑表示法

将知识表示为经典逻辑中的谓词形式，于是在推理过程中对知识的处理就比较方便了，但是，这种表示方法存在着局限性，有许多知识实际上是无法表示成谓词形式的，如不确定的表示等。

（2）产生式表示法

这种表示方法的基本形式类似于 IF-THEN 语句，由于许多知识可以用因果关系来描述，特别是这种因果关系与计算机中的语句结构十分相似，处理起来就方便许多，从而获得人们的广泛重视和推广应用。但是，它在表示结构性知识上先天不足。

（3）框架表示法

框架表示法是把许多事物放在一起，构成一个集合，然后对这个集合中的联系和事实进行表示。这种表示方式是接近人类思想的一种表示法，其中的知识能够得到继承。这种方法非常适合本节对汽车覆盖件模具结构知识的表达。

（4）语义网络法

这种表示方法反映了人类知识网络结构化特性，它能使联想式推理在其上得到很好的发挥，为进行复杂的推理打下基础。它很接近人类思维，但不能表示类属关系，忽视了事物有类的属性。

（5）脚本表示法

这种表示法在自然语言理解方面开始应用，这是因为自然语言理解的特殊性，采用这样的表示方法，可以表示上下文关系、事物之间的动静态关系，同时还充分考虑场景。但是由于实际中的各种场景复杂多样，因此限制了它的应用范围。

9.5.2　汽车覆盖件模具模块化设计结构框架

一个框架通常有若干个"槽"所组成，这些槽类似于语意网络中的节点和关系，用于表达对象的某一方面的属性。框架的槽根据具体事例有可以拥有许多侧面，它描述了相应属性的某一个方面，而每个侧面也可以有若干个侧面值，这些内容根据具体问题需要来取舍。一个框架的一般结构形式如下：

```
<框架名>
                        侧面名 11        值 111…
    槽名 1：              侧面名 11        值 121…
    槽名 2：              侧面名 21        值 211…
                        侧面名 21        值 221…
      ⋮                   ⋮              ⋮
    槽名 n：              侧面名 n1        值 n11…
                        侧面名 n1        值 n21…
    约束条件：            约束条件 1
                        约束条件 2
```

上面是框架结构的一般描述，对于汽车覆盖件模具来说以端头模块为例，可以给出如下的框架。

```
                位置关系：        范围（上模座，下模座，压边圈）
                                默认（下模座）
                从属模具类型：    范围（拉延模，修编模，翻边模，…）
    <端头>       结构类型：        默认（拉延模）
                                范围（内导向，外导向）
                                默认（外导向）
                尺寸大小：        单位（mm）
```

上述框架共有 4 个槽，描述了端头的相关属性，当选择或填入相关信息后，就得到相应端头的一个事例框架。框架槽或者侧面的值可以是另一个框架的名字，从而在框架之间可以建立横向的联系。此外框架还可以通过继承来实现框架之间的纵向关系，框架之间的这种关系相互联系形成了框架网络。因此通过规划不同等级模块之间的继承关系，我们可以得到整个汽车覆盖件模具整体设计结构的知识表示方法。通过框架之间纵向或者横向之间所构成的复杂的关系网络，我们可以很清楚地表示模具模块各方面的属性和其相互之间的关系。其部分框架结构如下：

＜端头＞

    继承：　　　　　　　＜上模座＞

    　　　　　　　　　　默认（下模座）

    从属模具类型：　　　拉延模

    结构类型：　　　　　范围（内导向，外导向）

    　　　　　　　　　　默认（外导向）

    尺寸大小：　　　　　单位（mm）

＜端头＞

    继承：　　　　　　　＜装配体＞

    从属模具类型：　　　拉延模

    结构类型：　　　　　范围（内导向，外导向）

    　　　　　　　　　　默认（外导向）

    尺寸大小：　　　　　单位（mm）

图 9-9 所示为拉延模整体结构的框架网络。

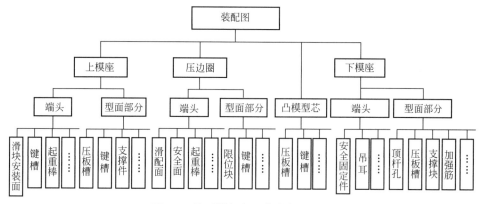

图 9-9　拉延模框架网络的知识表示

9.6　汽车覆盖件模块结构参数化设计

  模具模块库的建立是创建模块化设计单元的前提。为了使模块化设计单元能够实现模块库的不断更新和其内容的不断扩充，本节中采用了参数化的建模方法。参数化设计是一种高效的设计方法，特别是对于标准化和系列化较高的定型产品，通过改变图形的某一部分或某几部分的尺寸，可以实现整个图形的完全更新。

9.6.1　模块参数化建模设计的原理

  由于产品的开发或改型总是伴随着对设计模型的反复修改和优化，因此，设计人员总是希望在产品设计的初始阶段能够方便建立产品的描述模型、方便定义和绘制产品的草图，并且能够方便对设计的方案进行修改。对于这类产品，参数化设计过程是，将已知条件及其他的随产品规则变化的基本参数用相应的变量代替，然后根据这些已知条件和基本参数，由计算机自动查询图形数据库，或由相应的程序求出进一步的设计所需要的全部数据，并由

CAD 软件生成二维或三维模型。通用化程度越高的产品，参数化设计越有优势，因为这些产品所采用的数学模型及产品的结构都是类似的，所不同的主要是结构尺寸有所差异，而结构尺寸的差异是由于相同数目及类型的已知条件在不同规格的产品设计中取不同的值。目前产品变形设计方法大多是基于参数化设计的机制。

参数化设计系统的基本模块包括参数模型库、参数数据库、参数处理和计算机制等。参数化模型库实际上就是参数化设计所信赖的模板库。参数化模型库的建立通常是通过编程或者在 CAD 软件内部通过参数化的建模的方式来实现的。也就是说，参数化模型库的体现方式，可以是描述几何模型或者是几何模型构建过程的程序，也可以仅仅是已经构建好的几何模型，其目的都是创建用于设计修改的模板。在 CAD 软件内部进行参数化建模时，一般应先进行零件或装配体的初始化几何建模，然后将控制模型形状尺寸改为参变量。目前很多CAD 系统都支持参数化造型功能，具体表现为能够定义图形的形状和图形之间的拓扑关系，并可以根据需要改变具体尺寸，以产生所需产品的图形，其主要特点是基于特征、全尺寸约束、尺寸驱动设计修改、全数据相关。

基于特征是将某些具有代表性的几何形状定义为特征，并将其所有尺寸存为可调参数，进而形成实体，以此为基础来进行更为复杂的机构形状的构造。全尺寸约束是将形状和尺寸联合起来考虑，通过尺寸约束来实现几何形状的控制，此时几何造型必须以完整的尺寸参数为出发点，不能欠约束，也不能过约束。尺寸驱动设计修改是指通过编辑尺寸以驱动几何形状的改变，全尺寸相关是指修改尺寸参数可以导致其他相关模型中的相关尺寸得以全盘更新。

参数数据库存放着参数化模型中参数变量对应的数据。参数数据库通常借助数据管理系统来完成，并通过计算机高级语言来实现数据的检索、调用、修改、储存等操作。参数化设计过程实际上就是利用参数中的数据驱动参数化模型库中的几何模型，进行模型的重构的过程。

9.6.2　参数化建模设计的方法

(1) 尺寸驱动参数化建模

运用 CAD 软件的参数化建模的方法，先设定好其主参数，利用表达式来管理参数，将其他参数与主参数的关联和约束建立好，生成标准的参数化模型，按指定路径存入标准件模型库。在模具建模过程中可以通过人机交互界面调用。通过对其主参数的修改可以实现尺寸的更新。如果出现新结构的零件，运用同样的方法建立模块并存入模型库，以达到知识扩充的目的。此种方式有利于模块结构外形的更新较频繁、外形结构变化不大的模块。模块库的更新不需要设计人员掌握更多的计算机语言开发方面的知识，模块库的更新不需要专业程序人员，模具设计人员在掌握 CAD 软件参数化建模的基础上便可以方便地进行模块库零件的更新。

本章中所设计的尺寸驱动参数化建模方式的流程如图 9-10 所示。

(2) 程序驱动参数化建模

通过记录几何体素在图形构成过程中的先后顺序及连接关系，捕捉设计者的意图。相比于尺寸驱动参数化建模，这种参数化建模方式不需要预先建立具有全尺寸约束的参数化模型，因此模型可以很复杂，建模过程不受零件外形的约束，故常用于三维实体或曲面的参数化建模，适合于非标准模块的建模。

生成历程树是实现程序驱动参数化建模的基础，由于三维模型可以看作是由若干简单的子模型经过多次运算组合而成的，因此，任何一个三维模型都可有一级子模型、两级子模型或多级子模型。图 9-11 给出了一个滑块的生成历程树，其中"树叶"表示基本子模型，"树枝"节点表示运算生成的中间子模型，"树根"则代表零件最终模型。基于模型的生成历程进行参数化建模时，可被参数化的对象应当是历程树中所包含的数据，这些数据分为两类：一类是基本模型数据；另一类是各种运算参数。基本模型包含各类体素和用于扫描变换的平面图形。常见的体素有圆柱体、长方体、球、圆锥（台）等，只要给出体素的各特征尺寸，便可直接生成体素模型。参数化的尺寸及施加的各类约束都保留在模型的生成历程中。因此，参数化的基本模型数据是各种体素特征尺寸和平面图形的几何尺寸，如长方体的长、宽、高，圆柱体的高度和底面半径等。

中间子模型或最终模型是由运算生成的，所以历程树中的这类模型内包含了各类运算参数。参数形式与运算类型有关，几何建模中的常见运算类型有各种布尔运算、扫描变换、倒角与倒圆以及定位操作等。因此，可以变量化的运算参数有：拉伸变换中的拉伸距离、扭转角与扩张角，旋转变换中的旋转角度、行程和半径增量、倒圆半径、侧角角度和长度，图案运算中的图案尺寸和数量，以及各种绝对和相对距离、角

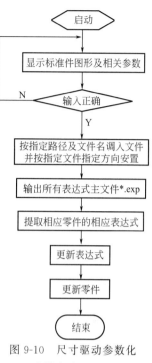

图 9-10　尺寸驱动参数化
建模方式流程图

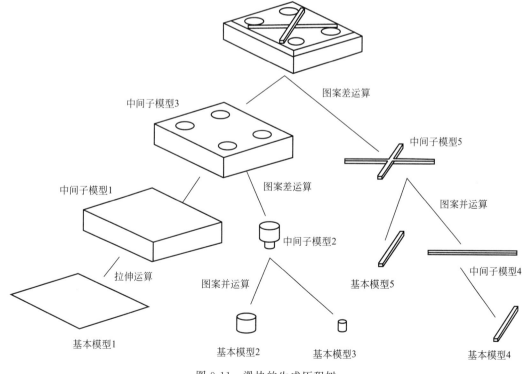

图 9-11　滑块的生成历程树

度等。

　　程序驱动参数化建模方式通过计算机高级语言可以方便地与数据库之间建立接口，可以直接从以往记录的数据中获取数据，可以预先设立好系列模块的参数数据库。在设计过程中可以方便设计人员参数的提取，省去了查询零件设计手册所花费的时间。设计人员可以随时对数据库进行删除、储存、修改等操作，方便更新，能够达到知识的不断积累和更新的目的，同时相对尺寸驱动参数化建模而言，因为不需要预先建立好参数化模型，对电脑存储空间的资源的占用量也相对较少。在文中所用的程序驱动参数化建模的流程图见图 9-12。

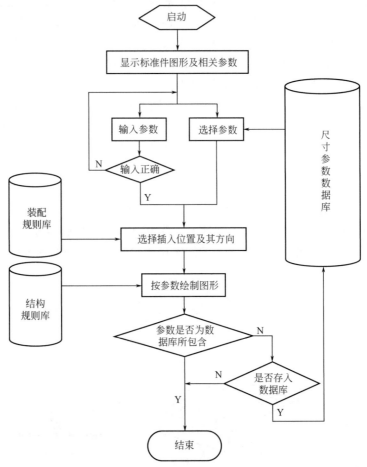

图 9-12　程序驱动参数化建模流程图

9.6.3　参数化模型的建立

　　汽车覆盖件冲压模具有大量的标准件，这里将其归纳为最低级别的模块。建立完善的汽车覆盖件标准库是实现模块化设计单元的前提条件。汽车覆盖件冲压模标准数量较多，并且有不断增加的趋势，如何合理地对标准件组织分类，使得模块化设计单元具有良好的扩充能力是一个首先要解决的问题。中国模具工业协会汽车车身模具及装备委员会 2002 年版《汽车冲模标准汇编》将汽车冲模标准件分为了 15 个大类。每一个大类又分为若干个子类，每一个子类又包含若干个具体系列的标准件。

　　其中冲裁凸模是最为常用的标准件产品，普通冲裁凸模按固定方式分类常见的有：铆接凸模、键或销连接式凸模、凸肩支撑式压配合形式凸模、悬挂式凸模、螺钉销钉连接式凸模等。在实际生产中使用较多的为凸肩支撑式凸模。图 9-13 所示为《汽车冲模标准汇编》所列的凸肩支撑式凸模，编号为 QM2102。表 9-6 所示为 QM2102 模的结构参数。

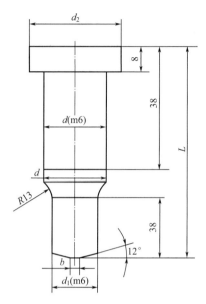

图 9-13　凸肩支撑式凸模 QM2102

表 9-6　凸模 QM2102 结构参数表　　　　　　　　　　　　　　　　mm

d		d_1	d_2	L	b
d	m6				
16	+0.018 / +0.007	8～14	26	71	2
20	+0.021	10～18	30	80	
25	+0.008	14～22	35	90	
32		20～30	42	100	
36	+0.025	24～34	46	110	5
38(40)	+0.009	28～38	50	120	
50		38～48	60		

　　从图 9-13 中我们可以看出，其结构部分是由工作部分和安装固定两大部分组成。其中安装部分的凸肩和工作部分的长度及它们之间的过渡部分的圆弧为固定常量。其他参数作为可变量利用 Access 软件将其标准化系列参数存放在数据库中。

　　QM2102 冲头的设计界面如图 9-14 所示。其直接与 QM2102 冲头的结构参数数据库相连接。通过该界面可以直接对数据库进行数据的添加、修改、删除等操作。同过筛选操作可以只显示适合设计人员需要的参数供选择。设计人员可以方便地对结构数据库进行修改和更新，以适应在特定生产期间公司对标准件的要求。

　　在选定所需要的参数后，点击"确定"按钮便可以在 CAD 系统中直接生成冲头的三维实体模型，如图 9-15 所示。

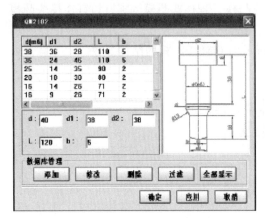

图 9-14　QM2102 冲头设计界面

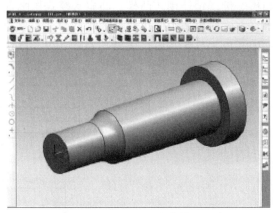

图 9-15　QM2102 三维实体模型的建立

9.6.4　模具模块事例库的知识结构

在分析了模具结构设计知识表达和每个模块结构设计规则的基础上，就需要我们建立汽车覆盖件模具模块事例库，以供进行模具设计中的调用和装配。

模块库的建立是覆盖件模具模块化设计的重要组成部分，该设计过程是一个建立在设计专家的经验与知识基础上的创造性思维过程。它不仅是参考经验知识的辅助设计，更是在现有经验知识基础上的进一步积累创新，即是一个包含了对知识的继承集成创新和管理的过程。为了提高覆盖件模具设计的质量和效率，在覆盖件模块库中需要运用 KBE 技术，将 KBE 技术贯穿整个设计过程可以对覆盖件模具进行全生命周期的支持，这无疑将极大地提高覆盖件模具设计的自动化程度和效率，从而能够更好地满足厂家对覆盖件模具设计的下列要求：

① 覆盖件模具种类繁多结构多样，难以建立完整的功能组件库，但是 KBE 的自学习能力可以不断完善功能组件库。

② 功能组件库的使用，基于模具结构和模具设计流程的知识，可大大减少用户的交互设计。

③ 覆盖件模具装配结构中常有多个功能组件组合完成某些功能，其组合方式和模具结构具有一定的关系，可以用基于知识的方法实现功能组件的组合，这样可以减少大量的重复操作、提高设计效率和质量。

④ 在装配设计中零件的位置关系、装配关系及覆盖件模具设计的装配规律和 CAD 软件的关联技术都通过知识的重用得到充分利用，装配效率可以大大提高。

⑤ 模块库增强了对信息集成和产品数据的管理，对产品后期加工制造等阶段能够提供有力支持。

9.7　汽车覆盖件模具模块化方法

本章主要以汽车覆盖件拉延模设计为例，在基于知识工程的基础上研究汽车覆盖件冲压模具模块化设计方法，开发相应的模块化设计单元。汽车覆盖件（简称覆盖件）是指覆盖汽车发动机、底盘，构成驾驶室和车身的表面零件和内部零件。车身覆盖件模具的生产制造流程主要包括冲压工艺设计、模具结构设计、机械加工、装配调试等几大部分。从工艺角度上看，由一块板料变成带有一定空间形状的零件一般要通过拉延、修边、翻边整形等几道成形工序，与之相对应的模具可以分为拉延模、修边模、翻边整形模等几大类。虽然每一类模具的功能不同，但结构都有很大的相似性，如拉延模，一般都由凸模、凹模、压边圈这三大部分组成，而修边模、翻边模一般都由上模、下模、压料面三部分组成。通过对汽车覆盖件模具结构分析，可以发现车身覆盖件模具具有很强的模块化特征，每一个组成部分都可以作为一个独立的模块或者是多个模块的组合，探索和应用模块化设计具有重要的理论与现实意义，可以极大地提高设计效率和模具的标准化程度。

9.7.1　汽车覆盖件拉延模的典型结构

拉延模主要有三种结构类型：单动拉延模、双动拉延模、多动拉延模。

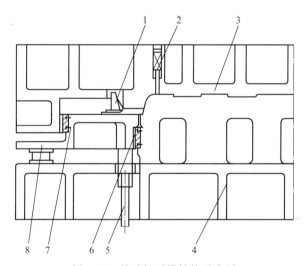

图 9-16　单动拉延模结构示意图

1—限位块；2—退料销；3—上模；4—下模；5—托杆；6—倒板；7—压边圈；8—垫块

尺寸小或形状简单的覆盖件经常采用单动拉延模。图 9-16 所示为在单动压力机上的拉延模机构，主要由下模 4、上模 3、压边圈 7 组成。其中的下模 4 也可以设计成下模座和凸模通过键定位、通过螺栓紧固在一起的组合形式。

9.7.2　汽车覆盖件模具的模块化

汽车覆盖件模具零件在三维空间上相互交错，因此难以保证划分的模块在组合后没有发生空间干涉，难以清晰地进行模块划分。为了克服这个问题，采取以下几种方法。

① CAD 软件的虚拟装配功能检测干涉。

② 按结构划分与功能划分相结合的方式。

模块划分就是部件划分并抽取共性的过程。结构相对独立的部件按结构进行划分，设计出所谓的结构模块；而在空间上离散或结构变化大的部件则按功能划分，设计出所谓的功能模块。这样划分并进行相应的程序开发后，结构模块的结构可由结构参数为主、功能参数为辅简单求得；而对于功能模块，可由功能参数为主、结构参数为辅出发进行推理，在多种多样的结构形式中做出抉择。

所以根据冲压模具现有的结构，按模块实现功能分类，首先将拉延模的主体部件划分为一级模块，如图 9-17 所示，可划分出上模座模块、凸模（型芯）模块、压边圈模块和下模座模块。其他的如限位杆和定位板等辅助功能类结构件可归纳到辅助模块单元。

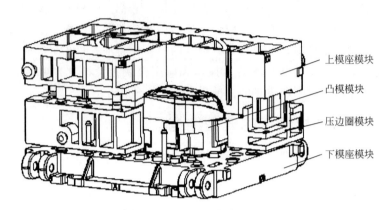

上模座模块

凸模模块

压边圈模块

下模座模块

图 9-17　单动拉延模一级模块划分示意图

在划分一级模块的基础之上，再按照结构功能的不同，可以继续对一级模块进行进一步的划分，划分出二级模块，或称之为次模块。图 9-18 所示为单动拉延模的压边圈模块的划分过程。其中压边圈中间部位，在工作中与型面接触的、起压边作用的部分可以将其划分为压边圈主体模块；两端部分，在工作中不与型面接触，起导向作用，我们将其划分为端头模块。其中压边圈主体模块外形受冲压件形状的影响，根据不同的冲压件有不同的结构外形，属于非标准件类。端头模块在使用相同的导向方式设计的拉延模中结构外形基本保持不变，可将之归纳为标准件类，通过修改其主参数使其适用于不同零件的拉延模结构设计。

压边圈主体模块　　　　　　　　压边圈端头模块

图 9-18　单动拉延模压边圈二级模块划分示意图

按上述方式在确定主模块和次模块之后，其他安装在主模型和次模型之上的特征和功能零件可以划分为标准特征模块类和标准件模块类。在标准件模块类中又有组件和零件的概念。如端头中的滑块和其安装面、滑配面，由于安装面和滑配面的尺寸由滑块的尺寸来确定，所以在设计过程中可以将它们以组件的方式同时生成 CAD 模块。同样的定位板及其安装面以及其他固定元件也同样可以设计成组件的形式。其组成组件的各个独立模块，如滑块、螺栓、定位板之类的零件，这里将其划分为零件模块。零件是汽车覆盖件冲压模具中最基础、最简单的模块。标准件模块和标准特征模块的划分如图 9-19 所示。

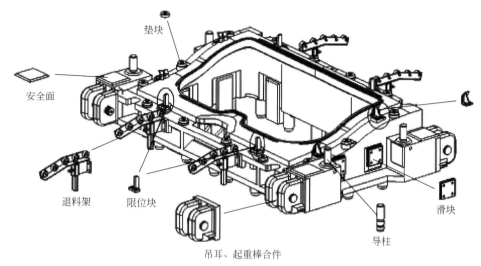

图 9-19 标准件模块和标准特征模块划分图

在图 9-19 所示的标准件模块和标准特征模块的划分中，其中属于标准件范围的有：退料架、限位块、导柱、滑块和垫块等。安全面则属于标准特征模块。起重棒和吊耳可以作为一合件模块在结构设计过程中以组合的方式安装在模架主体模块上。

9.8 汽车覆盖件模具模块化设计

9.8.1 汽车覆盖件模块化设计单元开发环境

（1）CAD 平台选择

研究采用美国 EDS 公司的 Unigraphics（UG）软件作为 CAD 开发平台。UG 是一款优秀的机械 CAD/CAE/CAM 一体化集成软件，它基于完全的三维实体复合造型、特征建模、装配建模技术，可以构建非常复杂的产品模型，而且提供了 CAD/CAE/CAM 业界先进的编程工具集，以满足用户二次开发的需要，这组工具集称为 UG/Open（图 9-20）。

① UG/Open GRIP 语言 GRIP（graphics interactive programming）是 UG 软件内嵌的专用图形交互编程语言，用户通过 GRIP 语言编程能够自动完成在 UG 环境下进行的绝大部分操作，如实体建模、工程制图、制造加工、系统参数控制、文件管理、图形修改等。GRIP 语言与一般通用语言一样，有完整的语法规则、程序结构、内部函数。GRIP 程序同

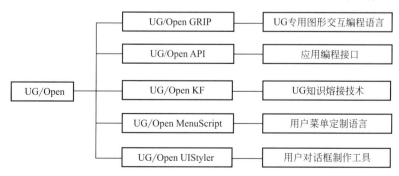

图 9-20 UG/Open 二次开发工具集

样要经过编译、链接后，生成可执行程序，才能运行。

② UG/Open API 程序　UG/Open API（application programming interface，应用编程接口）是一个允许用户访问并影响 UG 对象模型（object model）的程序集，它提供了比 GRIP 更多的对 UG 及其模块进行操作的功能，包括建模、装配、有限元分析、机构运动分析、制造等。它支持 C/C++语言，可以充分发挥 C 语言编译、运行效率高，功能强大的特点。并且，这些 API 函数可以无缝地集成到 C++程序中，并利用强大的 Microsoft Visual C++集成环境进行编译。这样，就可以充分地发挥出 Visual C++强大的功能和极其丰富的资源，包括 MFC 类库，使用面向对象的软件工程方法，优质高效地进行软件的开发。

③ UG/Open KF 程序　UG/Open KF（knowledge fusion，知识熔接技术）是介于 CAD 技术和知识工程技术（KBE）之间新出现的边缘技术。它融合了传统以计算机三维几何模型为核心的 CAD 技术和传统的 KBE 技术。知识熔接技术为产品设计者获得和操纵工程规则、设计意图提供了一套强有力的工具。

④ UG/Open Menu Script　UG/Open Menu Script 是 UG/Open 和 UG/KF 的一个重要组成部分，支持 UG 主菜单和弹出式下拉菜单的修改，通过它可以改变 UG 菜单的布局、添加新的菜单项和工具条，生成用户化的菜单进而集成用户二次开发的特殊应用。

⑤ UG/Open UIStyler　UG/Open UIStyler 提供了强大的制作 UG 风格窗口的功能。设计人员可以按照自己的需要在模块设计过程中设计相适应的人机交互界面。

（2）数据库开发工具选择

这里在与数据库关联的开发过程中采用开放式结构，以方便用户进行零件模型的添加、删除和修改等维护操作，所以模块化设计单元开发过程采用 ODBC（open data-base connectivity，开放数据库连接）工具。ODBC 是微软开放服务结构中有关数据库的一个组成部分，它建立了一组规范，并提供了一组应用程序调用接口。用这样一组接口建立的应用程序，对数据库的操作不依赖于任何数据库管理系统，Visual C++中的 ODBC 主要是实现基于 Windows 的关系数据库的应用的共享，可以方便工作人员进行数据的筛选和更新。

一个完整的 ODBC 由下列部分组成。

① 应用程序（application）：ODBC 管理器（administrator）。该程序位于 Windows 系统控制面板（control panel）的 32 位 ODBC 内，其主要任务是管理安装 ODBC 驱动程序和数据源。

② 驱动程序管理器（driver manager）：驱动程序管理器包含在 OBDC32. DLL 中，对用户是透明的。其任务是管理 OBDC 驱动程序，是 OBDC 中最重要的部件。

③ ODBC API：ODBC 驱动程序，是一些 DLL 文件，提供了 ODBC 中最重要的部件。

④ 数据源：数据源包含了数据库位置和数据库类型等信息，实际上是一种数据连接的抽象。

各部件之间的关系如图 9-21 所示。应用程序要访问一个数据库，首先必须用 ODBC 管理器注册一个数据源，管理器根据数据源提供的数据库位置、数据库类型以及 ODBC 驱动程序等信息建立起 ODBC 与具体数据库的联系。

在 ODBC 中，ODBC API 不能直接访问数据库，必须通过驱动程序管理器与数据库交换信息。驱动程序管理器负责将应用程序对 ODBC API 的调用传递给正确的驱动程序，而驱动程序在执行完相应的操作后，将结果通过驱动程序管理器返回给应用程序。

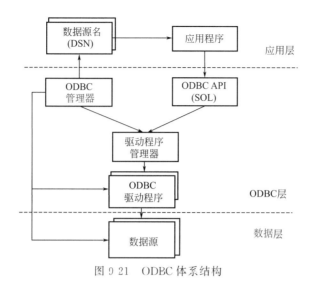

图 9-21　ODBC 体系结构

9.8.2　汽车覆盖件模块化设计单元的开发

汽车覆盖件模具结构复杂，组成零件数量众多，采用传统建模方法，工作量大，效率低。对汽车覆盖件模具结构进行分析可以发现，虽然结构复杂，但大多数是标准件和典型件，零件设计过程相似程度高。因此，基于 CAD 平台，针对这些零件进行设计建模，建立标准建模方法，则可提高效率、简化设计过程。基于这种思想，本节提出了如图 9-22 所示的模具模块化结构设计单元。模块化设计单元主要由四部分组成：用户界面设计、整体结构设计、标准件设计、非标准件设计和标准特征设计。

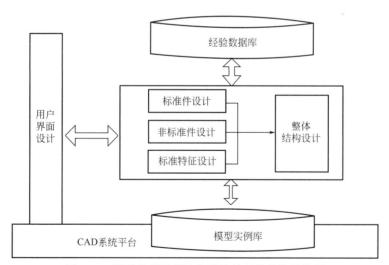

图 9-22　覆盖件模具模块化设计单元的总体结构图

（1）用户界面设计

该部分用于控制和调度模块化设计单元的各功能模块，并协调单元各模块之间的关系。由于基于标准平台的模具 CAD 通常是作为平台的一个应用模块形式出现，因此用户界面被组织成独立菜单和模块工具条，插入到 CAD 平台系统中，该菜单和工具条的功能模块之间相互对应，本节选用的 UG 软件开发平台风格保持一致。

用户界面包括了总体结构设计、标准件设计、非标准件和标准特征的模块设计的启动命令，通过它们便可实现模具模块化设计单元的正确运行。

模块化设计中，需要设计友好的模块参数输入窗口方便设计人员手工输入或从实例参数库中选择合适的或相近似的参数来驱动模块三维实体的生成。本节采用了以下两种方式设计用户交互式参数输入窗口：

① UG/Open UIStyler 方式　利用 UG 二次开发模块自带的 UG/Open UIStyler 工具，可以开发 UG 风格的对话框，并能生成 UG/Open UIStyler 文件后 C 代码从而在使用 UG/Open UIStyler 产生的对话框时，不必考虑图形界面（GUI）的实现。利用 UG/Open Api 函数可以实现对对话框的调用，其实现函数如下：该程序实现了调用文件名为 xingxin. dlg 的对话框。

```
extern void ufsta(char * param,int * retcode,int rlen)
{int  response= 0;
int  error code= 0;
if((OF_initialize())! = 0)
            return:
if((error_code= UF-STYLER_create_dialog ("xingxin. dlg",
        XINGXIN_cbs,              /* Callbacks from dialog* /
        XINGXIN_CB_COUNT,         /* number of callbacks* /
        NULL,                     /* This is your client data* /
        &response))! = 0)
{
        char fail_message[133];
        UF-get_fail_message(error-code,fail_message);
        OF_UI-set_status(fail_message);
        printf("% s\n",fail_message);
}
UF_erminate();
return;
}
```

② MFC 工具开发 Windows 风格对话框　由于 UG/Open UIStyler 提供的控件种类有限，且利用 UG/Open Api 程序开发工程中不能实现对 Windows Api 函数的调用，可以利用 MFC 窗口编辑器编辑开发 Windows 风格的用户交互式对话框。图 9-21 所示的对话框即利用 MFC 工具所开发。在启动 UG 后通过 Windows 底层调用该对话框。此种方式可以方便地使用 Windows Api 函数，同时利用 MFC 与 ODBC 之间的接口函数可以方便实现与数据库之间的连接。使得模块化设计单元开发更为灵活。下面的代码实现了在 UG 界面中对 Windows 底层非模态对话框的调用。

```
extern"C" D11Export void ufsta(char * param,int * retcode,int rlen)
{
        int  errorCode= UF_initialize();
        int nRet= 0;
```

```
        int response= 0;
        if(0= = errorCode)
    {
        AFXes MANAGE-STATE(AfxGetStaticModuleState());
        pDlg= new CQM2102D1g();
        if(pDlg! = NULL)
        {
        BOOL nRet= pDlg —> Create(IDDes DIALOGI,NULL);
        if(! nRet)
        {
        AfxMessageBox("创建非模态对话框失败");
        }
        CWnd * wnd= Afx GetApp) —> GetMainWndU;
        pDlg —> CenterWindow(wnd);
        pDlg —> ShowWindow(SW_SHOW);
        }
        else
    {
    AfxMessageBox("创建非模态对话框失败");
    }
        errorCode= OF_terminate();
```

（2）整体结构设计

该部分用于模具初始化结构参数的设置，包括几何参数，如压力机的选择、典型零件基本结构尺寸的确定、铸件筋的设置、冲模闭合高度的设置；非几何参数，如材料、技术要求等。它们将直接影响零件的结构形式和几何尺寸。尽管总体设计包括的内容较多，但主要是标准或经验数据与方案的选择，故多采用知识库或数据库支持的参数设置方法。这里以零件壁厚选择为例进行说明。拉延模的凸凹模、压边圈等都采用铸件毛坯，设计要求重量轻，通常采用挖空方式，但同时又要求有足够的强度和刚度，因此，铸件的壁厚成为重要且难以确定的结构尺寸参数。一般模具铸件壁厚与模具尺寸、生产批量及受力情况有关，目前没有统一的标准，多为经验数据，故在设计壁厚参数时，可采用经验数据库中推荐的参数。模块化设计单元应用之初，依据企业经验，以模具尺寸、生产批量为主关键字段、建立壁厚经验数据库。结构设计时，根据生产规模和外形尺寸进行查询，从而获得铸件壁厚各部分的推荐值，经用户选择确认后最终确定。由此可见，模具总体结构设计模块的开发，其主要任务是完成各参数数据库的建立以及同 CAD 平台相适应的数据库管理系统的开发。

（3）标准件设计

该部分具有多个子类型，如导向装置类有导柱类、导套类和导板类。由于这些结构件在汽车冲模标准中已经标准化，其结构和几何参数已有明确的规定。因此，对于标准件的设计，可采用逻辑模型库支持的零件建模策略。首先依据汽车冲模标准，建立零件模型库，库中按标准代号存储各种类型的零件参数化逻辑模型；在对零件进行设计时，通过代号调用零件逻辑模型，在对变量赋值后，则可直接建立有实际尺寸数据的标准件物理模型。

（4）非标准件设计

这类模块很难采用如标准件那样按类别建立统一模型的建模方法，但从典型件的结构来看，它们是由标准与非标准单元组合而成的，其中标准单元对同类零件具有通用性，不同零件只是几何参数不同，如凸模上的压板槽、筋条的布置。因此在典型件建模中，可采用特征造型技术，将标准结构单元定义为设计特征，并建立相应的建模方法。这样在设计时，对于标准部分特征造型，而非标准部分仍然采用基本建模的方法，预先设置模具设计中的相关分模线和分型面，通过型面片来控制非标准单元的外形结构，最后将各部分模型经布尔运算等操作进行组合，实现典型件的结构设计。这样可使设计效率明显提高。

（5）标准特征设计

可以认为，模具辅助特征是非独立存在的，必须依附在其他零件之上，在安装规则的指导下，通过布尔运算添加到其依附的模块之上。辅助特征的外形机构基本一致，可以按照标准件建库的方法建立标准特征库，在调用标准特征之前需要预设其进行布尔运算的实体对象。本节中所划分的标准特征如安全面、键槽等。

在设计拉延模结构时，先根据拉延件的外围形状和型面片体模型建立下模座、凸模、压边圈和上模座的与型面接触的工作部分作为基础模型，然后在基础模型上进行工作面的划分，添加端头模块、导向模块、加强筋等，完成模座整体结构的设计。

9.8.3 汽车覆盖件模具三维实体模型管理功能

（1）模型查询功能

覆盖件模具的三维实体模型的查询功能包括简单查询功能和高级查询功能，分别对应于简单查询模块和高级查询模块。简单查询模块只是利用部件名字作为检索查询的关键字；高级查询模块利用覆盖件模具中所包含的所有信息作为查询关键字，用户根据自己的需要，输入用于查询的关键字内容，高级查询模块逐个部件，逐条信息进行比较，删除不符合查询条件的所有部件，提供给用户符合条件的所有部件。这样每次用户对数据库进行各种读取模型、写入模型、删除模型和修改模型信息等操作时，将在较小的对象范围内进行，提高了工作效率，节省了时间和精力。

（2）模型读取功能

读取模型功能也包括两部分，一是高级查询读取模型功能，另一部分是简单读取模型功能。高级查询读取功能调用查询模块实现条件查询，根据用户输入的查询信息查找符合条件的部件，然后利用"几何模型动态显示"功能，动态地显示部件的几何模型和部件的非几何信息，根据用户的命令调入几何模型到当前的文件中。简单读取功能不调用查询模块，只是根据用户输入的部件名字，从部件数据库中读取指定的部件，在用户知道所调用的部件名字时，这种读取方式免不了不必要的条件查询过程，节省了时间，提高了效率，增加了使用覆盖件模具部件数据库的灵活性。

（3）模型存储功能

在向覆盖件模具部件库中存储部件模型和信息时，用户首先要在当前文件的工作空间建立部件几何模型，或读入部件模型到当前文件的工作空间，然后根据模块化设计单元的提示输入部件的信息，存储到部件模型和信息库中。

（4）信息修改功能

覆盖件模具的部件库里的信息不是一成不变的，要根据实际的情况不断修改。这就需要模块化设计单元提供修改库中部件信息的功能。信息修改功能分为高级查询修改功能和简单查询修改功能。高级查询修改功能调用高级查询模块进行修改信息前的部件查询工作，简单查询修改功能根据部件名字显示部件信息供用户进行修改。

（5）模型删除功能

在对数据库的各种操作中，删除库中的对象是一个必要且十分重要的操作。覆盖件模具部件中的模型删除功能分为高级删除功能和简单删除功能，分别对应于高级删除模块与简单删除模块。高级删除模块允许用户输入查询的条件，对用户指定的一系列部件进行删除操作；简单删除模块只允许用户输入部件名字来进行删除操作，且一次只删除一个部件。在删除过程中用户可以形象地看到将要删除的部件的几何模型和信息，以确认删除与否。

（6）自动建库功能

覆盖件模具部件数据库是一个专用的数据库，主要是面向"KBE 技术的覆盖件模具设计模块化设计"，为覆盖件设计人员在进行设计时提供服务，所以它的结构以及其中包含的信息都具有很强的针对性。自动建库功能通过调用自动建库模块可以帮助用户快速地、自动地建立数据库的结构，且在建库过程中无须用户参与。

9.8.4　覆盖件模具各部件的自动化、智能化设计功能

（1）模型初始化功能

无论是进行覆盖件模具的哪一部件的设计，首先都要输入毛坯尺寸，读入初始模型作为 CAD 过程的启动。按照传统的设计方法，覆盖模具的设计部门会按照设计要求、生产批量以及拉延筋的位置、导向装置的位置等等来逐步设计。但有了计算机交互方式的运行，即可得到最优化的结构，同时也大大提高了设计的效率。图 9-23 所示为初始化设置人机交互界面，在该界面中需要完成分模线和型面的预设置以及模块主要结构参数的设定。

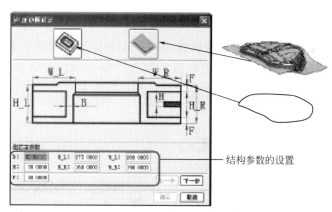

图 9-23　模块结构设计初始化

（2）覆盖件类型的定义功能

不同的覆盖件决定了覆盖件模具结构的不相同。但不同的覆盖件模具就其总体上来讲也是大同小异的。基于 UG 的覆盖件模具模块化设计单元为不同的覆盖件提供了不同的程序接口。本节只是以一种拉延件的模块化设计方法讲述了其设计的过程。随着模块化设计单元的完善和功能进一步的加强，覆盖件模具模块化设计单元会更完善。

（3）覆盖件模具部件的查询及选择功能

在覆盖件模具设计中除了四大件外还有好多部件，有的是标准件，有的是非标准件。KBE 技术的覆盖件模具模块化设计单元中的部件查询功能指向一个与本设计单元相对独立

的部件库，根据设计的要求，以一定的特征限制对部件进行查询，从而选择和确定合适的零部件装配到模具总装图中。

（4）参数化布置功能

覆盖件模具的各部件上的特征位置的布局是一个调整、逐步优化的过程。参数化的对象是指各部件的布局参数，而不是部件模型本身的几何参数。参数化布置就是实现各部件局部特征位置定位点的参数化，从而通过对参数的修改实时地实现部件上特征位置的变化。

9.8.5 覆盖件模具模块化设计单元的辅助功能

① 知识管理功能：具有对简单知识库的维护功能，具备一定的知识获取、表示、存储、删除、管理和检测能力。

② 模块化设计单元辅助功能：向用户提供有关模块化设计单元及数据库的功能介绍、使用方法和帮助信息，在用户可能遇到困难的地方弹出实时的提示面板，指示流程导向（图 9-24）。

图 9-24 用户错误提示界面

9.8.6 模块化设计单元工作流程

模块化设计单元界面仿照 UG 基本界面格式，采用标准菜单和工具条相结合的方式，符合工程人员的操作习惯。按前面所述的汽车覆盖件模具结构设计知识结构将其划分为模具端头、模座及模架、常用标准件和常用标准特征，如图 9-25 所示。

按照上述分类制定相应的工具条如图 9-26 所示。

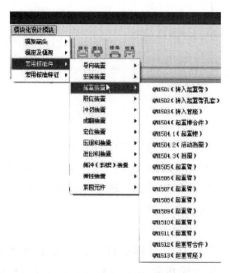

图 9-25 模块化设计单元菜单

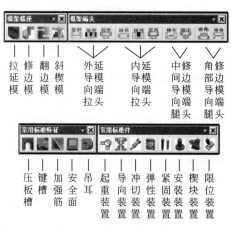

图 9-26 模块化设计单元工具条

　　当设计人员运用汽车覆盖件冲压模具模块化设计单元时，在 UG 建模环境中通过模块化设计单元设定的标准菜单和标准工具条选择设计过程中所涉及的模块。菜单与工具条主要由四大块组成：模座模架模块（工作时与型面接触部分模块）、端头模块、标准特征模块和标准件模块。按照设计的要求，选取相应的模块，在几何参数对话框输入模具结构设计中的关键尺寸参数，就可以实现相应模块的参数化建模功能。在工件类型及模具大小的选择框，用户可以根据要求来选择覆盖件的种类，如是内导向拉延模还是外导向拉延模等，模具大小可以选择中小型、中型和大型。目前，本设计单元只考虑大中型单动拉延模的结构设计。标准件模块是独立的模块，其中设计了比较常用的标准件模块有：导向装置模块、弹性装置模块、安装装置模块、起重装置模块等。首先，在设计要求和几何参数对话框中输入相应的参数值后，执行模块的生成功能时，模块化设计单元会自动从图形实例库中将与用户所输入的特征匹配的实例调出，或者通过程序驱动方式生成参数化模型。图形实例库中的实例也都是参数化模型，其上的重要尺寸（包括一些结构尺寸和定位尺寸等）都由参数化代替。其次采用知识库中所存储的经验和知识，进行计算、查询和优化，以确定这些尺寸的值。同时经过选择，确定导板、定位板等标准件及其起重柄等标准结构的尺寸，然后通过接口将这些值赋给模型中的参数。在 UG 中自动生成三维实体模型。最后在装配规则的驱动下，选择指定位置点，按照制定矢量方向插入模块即可完成整套模具的结构设计。

9.9　汽车覆盖件模具设计实例应用

9.9.1　某型号微型车翼子板拉延模具

　　图 9-27 所示为某型号汽车前隔板件的工艺型面模型，该模型在冲压方向上的长、宽尺寸为：1204mm×863mm。

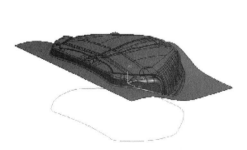

图 9-27　翼子板型面和分模线

图 9-28　单动拉延模主体模块设计选择对话框

　　根据模具的实用条件，该拉延件的外形适合采用内导向式单动拉延模结构。可选取"模架模座"工具条中的"拉延模"选项，弹出图 9-28 所示的对话框。单击相应按钮可以弹出上模座、压边圈、凸模及下模座的人机交互式对话框，各模块的人机交互界面采用向导式对话框。如图 9-29 所示为上模座的人机交互界面，其他三个模块的人机交互界面与之相似。

　　进入上模座人机交互界面后，首先需要设置上模座主要参数和预设置分模线及型面。在人机交互界面每一步操作的提示下，分别完成整体尺寸、安放位置的设置，以及完成分模线内部和外部支撑筋的参数设定。在设置完成所有参数后，便可以在系统中自动生成三维参数化模型。

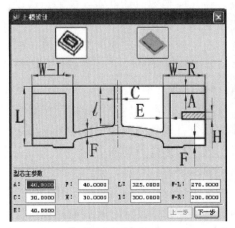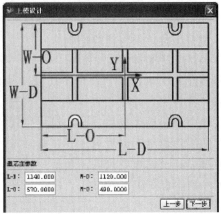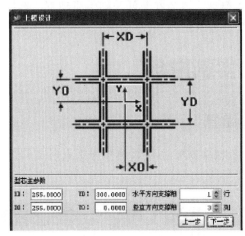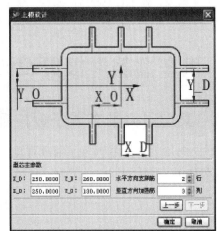

图 9-29　单动拉延模上模座建模过程人机交互界面

以下是各个模块的建模过程。

(1) 凸模型面部分

根据人机交互界面的提示，图 9-27 所示初始阶段的分模轮廓线和型面曲面，在完成凸模型面部分的结构参数设置后，通过程序驱动的参数化建模的方法，在生成历程树的指引下自动完成三维实体的构造。

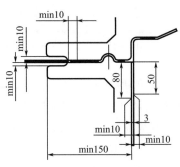

图 9-30　单动拉延模
压料面结构尺寸

首先通过提供的分模轮廓线通过拉伸—实体，利用型面对实体的修剪操作得到凸模的工作面部分结构外形，再在图 9-30 所示的压料面结构尺寸及结构设计规则的指导下完成凸模支撑筋和与压边圈配合部分结构的设计，生成图 9-31 所示三维结构模型。

在完成上述凸模主体结构的设计的基础上，添加压板和导板安装面标准特征模块，完成凸模整体结构的设计，如图 9-32 所示。

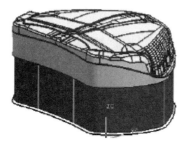

图 9-31　翼子板凸模结构设计中间历程图　　　　图 9-32　翼子板凸模最终整体结构图

（2）下模座

如图 9-33 所示的工作流程中，根据预先提供的分模轮廓线，调用下模座参数化建模对话框，预设定分模轮廓线，在人机交互界面的向导下，按照提示设定完成下模座的主参数和局部特征参数，生成下模座主体模块。其中按照减轻孔最大尺寸为 300mm、筋的最小厚度为 30mm 的规则，完成下模座筋的初始结构设计。根据提供的压力机参数，完成压板槽和加强筋初始位置的添加和结构设计。

图 9-33　翼子板下模座模块建模过程（一）

选择内导向下模座端头模块，根据提示，在端头建模过程中选择正确的安装位置点，调整安装方向，通过布尔运算将其与下模座型面部分模块组成一整体。根据实际设计需求调整下模座部分筋的排布，并添加吊耳、键槽等辅助模块得到图 9-34 中右图所示的结构外形。

图 9-34　翼子板下模座模块建模过程（二）

在之前所完成的下模座主体结构设计的基础上，添加垫块安装面和顶杆孔模块使下模座的整体结构设计完整，如图 9-35 所示。

图 9-35　翼子板下模座整体结构图

（3）压边圈

压边圈的建模过程与下模座模块相同，图 9-36 所示为翼子板压边圈模块建模过程。

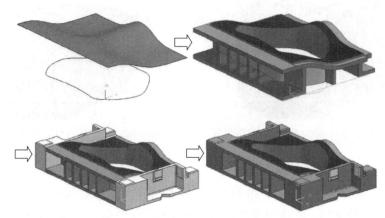

图 9-36　翼子板压边圈模块建模过程

（4）上模座

上模座的建模过程与下模座模块相同，图 9-37 所示为翼子板上模座模块建模过程。

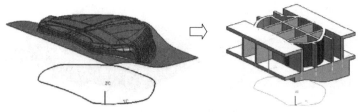

图 9-37　翼子板上模座模块建模过程

（5）总装配

在建立完成模具各个主体模块的构造之后，新建一装配文件，将模块化设计单元的装配模块在装配规则的驱动下分步插入各个主体模块，最后完成模具装配结构的设计。其构造历程如图 9-38 所示。

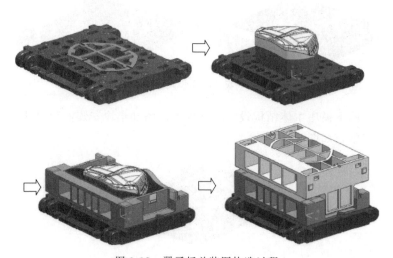

图 9-38　翼子板总装图构造过程

9.9.2　某型号汽车前隔板冲压件拉延模具设计

图 9-39 所示为某型号汽车前隔板件的工艺型面模型，该模型在冲压方向的长、宽尺寸为：1400mm×340mm，根据模具的使用条件，该拉延件的外形适合采用外导向式单动拉延模结构。

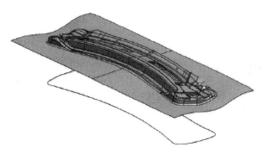

图 9-39　前隔板件型面和分模线

外导向模具与内导向模具的区别主要在于导向方式的不同，在模块化设计时通过调用不同的端头模块来实现。首先，在下模座的构造中，通过人机交互界面，选择预先提供的分模轮廓线，调整其整体结构参数，完成分模线部分的非标准模块结构的创建，将其作为下模座建模过程中的主体模块。其次，在建立好主体模块的基础上，调用外导向下模座端头，通过下模座端头人机交互界面中的装配位置点和装配角度的输入选项，选择合适的装配位置点和摆放角度，通过布尔运算与下模座主体组合成一个整体。最后，添加吊耳、键槽等辅助特征模块，完成整个下模座的结构设计。图 9-40 所示为该覆盖件的下模座主体构造历程，分别显示了初始的、完成主体结构设计的、添加了端头的和最后完成整体结构设计的四种状态下的三维结构模型。

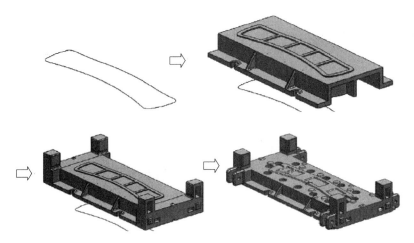

图 9-40　前隔板件下模座三维模型构造历程

压边圈、凸模型面部分和上模座结构创建过程与下模座相同，图 9-41～图 9-43 分别给出了该覆盖件的压边圈、凸模型面部分和上模座结构设计过程中不同阶段的三维结构图。

图 9-44 给出了在完成模架的主体结构的创建后，在装配规则的指导下实现装配的各个

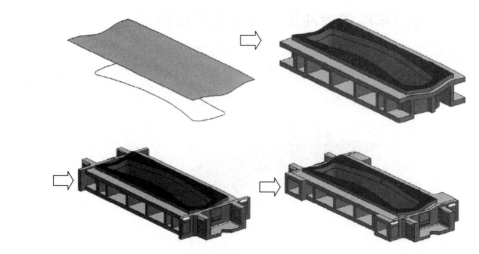

图 9-41　前隔板件压边圈三维模型构造历程

图 9-42　前隔板件凸模型面部分三维模型建模历程

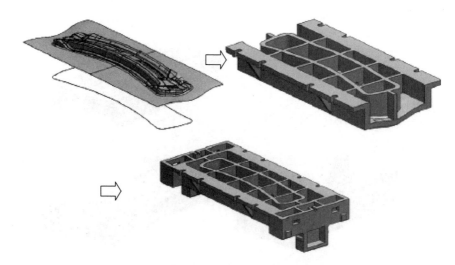

图 9-43　前隔板件上模座三维模型构造历程

阶段的模型图。

　　本章主要阐述了汽车覆盖件模具设计技术、汽车覆盖件模块化设计单元运行的环境、汽车覆盖件模块化设计单元的开发工具及汽车覆盖件模块化设计的实现方法和模块化设计单元的工作流程，随后选用了两种不同形状尺寸的拉延件，以内导向拉延模和外导向拉延模的建

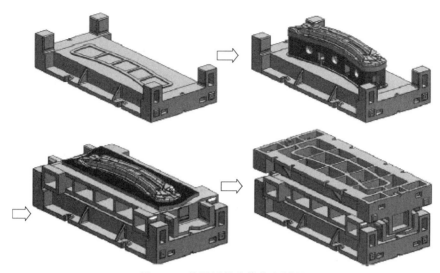

图 9-44　前隔板件总体装配历程

模和装配过程来介绍覆盖件模具模块化设计的具体实现方法和过程。

参 考 文 献

[1] 杨叔子，吴波. 先进制造技术及其发展趋势. 机械工程学报，2003（10）：73-78.

[2] 孙靖民. 现代机械设计方法. 哈尔滨：哈尔滨工业大学出版社，2003.

[3] Chiou J，Kota S. Automated conceptual design of mechanisms，Mechaism and Machine Theory. 1999，34（3）：467-495.

[4] Fricke G. Successful individual approaches in engineering design. Research in Engineering Design，1996，8（3）：151-165.

[5] Lai Y J，Hwang C L. Fuzzy Multiple Objective Decision Making. Lecture Notes in Economics & Mathematical Systems，1994，404（4）：287-288.

[6] Kidd P T. Agile manufacturing：forging new frontiers. Addison-Wesley Longman Publishing Co. Inc. 1996.

[7] 姜慧，徐燕申，谢艳，等. 机械产品模块化设计总体规划方法的研究. 机械设计，1999（12）：1-2，50.

[8] Pahl G，Beitz W，Feldhusen J，et al. Engineering Design：A Systematic Approach. Students Quarterly Journal，2010，34（133）：63-64.

[9] 路甬祥. 工程设计的发展趋势和未来. 机械工程学报，1997（01）：1-8.

[10] 童时中. 模块化原理设计方法及应用. 北京：中国标准出版社，2000.

[11] 劳俊，伍世虔，杨叔子. 模块化与现代制造技术. 制造技术与机床，1994（09）：40-43.

[12] 童时中. 模块化设计的技术经济价值. 江苏机械制造与自动化，1995（06）：11-12，41.

[13] 贾延林. 模块化设计. 北京：机械工业出版社，1993.

[14] Simpson T W，Maier J R，Mistree F. Product platform design：method and application. Research in Engineering Design，2001，13（1）：2-22.

[15] 姜慧. 计算机辅助机床模块化方案设计的理论和实践. 天津：天津大学，1998.

[16] 王爱民，孟明辰，黄靖远. 基于设计结构矩阵的模块化产品族设计方法研究. 计算机集成制造系统-CIMS，2003（03）：214-219.

[17] Dobrescu G，Reich Y. Progressive sharing of modules among product variants ☆. Computer-Aided Design，2003，35（9）：791-806.

[18] Kota S，Sethuraman K，Miller R. A Metric for Evaluating Design Commonality in Product Families. Journal of Mechanical Design，2000，122（4）：403-410.

[19] Nelson S A I. Multicriteria Optimization in Product Platform Design. Transactions of the Asme Journal of Mechanical Design，2001，123（2）：199.

[20] Ulrich K. Fundamentals of Product Modularity//Management of Design. Springer Netherlands，1994：219-231.

[21] Suh，N. P，The Principle of Design. Oxford University Press，Oxford，U. K，1990.

[22] Pahl G，Beitz W，Feldhusen J，et al. Engineering Design：A Systematic Approach Modular Function Deployment A method for product modularization. Students Quarterly Journal，2010，34（133）：63-64.

[23] Erixon G. ，Modular Function Deployment A method for product modularization：[Doctoral thesis]，Sweden；Royal Institute of Technology（KTH），Dept. of Manufacturing system，1998.

[24] Pimmler T. U. ，Eppinger S. D. ，Integration analysis of product decompositions，Design theory and methodology，ASME，1994，DE Vol. 68.

[25] Kusiak A. ，Huang C C，Development of modular products，IEEE Trans. on Components Packaging and Manufacturing Technology，1996，Part A，19（4）：523-538.

[26] Zamirowski E J，Otto K N，Product portfolio architecture definition and selection，International Conference on Engineering Design，ICED 99 Munich，1999.

[27] Mark V. Martin，Kosuke Ishii，Design for variety：developing standardized and modularized product platform architectures，Research in Engineering Design，2002（13）：213-235.

[28] Gabriel Dobrescu，Yoram Reich，Progressive sharing of modules among product variants，Computer Aided Design，2003，（35）：791-806.

[29] Л. П. Вобрик. 模块化设计机床布局的分析. 李艳君译，机床译丛，1983.

[30] 刘谨，陈敏贤.仪表车床的机床模块管理系统.装备机械，1991（1）：22-26.

[31] 竺挺，陈敏贤.模块化机床的计算机辅助组合.装备机械，1989（03）：11-16.

[32] He，David W.，Design of assembly systems for modular products，IEEE Transactions on Robotics and Automation，1997，13（5）：646-655.

[33] He，David W.，Designing an assembly line for modular products，Computers & Industrial Engineering，1998，34（1）：37-52.

[34] 施进发，游理华，梁锡昌.机械模块学.重庆：重庆出版社，1997.

[35] Ulrich KT，Eppinger SD，Product design and development，2nd edn. McGraw Hill，New York，2000.

[36] Yamanouchi T，Breakthrough：the development of the Canon personal copier，Long Range Planning，1989，22（5）：11-21.

[37] Schonfeld E，The customized，digitized，have it your way economy，Fortune，1998，5：115-124.

[38] Sanderson S，Uzumeri M，Managing product families：the case of the Sony Walkman，Res Policy，1995，（24）：761-782.

[39] Chun Che Huang，Andrew Kusiak，Modularity in Design of Products and Systems，IEEE TRANSACTIONS ON SYSTEMS，MAN，AND CYBERNETICS—PART A：SYSTEMS AND HUMANS，1998，28（1）：39-56.

[40] Kusiak Andrew，Modularity in design of products and systems，6th Industrial Engineering Research Conference，Proceedings，Miami Bench，FL. USA，1997，748-753.

[41] P. Gu，M. Hashemian，S. Sosale，An Integrated Modular Design Methodology for Life Cycle Engineering，Annals of the CIRP，1997，46（1）：71-74.

[42] O'Grady，Peter，Object oriented approach to design with modules，Computer Integrated Manufacturing Systems，1998，11（4）：267-283.

[43] O'Grady，Peter，Internet based search formalism for design with modules，Computers & Industrial Engineering，1998，35（1，2）：13-16.

[44] Gu，P. and Slevinsky，M.，Mechaincal Bus for Modular Product Design，Annals of the CIRP，2003，52（1）：113-116.

[45] Y. Ito，Y. Saito，Design Conception of Hierarchical Modular Constructure Manufacturing Different kinds of Machine Tools by Using Common Modules，Proc. 19th Int MTDR Conf.，1979，147.

[46] 赵阳.面向用户的计算机辅助机床模块化设计系统的框架研究.天津：天津大学，1996.

[47] Gonzalez～Zugasti JP，Otto K，Modular platform based product family design. 2000 ASME Design Engineering Technical Conference，NY：ASME，2000，DAC 14238.

[48] 徐燕申，徐千理，侯亮.基于CBR的机械产品模块化设计方法的研究.机械科学与技术，2002，21（5）：833-835.

[49] 徐燕申，侯亮，张连洪，等.液压机广义模块化设计原理及其应用.机械科学与技术，2001，18（7）：1-3.

[50] 侯亮，徐燕申，唐任仲，等.面向广义模块化设计的产品族规划方法研究.中国机械工程，2003，14（7）：596-599.

[51] 侯亮，唐任仲，徐燕申，等.机械产品柔性模块化设计知识库系统的研究.浙江大学学报（工学版），2004，38（1）：44-47.

[52] 侯亮.机械产品广义模块化设计理论研究及其在液压机产品中的应用.天津：天津大学，2002.

[53] 郑辉.基于设计知识和结构优化的液压机机身柔性模块化设计的研究.天津：天津大学，2002.

[54] 徐丽萍.面向产品族的液压机广义模块化设计研究.天津：天津大学，2004.

[55] 齐尔麦.机械产品快速设计原理、方法、关键技术和软件工具研究.天津：天津大学，2003.

[56] 顾佩华.设计理论与方法学研究方面的最新进展.机械与电子，1998（05）：26-31.

[57] 大川二，尹孟年.机床模式化设计.机床，1979（05）：20-24.

[58] Juliana Hsuan，Impacts of supplier buyer relationships on modularization in new product development，European Journal of Purchasing & Supply Management 1999，（5）：197-209.

[59] Fredrik Hillstrom，Applying Axiomatic Design to Interface Analysis in Modular Product Development，Advances in Design Automation，ASME，1994，（2）：363-371.

[60] 陈人哲，等.纺织机械设计原理.2版.北京：中国纺织出版社.1996.

[61] 张兴朝，高广达，徐燕申.一种基于模块矩阵的模块系列规划方法.组合机床与自动化加工技术，2001（08）：23-25.

[62] 徐震.基于虚拟设计的模块化数控机床仿真系统的研究.天津：天津大学，2001.

[63] Meyer M H.，Revitalizing your product lines through continuous platform renewal，Research Technology Management，1997，34-42.

[64] 林岳.基于 TRIZ 的计算机辅助机械产品创新方案设计.天津：天津大学，2000.

[65] 李彦，王杰，李翔龙，等.创造性思维及计算机辅助产品创新设计研究.计算机集成制造系统-CIMS，2003（12）：1092-1096，1104.

[66] Zinovy Royzen. Solving Contradictions in Development of New Generation Products Using TRIZ. TRIZ Journal，February，1997. http：//www. TRIZ-journal. com.

[67] 郑称德. TRIZ 的产生及其理论体系：TRIZ 创造性问题解决理论（Ⅰ）.科技进步与对策，2002（01）：112-114.

[68] 郑称德. 现代 TRIZ 研究的发展：TRIZ 创造性问题解决理论（Ⅱ）.科技进步与对策，2002（02）：88-90.

[69] James Kowalick. 17 Secrets of an Inventive Mind：How to Conceive World Class Products Rapidly Using TRIZ and Other Leading Edge Creative Tools. TRIZ Journal，November，1996. http：//www. TRIZ-journal. com.

[70] Ellen Domb. Using the Ideal Final Result to define the problem to be solved. TRIZ Journal，June，1998. http：//www. TRIZ-journal. com.

[71] Kalevi Rantanen. Levels of Solutions. TRIZ Journal，December，1997. http：//www. TRIZ-journal. com.

[72] Ellen Domb. The Ideal Final Result：Tutorial. TRIZ Journal，February，1997. http：//www. TRIZ-journal. com.

[73] Prakash R. Apte. "5W's and an H" of TRIZ Innovation. TRIZ Journal，April，1998. http：//www. TRIZ-journal. com.

[74] Karen Tate，Ellen Domb. 40 Inventive Principles With Examples. TRIZ Journal，July，1997. http：//www. TRIZ-journal. com.

[75] John Terninko，Joe Miller. The Seventy six Standard Solutions，with Examples Section One. TRIZ Journal，February，2000. http：//www. TRIZ-journal. com.

[76] John Terninko，Ellen Domb and Joe Miller. The Seventy-six Standard Solutions，with Examples-Class 2. TRIZ Journal，March，2000. http：//www. TRIZ-journal. com.

[77] John Terninko，Ellen Domb and Joe Miller. The Seventy-six Standard Solutions，with Examples-Class 3. TRIZ Journal，May，2000. http：//www. TRIZ-journal. com.

[78] John Terninko，Ellen Domb and Joe Miller. The Seventy-six Standard Solutions，with Examples-Class 4. TRIZ Journal，June，2000. http：//www. TRIZ-journal. com.

[79] John Terninko，Ellen Domb and Joe Miller. The Seventy-six Standard Solutions，with Examples-Class 5. TRIZ Journal，July，2000. http：//www. TRIZ-journal. com.

[80] Meyer，Marc H.，Alvin P. Lehnerd，The Power of Product Platforms：Building Value and Cost Leadership，New York：The Free Press，1997.

[81] 胡维刚.机床模块化设计及其智能支持系统的研究与实践.武汉：华中科技大学，1994.

[82] 张锦花.数控机床计算机辅助模块创建系统的研究.天津：天津大学，1997.

[83] Gunnar Erixon，Modularity the Basis for Product and Factory Reengineering，Annals of CIRP，1996，45（1）：1-6.

[84] You Tern Tsai，Kuo Shong Wang，The development of modular based design in considering technology complexity，European Journal of Operational Research，1999，692-703.

[85] 肖位枢.图论及其算法.北京：航空工业出版社，1993.

[86] Claude Berge，Hypergraphs：combinatorics of finite sets，Amsterdam：North Holland，1989.

[87] 魏闯.基于功能的注塑模具模块化编码及 TRIZ 支持方案决策研究.包头：内蒙古科技大学硕士学位论文，2008.

[88] 杨炳儒.图论概要.天津：天津科学技术出版社，1990.

[89] Wheelwright S C，Clark K B Creating project plans to focus product development，Harvard Bus Rev，1992，（70）：70-82.

[90] Wheelwright S C，Sasser W E，Jr，The new product development map，HarvardBus Rev，1989，（67）：112-125.

[91] G Brunetti B, Golob, A featured based approach towards an integrated product model including conceptual design in-
      formation, Computer Aided Design, 2000, (32): 877-887.

[92] Johnson A L, Functional modeling: A new development in computer aided design, In proceedings of the IFIP-
      WG5.2 Workshop on intelligent CAD, Combridge, UK: North Holland, Amsterdarn, 1998.

[93] 毛权, 肖人彬. CBR 中基于实例特征的相似实例检索模型研究. 计算机研究与发展, 1997 (4): 257-263.

[94] John J Cristiano, Jeffrey K Liker, Chelsea C White, Customer Driver Product Development Through Quality Func-
      tion Deployment in the U.S. and Japan, prod innovamanag, 2000, (17): 286-308.

[95] 董明, 查建中, 郭伟. 并行工程中的任务组织. 系统工程理论与实践, 1996, 16 (8): 69-78.

[96] BROWNING T R, Applying the design structure matrix to system decomposition and integration problems: a review
      and new direction, IEEE Transaction on Engineering Management, 2001, 48, (3): 292-306.

[97] Qian L, Gero J S, Function behavior structure paths and their role in analogy based design, Artificial Intelligence in
      Engineering Design, Analysis and Manufacturing, 1996, 10 (4): 289-312.

[98] 王毅, 袁宇航. 新产品开发中的平台战略研究. 中国软科学, 2003 (4): 55-58.

[99] Günther Seliger. 产品平台思想: 把其他行业成功的思想引入到铁道车辆制造行业. 国外铁道车辆, 2002, 39 (6):
      1-7.

[100] 刘达斌, 刘伟. 建立面向大规模客户化定制的产品设计流程模型. 重庆大学学报, 2002, 25 (6): 16-18.

[101] Umeda Y, Ishii M, Yoshioka M, Supporting conceptual design base on the Function Behavior State modeler, Ar-
      tificial Intelligence in Engineering Design, Analysis and Manufacturing, 1996, 10 (4): 275-288.

[102] 苏颖, 于明, 张伯鹏. 基于信息的质量功能配置公理化研究. 计算机集成制造系统, 2002, 8 (10): 829-834.

[103] Luiz C R Carpinrtti, Manoel O C Peixoto, Merging Two QFD Models into One: An Approach of Application,
      10th Symposium on QFD, Michigan: ASI Press, 1998, 298-305.

[104] Mizuno S, Akao Y, QFD The Customer driven Approach to Quality Planning and Deployment, Asian Production
      Organization, 1994.

[105] Mark Farrell, Fast QFD: First House of Quality in Half the time, 10th Symposium on QFD, Michigan: ASI
      Press, 1998, 234-239.

[106] D Clausing, S Pual, Enhanced QFD, Proceedings of the Design Productivity Conference, 1991, 15-25.

[107] Gershon Blumstein, Accelerating QFD, 9th Symposium on QFD, Michigan: ASI Press, 1997, 219-225.

[108] Wasserman G S, On how to prioritize design requirements during the QFD planning process, IIE Trans, 1993, 25
      (3): 59-65.

[109] Taeho Park, Kwang Jae Kim, Determination of an optimal set of design requirements using house of quality, Jour-
      nal of Operations Management, 1998, (16): 569-581.

[110] 张付英. 机械产品创新设计信息化建模、求解及其关键技术研究. 天津: 天津大学, 2004.

[111] 马健, 唐晓青. 质量功能配置及其在机械制造行业中的应用. 制造技术与机床, 1997 (10): 16-18.

[112] Trappey C V, Trappey A J C, H wang S J, A computerized quality function deployment approach for retail serv-
      ices, Computer Industrial Engineering, 1996, (30): 611-622.

[113] 薰仲元. 设计方法学. 北京: 高等教育出版社, 1991.

[114] 柯勒. 机械设计方法学. 党志梁, 等译. 北京: 科学出版社. 1990.

[115] Zinovy Royzen, Tool, Object, Product (TOP) Function Analysis, http://embers.aol.com.zroyzen/triz.
      html.

[116] 廖林清. 机械设计方法学. 重庆: 重庆大学出版社, 2000.

[117] 薛少林. 棉纺粗纱机的发展趋势及若干问题的探讨. 陕西纺织, 1998 (1): 35-38.

[118] 吕恒正. 国内外注塑模具的技术进步. 棉纺织技术, 1997, (9): 542-545.

[119] 岑建. 棉纺注塑模具技术的新发展. 棉纺织技术, 1995, (4): 225-228.

[120] 钱铁钧. 对国产新型注塑模具的一些改进建议. 纺织学报, 1990, 11 (6): 277-279.

[121] 秦顺英, 蔡燕. 新型注塑模具传动控制方法研究. 天津工业大学学报, 1994, 13 (2): 75-79.

[122] Pahl G., Beitz W. Engineering Design, London: The Design Council, 1984.

[123] French M. J., Conceptual Design for Engineers Second Edition., London: The Desing Council, 1985.

[124] Amada A & Plaza E., Case Based Reasoning：Foundational Issues，Met hodological Variations and Approaches，Eurp. J. Artif. Intell，AICOM 7（1）：39-59.

[125] Ian Watson & Srinath P.，Case Based Design：A Review and Analysis of Building Design Applications，AIEDAM，1997，（11）：59-87.

[126] 张根保，王时龙，徐宗俊.先进制造技术.重庆：重庆大学出版社.1996.

[127] 理解变量化设计，http：//www. hisensecad. com/Trend/CADCAM/default. htm.

[128] SDRC，I DEAS VGX for analysis：Variational analysis using high order derivatives. http：//www. dhbrown. com，2000，1-10.

[129] D. H，Brown Associates，Inc.，SDRC's variational analysis：A design analysis breakthrough，http：//www. dhbrown. com，1999，（1）：1-5.

[130] Zhou MeiLi. System Analysis of Similarity between Engineering Technology，Proceeding of the XIth International Conference on Production Research，Hefei：China.，Beijing：Talyer & Francis and China Machine Press，1991，1597-1600.

[131] 刘小鹏，吴俊军，周济.机床模块接口的系列化及其应用.机械与电子，2000（4）：6-9.

[132] 王贤坤.机械 CAD/CAM 技术、应用与开发.北京：机械工业出版社.2001.

[133] 罗浩，张新访，向文，等.基于约束的参数化设计技术发展现状及前景.中国机械工程，1995（5）：21-24.

[134] Raymond H. Kurland，Understanding Variable Driven Modeling，http：//www. technicom. com，1994.

[135] 徐世新，等.参数化、变量化方法，http：//cadcam. 126. com，2000.

[136] 钟伟弘，徐燕申，卢志永，等.基于广义模块化快速设计的液压机产品模块划分与规划.机械设计，2003，20（12）：45-47.

[137] Alvin Toffler，Future Shock，Bantam Books，New York，1970.

[138] 祝国旺，孙健，周济，等.特征技术研究综述.中国机械工程，1995（2）：7-10.

[139] 孙印杰，田效伍，郑延斌.野火中文版 Pro/ENGINEER 基础与实例教程.北京：水利电力出版社，2004.

[140] 祝国旺，郭群，周济，等.一个基于广义特征模型的 CAD 系统.计算机应用，1993（3）：20-23.

[141] Christian Mascle，Featur based assembly model for integration in computer aided assembly，Robotics and Computer Integrated Manufacturing 18（2002）：373-378.

[142] Winfried van Holland1，Willem F Bronsvoor. Assembly features in modeling and planning，Robotics and Computer Integrated Manufacturing，2000，（16）：277-294.

[143] J. JShan，Expert form feature modeling shell，CAD，1998，20（9）：515-524.

[144] J. J. Shan，Assessment of features technology，CAD，1991，23（5）：331-343.

[145] Krause F，Kimura F，Iwata K，etl，Product modeling，Annals of the CIRP，1993，42（2）：695-705.

[146] 杜平安.MCAE 计算机辅助机械工程.北京：机械工业出版社，1996.

[147] 源清，肖文.温故知新更上层楼（二）：简析九十年代主流 CAD 造型基础技术.智能制造，1998（2）：1-4.

[148] 余晶，孙正兴.面向集成的特征基产品建模系统研究.智能制造，1998（4）：56-60.

[149] Norman R J. Object-oriented systems analysis and design.北京：清华大学出版社，1998.

[150] 汪成为，等.面向对象分析、设计及应用.北京：国防工业出版社，1992.

[151] Coad P，Yourdon E，Coad P，et al. Object-oriented analysis（2. ed.）.// Object-oriented analysis /. Prentice Hall，1989：9.

[152] 刘恒，虞烈，谢友柏.现代设计方法与新产品开发.中国机械工程，1999，19（1）：81-83.

[153] Lovett P J，Ingram A，Bancroft C N. Knowledge-based engineering for SMEs-a methodology. Journal of Materials Processing Tech，2000，107（1）：384-389.

[154] 陈禹六.IDEF 建模分析和设计方法.北京：清华大学出版社，1999.

[155] 刘超，张莉.可视化面向对象建模技术：标准建模语言 UML 教程.北京：航空航天大学出版社，1999.

[156] Bernd Oestereich. 软件开发方式：UML 面向对象分析与设计.北京：电子工业出版社，2004.

[157] Stephen J Mellor，Marc J Balcer，等. Executable UML 技术内幕.北京：科学出版社，2003.

[158] 陆汝铃.世纪之交的知识工程与知识科学.北京：清华大学出版社，2001.

[159] 胡运发.数据与知识工程导论.北京：清华大学出版社，2003.

[160] 周受钦，凌卫青，谢友柏.集成信息 CAD 系统中的知识建模与数据映射分析.西安交通大学学报，2000，34（9）：77-81.

[161] 潘旭伟，顾新建，仇元福，等.面向知识管理的知识建模技术.计算机集成制造系统，2003，9（7）：517-521.

[162] 蔡自兴，徐光.人工智能及其应用.北京：清华大学出版社，2010.

[163] 赵瑞清.知识表示与推理.北京：气象出版社，1991.

[164] Mehdi Hashemian et.，Representation and Retrieval of Design knowledge for Concept Mechanical Design，Proc of 3nd CIRP workshop on Design & Implementation of Intelligent Manufacturing System（IMS），1996，（6）：85-94.

[165] Brown. D. C.，An Approach to Expert System for Mechanical Design，Trends and Applications'83，IEEE，1983，173-180.

[166] 楼应侯.一种新的机床模块化设计编码方法.宁波大学学报（理工版），1998（1）：67-71.

[167] 黄新明，唐增宝.重型数控机床模块编码系统的研究.制造技术与机床，1996（4）：38-41.

[168] 晏强，李彦，赵武，等.基于设计过程的数据模型研究.计算机集成制造系统，2003，9（12）：1057-1061.

[169] 宋慧军，林志航，罗时飞.机械产品概念设计中的知识表示.计算机辅助设计与图形学学报，2003，15（4）：438-443.

[170] 徐燕申，陈永亮，牛文铁，等.基于创新的机械产品快速响应设计/制造的关键技术及其应用研究［C］// 2002 年中国机械工程学会年会.2002：34-37.

[171] 陈永亮，徐燕申，齐尔麦.机械产品快速设计平台的研究与开发.天津大学学报：自然科学与工程技术版，2002，35（6）：744-748.

[172] 宋慧军，林志航，王凯波.机械产品概念设计方案生成技术研究及软件系统开发.机械设计，2002，19（5）：1-3.

[173] 姚珺，宁汝新，张旭，等.计算机辅助产品方案设计方法研究.中国机械工程，2002，13（18）：1573-1576.

[174] 胡维刚，舒宜强，钟毅芳，等.机械产品方案设计智能系统的研究与应用.机械科学与技术，1994（3）：42-47.

[175] 蔡逆水，亢金月，王石刚，等.机械产品概念设计智能 CAD 中的关键技术.机械研究与应用，1996（2）：8-11.

[176] 曾满平，刘华.C++Builder 4.0 数据库开发实例精解.北京：北京希望电子出版社，2000.

[177] 程展鹏.Borland C++Builder 6 应用开发技术解析.北京：清华大学出版社，2003.

[178] 王小华，C++Builder 编程技巧、经验与实例，北京：人民邮电出版社，2004.

[179] 李香敏.SQL Server 2000 编程员指南.北京：北京希望电子出版社，2000.

[180] 陈虎.数据库技术：SQL.北京：北方交通大学出版社，2002.

[181] John J Patrick. SQL 基础.高京义，汤严，等译.北京：清华大学出版社，2003.

[182] Stan Davis，Future Perfect，Addision Wesley Publishing Company，MA，1987.

[183] Christy D P. Mass Customisation：The New Frontier in Business Competition（Book）. Australian Journal of Management，1992.

[184] 高常青，黄克正，王国锋，等.由 TRIZ 理论的通用解求问题的特殊解.中国机械工程，2006，（1）：84-88.

[185] 马力辉，檀润华.发明问题解决理论解到领域解的转化方法研究.计算机集成制造系统，2008，（10）：1873-1880.

[186] Karasik，Y. B. On the History of Separation Principles［J/OL］. TRIZ Journal，2000，October，http：//www. triz-journal. com/archives/2000/10/b/index. htlm.

[187] Hyun，J. S. Park，C. J. A conflict-based model for problem-oriented software engineering and its applications solved by dimension change and use of intermediary［A］；ASEA 2009，CCIS 59［C］；2009：61-69.

[188] Orloff M. Inventive thinking through TRIZ：A practical guide. Tqm Magazine，2006，18（3）：312-314.

[189] Pahl，A. -K. PRIZM：TRIZ and transformation［A］；Proceedings of the 6th ETRIA confe-rence［C］；Kortrijk，Belgium，2006.

[190] Pahl A K，Newnes L B. Co-evolution and Contradiction：A Diamond Model of Designer-User Interaction. Informing Science，2007，10：127-202.

[191] Dubois S，Rasovska I，Guio R D. Comparison of non solvable problem solving principles issued from CSP and TRIZ. Ifip International Federation for Information Processing，2008，277：83-94.

[192] 王克奇，于江涛，李海英.TRIZ 理论在专利检索系统中的应用研究.情报科学，2011（2）：231-234.

[193] 檀润华，张瑞红，刘芳，等.基于 TRIZ 的二级类比概念设计研究.计算机集成制造系统，2006，12（3）：328-333.

［194］ Tan R. Process of two stages Analogy-based Design employing TRIZ. International Journal of Product Development，2007，4 (1/2)：109-121 (13).

［195］ Sheu，D. D.，Tsai，M. -C. Cause effect and contradiction chain analysis for contradiction identification and problem solving［A］；The 2nd International Conference on Systema-tic Innovation［C］；Shanghai，China，2011.

［196］ 周贤永.基于 TRIZ 和可拓学的技术创新理论与方法研究.成都：西南交通大学，2012.

［197］ 郑永可.模具制造工艺知识管理系统的研究与开发.武汉：华中科技大学，2007.

［198］ Duflou J R，Dewulf W. On the complementarity of TRIZ and axiomatic design：from decoupling objective to contradiction identification. Procedia Engineering，2011，9：633-639.

［199］ Khomenko N，Ashtiani M. Classical TRIZ and OTSM as a scientific theoretical background for non-typical problem solving instruments. Frankfurt Etria Future，2007.

［200］ 李大鑫，张秀棉.模具技术现状与发展趋势综述.模具制造，2005 (02)：1-4.

［201］ 模具行业"十二五"发展规划.模具工业，2011，37 (01)：1-8.

［202］ 李熹平.快速热循环注塑模具及工艺关键技术研究.济南：山东大学，2010.

［203］ 孙蒙蒙.大型注塑模具设计及应用技术研究.南京：南京理工大学，2013.

［204］ 周健波，田福祥.压力铸造的现状与发展.铸造设备研究，2006 (02)：48-51.

［205］ 黄晓锋，谢锐，田载友，等.压铸技术的发展现状与展望.新技术新工艺，2008 (07)：50-55.

［206］ 许丹，雷小芳.TRIZ 理论的创新原理在汽车设计中的应用.汽车零部件，2017，(11)：80-82.

［207］ 李仁峰.压铸模具浇注排溢系统优化设计技术研究.大连：大连理工大学，2008.

［208］ 唐婕.基于 Pro/ENGINEER 的压铸模具 CAD 系统研究.成都：四川大学，2005.

［209］ 罗礼培，邢凤霞，付志坚，等.汽车冲压模具未来发展前景.模具制造，2017，17 (01)：1-4.

［210］ 黄海阔.基于 Pro/E 的注塑模具的优化设计研究.北京：华北电力大学，2014.

［211］ 王雷钢.注塑模具模架的智能化设计技术研究.大连：大连理工大学，2006.

［212］ 贺斌.基于知识工程的汽车覆盖件模具模块化设计技术研究.长沙：湖南大学，2008.